混凝土结构平法施工图识读

主　编　许　飞　郑　娟　吴栾平
副主编　王　欣　雍玉鲤　王　兵
参　编　蒋业浩　史晓燕　姚　荣
　　　　刘恩圣　唐　亮

北京理工大学出版社
BEIJING INSTITUTE OF TECHNOLOGY PRESS

内 容 提 要

本书以《混凝土结构施工图平面整体表示方法制图规则和构造详图》（22G101）、《混凝土结构施工钢筋排布规则与构造详图》（18G901）、《混凝土结构设计规范（2015年版）》（GB 50010—2010）、《混凝土结构通用规范》（GB 55008—2021）等为依据，融合学生今后的职业岗位需求、“1+X”证书考核要求和学生技能大赛要求，理论与工程实例相结合，校企合作编写完成。本书共8个项目，主要内容包括：结构设计说明识读方法与实例、柱平法施工图识读方法与实例、梁平法施工图识读方法与实例、板平法施工图识读方法与实例、剪力墙平法施工图识读方法与实例、基础平法施工图识读方法与实例、板式楼梯平法施工图识读方法与实例、混凝土结构施工图识读综合训练等。

本书可作为高等院校土木工程类专业相关的教材，也可作为成人教育和职业培训的指导教材，对从事建筑工程施工、监理、设计和相关工程的技术人员也有一定的参考价值。

图书在版编目（CIP）数据

混凝土结构平法施工图识读 / 许飞，郑娟，吴栾平主编. -- 北京：北京理工大学出版社，2023.7

ISBN 978-7-5763-2605-5

Ⅰ. ①混…　Ⅱ. ①许…　②郑…　③吴…　Ⅲ. ①混凝土结构－建筑制图－识图　Ⅳ. ①TU204.21

中国国家版本馆CIP数据核字（2023）第131357号

出版发行 / 北京理工大学出版社有限责任公司
社　　址 / 北京市丰台区四合庄路6号院
邮　　编 / 100070
电　　话 / （010）68914775（总编室）
　　　　　（010）82562903（教材售后服务热线）
　　　　　（010）68944723（其他图书服务热线）
网　　址 / http://www.bitpress.com.cn
经　　销 / 全国各地新华书店
印　　刷 / 河北鑫彩博图印刷有限公司
开　　本 / 787毫米 × 1092毫米　1/16
印　　张 / 13
字　　数 / 307千字
版　　次 / 2023年7月第1版　2023年7月第1次印刷
定　　价 / 78.00元

责任编辑 / 钟　博
文案编辑 / 钟　博
责任校对 / 周瑞红
责任印制 / 王美丽

Foreword 前言

混凝土结构施工图平面整体表示方法（简称“平法”）是对我国混凝土结构设计方法的重大改进，已在土木工程界广泛应用，理解平法的基本原理并正确识读平法图纸中数字化、符号化的内容，是结构设计人员、施工人员、造价人员、监理人员等工程技术人员必须掌握的技能。目前，大部分高等院校土建类专业都开设了平法的相关课程，全国“1+X建筑工程识图证书”的职业技能等级要求中对平法图纸的识读能力也进行了详细的规定，同时全国和各省高职院校学生技能大赛“建筑工程识图”赛项规程中对平法图纸的识读能力也提升至很高的要求。

党的二十大报告指出：“到二〇三五年，我国发展的总体目标是：经济实力、科技实力、综合国力大幅跃升，人均国内生产总值迈上新的大台阶，达到中等发达国家水平；实现高水平科技自立自强，进入创新型国家前列；建成现代化经济体系，形成新发展格局，基本实现新型工业化、信息化、城镇化、农业现代化”“育人的根本在于立德。全面贯彻党的教育方针，落实立德树人根本任务，培养德智体美劳全面发展的社会主义建设者和接班人。”本书以职业教育“三教”改革为指导，以“立德树人”为中心，以2022年6月新颁布的《混凝土结构施工图平面整体表示方法制图规则和构造详图》（22G101）系列图集为主要依据，以内容求新、理论求浅、注重实用为原则，融合学生今后的职业岗位需求、“1+X”证书考核要求和学生技能大赛要求，理论与工程实例相结合，校企合作进行编写。本书以典型项目任务为依托，全面介绍了梁、柱、剪力墙、板、基础、楼梯的制图规则及构造要求，图文并茂，通俗易懂，注重实用，重点突出。编写团队结合多年指导学生技能大赛“建筑工程识图”赛项和“1+X 建筑工程识图”证书考试的经验，系统设计了各项目的练习题和多套综合训练题，可显著提高平法施工图识图技能的工程应用能力，具有很强的实用性和指导性。本书可作为高等院校建筑工程技术、工程造价及其他土建类专业的教材，也可作为成人教育和职业培训的指导教材，对从事建筑工程施工、监理、设计和相关工程的技术人员也有一定的参考价值。

本书共分8个项目，其中项目1～项目7，根据混凝土结构平法施工图的图纸内容，考虑初学者的认识规律，依次讲解结构设计说明，以及柱、梁、板、剪力墙、基础等基本构件的平法施工图识读，并依托实际工程图纸设置相应识图练习。项目8为综合实训项目，设置框架结构、剪力墙结构、框架-剪力墙结构等常见混凝土结构平法施工图的综合识读训练，用于学习完所有基本构件平法施工图识读后的提升训练，也可用于学生毕业前的技能考核。学生通过对本书的学习，可快速掌握结构识图能力，提升平法图纸的识读技能；教师采用本书丰富的教学资源可方便教学，也可减少工作量；建筑工程从业人员使用本书，可进一步加深对平法图集的理解。

全书由扬州市职业大学许飞、郑娟，扬州建筑设计研究院有限公司吴栾平担任主编，由扬州市职业大学王欣、雍玉鲤、王兵担任副主编，扬州市职业大学蒋业浩、史晓燕、姚荣、刘恩圣、唐亮参与了本书的编写工作。具体编写分工为：项目2、3、4、5由许飞编写，项目1、7由郑娟、王欣共同编写，项目6由史晓燕、姚荣、王兵共同编写，项目8由许飞、雍玉鲤、蒋业浩共同编写，配套三维模型资源由刘恩圣、唐亮共同完成。全书由吴栾平校核，由扬州市职业大学许飞统稿。

为方便教师采用翻转课堂、混合式教学等多种教学模式，本书在任务单中详细说明了各任务的学习内容、目标、方法，列出了学生课前预习、课堂抢答与讨论、分组讨论协作等任务目标，教师可灵活运用，同时可通过课堂进阶的在线习题自测及课后习题测试了解学生不同阶段的知识掌握情况。

由于编者水平有限，书中疏漏之处在所难免，敬请广大读者批评指正，以便再版时修改完善。

编　者

课程简介

课程思政元素

三维模型素材

项目2　柱平法施工图识读方法与实例

序号	模型名称	二维码	序号	模型名称	二维码
1	柱纵向钢筋机械连接		7	梁上柱 LZ 纵筋构造	
2	柱纵向钢筋焊接连接		8	KZ 边柱、角柱柱顶纵向钢筋构造（a）梁宽范围内	
3	地下室柱纵向钢筋机械连接		9	KZ 边柱、角柱柱顶纵向钢筋构造（b）梁宽范围外	
4	地下室纵向钢筋钢筋焊接连接		10	KZ 中柱顶纵向钢筋构造	
5	地下室框架柱箍筋加密		11	KZ 变截面位置纵向钢筋构造（节点 1）	
6	抗震 KZ、QZ、LZ 箍筋加密区				

项目 3　梁平法施工图识读方法与实例

序号	模型名称	二维码	序号	模型名称	二维码
1	抗震楼层框架梁纵筋构造		7	梁附加箍筋构造	
2	框架梁水平加腋构造		8	梁附加吊筋构造	
3	框架梁竖向加腋构造		9	纯悬挑梁构造	
4	WKL 中间支座纵向钢筋构造（节点 1）		10	框支梁 KZL 和转换柱 ZHZ	
5	KL 中间支座纵向钢筋构造（节点 4）		11	框支梁 KZL 配筋构造	
6	框架梁箍筋加密区范围		12	井字梁	

项目 4　板平法施工图识读方法与实例

序号	模型名称	二维码	序号	模型名称	二维码
1	板端部支座为梁时的板筋锚固构造		3	折板配筋构造	
2	板端部支座为剪力墙（中间层）时的板筋锚固构造				

项目 5　剪力墙平法施工图识读方法与实例

序号	模型名称	二维码	序号	模型名称	二维码
1	转角墙处水平分布筋构造（二）		5	剪力墙变截面处竖向分布钢筋构造（一侧有板）	
2	斜交转角墙水平分布筋构造		6	双洞口连梁配筋构造	
3	端柱转角墙水平分布筋构造		7	连梁交叉斜筋配筋构造	
4	剪力墙变截面处竖向分布钢筋构造（两侧有板）		8	连梁集中对角斜筋配筋构造	

续表

序号	模型名称	二维码	序号	模型名称	二维码
9	连梁对角暗撑配筋构造		11	剪力墙矩形洞口尺寸大于800时的补强钢筋构造	
10	剪力墙连梁圆形洞口处补强钢筋构造				

项目6　基础平法施工图识读方法与实例

序号	模型名称	二维码	序号	模型名称	二维码
1	柱纵筋在基础中构造（a）		5	独立基础底板配筋长度减短10%构造	
2	柱纵筋在基础中构造（b）		6	梁板式筏形基础端部等截面外伸构造	
3	阶形独立基础及其底板配筋构造		7	梁板式筏形基础端部无外伸构造	
4	坡形独立基础及其底板配筋构造		8	梁板式筏形基础平板端部等截面外伸构造	

续表

序号	模型名称	二维码	序号	模型名称	二维码
9	矩形承台（单阶形截面）配筋构造		12	上柱墩 SZD 构造（棱台与棱柱形）	
10	等腰三桩承台配筋构造		13	柱下筏板局部增加板厚构造（二）	
11	钢筋混凝土灌注桩配筋构造				

项目 7　板式楼梯平法施工图识读方法与实例

序号	模型名称	二维码	序号	模型名称	二维码
1	AT 型楼梯		3	BT 型楼梯	
2	AT 型楼梯板配筋构造			BT 型楼梯板配筋构造	

Contents

目录

项目1　结构设计说明识读方法与实例

项目导读

结构设计说明是结构施工图的纲领性文件，是结构施工图纸必备的内容。其主要作用是对工程的概况及设计要求、设计标准(需要详细列出设计涉及的各项规范文件)等进行详细介绍；同时，结构设计说明中必须对施工工艺和操作流程规范进行详细说明，以指导施工技术人员进行规范施工；另外，结构设计说明中还应根据需要对一般通用构件的做法或必要大样进行说明。

学习目标

1. 熟悉混凝土结构的常见结构体系、结构抗震的相关概念；掌握结构设计的相关概念、钢筋混凝土用钢筋的基本知识。

2. 熟悉建筑工程施工图的形成、分类和编排顺序；掌握建筑结构施工图中普通钢筋的表示方法、断面详图法的表达方式；掌握平法图集中的相关基本概念。

任务1　建筑结构基础知识

工作任务

掌握建筑结构基础知识。具体任务如下：

(1)熟悉混凝土结构的常见结构体系；

(2)掌握结构设计的相关概念；

(3)熟悉结构抗震的相关概念；

(4)掌握钢筋混凝土用钢筋的基本知识。

课件：建筑结构基础知识

工作途径

(1)《混凝土结构通用规范》(GB 55008—2021)；

(2)《建筑与市政工程抗震通用规范》(GB 55002—2021)；

(3)《混凝土结构设计规范(2015 年版)》(GB 50010—2010)；

(4)《建筑抗震设计规范(2016 年版)》(GB 50011—2010)。

成果检验

(1)扫描二维码阅读学习任务单，熟悉学习内容、目标和方法，完成规定学习任务。

(2)本任务采用学生习题自测及教师评价综合打分。

学习任务单

1.1　混凝土结构常见体系

1. 框架结构

含义：由钢筋混凝土梁、柱组成的框架作为竖向承重和抗侧力构件的结构体系。

特点：平面布局灵活，便于设置大房间，承受竖向荷载很合理。框架的抗侧移刚度小，抵抗水平荷载能力较差。

应用：非地震区：15～20 层；地震区：10 层以下。

2. 剪力墙结构

含义：利用钢筋混凝土的墙体(剪力墙)作为抗侧力构件并同时承受竖向荷载的结构体系。

特点：钢筋混凝土墙体承受竖向荷载和水平荷载，有很大的抗侧移刚度，但房屋被剪力墙分割成较小空间，不适用于需要大空间的建筑物。

应用：用于 15～50 层的高层住宅、旅馆、写字楼等。

3. 框架-剪力墙结构

含义：在框架结构中设置一定数量的剪力墙而形成的结构体系。

特点：竖向荷载主要由框架承担，水平荷载主要由剪力墙承担，兼有框架体系和剪力墙体系的优点。

应用：用于 15～30 层的办公楼、公寓、旅馆等。

4. 筒体结构

含义：将一个或数个筒体作为主要抗侧力构件而形成的结构体系。

特点：将剪力墙集中到房屋内部或外围，形成空间封闭的筒体，使结构既有极大的抗侧移刚度，同时又能获得较大的空间。

应用：一般用于 45 层左右甚至更高的建筑。

1.2 结构设计的相关概念

1. 结构的设计使用年限

结构的设计使用年限是指设计规定的结构或结构构件不需要进行大修即可按其预定目的使用的时期。结构的设计使用年限及示例见表 1.1-1。

表 1.1-1 结构的设计使用年限及示例

设计使用年限	示例	设计使用年限	示例
5	临时性结构	50	普通房屋和构筑物
25	易于替换的结构构件	100	纪念性建筑和特别重要的建筑结构

2. 结构的安全等级

建筑结构设计时，应根据结构破坏可能产生的后果(危及人的生命、造成经济损失、产生社会影响等)的严重性，采用不同的安全等级。

结构的安全等级可分为一级、二级、三级。一级对应结构破坏对人的生命、经济、社会或环境影响很大的建筑，是指重要的工业与民用建筑物；二级对应结构破坏对人的生命、经济、社会或环境影响较大的建筑，是指大量的一般工业与民用建筑物；三级对应结构破坏对人的生命、经济、社会或环境影响较小的建筑，是指次要的建筑物。

3. 裂缝控制等级

裂缝控制等级可分为一级、二级、三级。一级为正常使用阶段严格不出现裂缝的构件；二级为正常使用阶段一般要求不出现裂缝的构件；三级为正常使用阶段允许出现裂缝的构件，但应控制构件的最大裂缝宽度不超过国家标准规定的最大裂缝宽度限值。

4. 地基基础设计等级

根据地基复杂程度、建筑物规模和功能特征及由于地基问题可能造成建筑物破坏或影响正常使用的程度，可将地基基础设计分为甲、乙、丙三个设计等级。设计时应根据具体情况选用相应的级别。

5. 结构重要性系数

结构重要性系数由安全等级确定。安全等级一级，重要性系数为 1.1；安全等级二级，重要性系数为 1.0；安全等级三级，重要性系数为 0.9。

1.3 结构抗震的相关概念

1. 抗震设防烈度

抗震设防烈度是某个地方的属性，按国家规定的权限批准作为一个地区抗震设防依据的地震烈度。《建筑抗震设计规范(2016 年版)》(GB 50011—2010)采用的是 50 年内超越概率为 10%的地震烈度作为抗震设防烈度，即 50 年内发生比这个设防烈度还大的地震烈度的可能性是 10%。

2. 抗震设防的一般目标

抗震设防是指对建筑物进行抗震设计并采取一定的抗震构造措施。应注意区分抗震措施和抗震构造措施：抗震措施是指除结构地震作用计算和抗力计算以外的抗震设计内容，包括抗震构造措施；抗震构造措施是指一般无须计算而对结构和非结构各部分必须采取的各种细部构造要求。

(1)三水准的抗震设防要求。当遭受低于本地区设防烈度的多遇地震影响时，建筑物一般不损坏或不需要修理仍可继续使用(小震不坏)；当遭受本地区设防烈度的地震影响时，建筑物可能损坏，经过一般修理或不需要修理仍可继续使用(中震可修)；当遭受高于本地区设防烈度的预估罕遇地震影响时，建筑物不倒塌，或不发生危及生命的严重破坏(大震不倒)。

(2)二阶段设计方法。第一阶段设计是多遇地震下承载力验算和弹性变形计算。取第一水准地震动参数，用弹性方法计算结构弹性地震作用和弹性变形，保证必要强度、控制侧向变形，满足第一水准"不坏"和第二水准"可修"的要求；再通过合理的结构布置和抗震构造措施，增加结构耗能和变形能力，满足第三水准"不倒"的要求。第二阶段设计是罕遇地震下弹塑性变形验算。对于特别重要的结构或抗侧移能力较弱的结构，取第三水准的地震动参数进行薄弱部位弹塑性变形验算。

3. 抗震设防类别

建筑应根据其使用功能的重要性分为甲类(特殊设防类)、乙类(重点设防类)、丙类(标准设防类)和丁类(适度设防类)四个抗震设防类别。甲类建筑应属于重大建筑工程和地震时可能发生严重次生灾害的建筑；乙类建筑应属于地震时使用功能不能中断或需尽快恢复的建筑；丙类建筑应属于除甲类、乙类、丁类外的一般建筑；丁类建筑应属于抗震次要的建筑。

4. 抗震等级

建筑结构的属性可在局部调整，同一建筑不同部位的抗震等级也会不同。抗震等级取决于抗震设防烈度、结构重要性、结构类型、结构高度等。越重要、越容易受到地震袭击、越需要保护的建筑物，抗震等级越高，对抗震能力的要求也越高。同一个地区、同一个结构类型、高度差不多的建筑，中小学、医院等的抗震等级通常要比普通办公楼、住宅楼高一个等级。

1.4 钢筋基本知识

1. 钢筋的分类

按生产工艺和强度，钢筋可分为热轧钢筋、中高强度钢丝、钢绞线、热处理钢筋、冷加工钢筋。

热轧钢筋是普通混凝土结构主要使用的钢筋，主要包括 HPB300 级、HRB400 级、HRB500 级、HRB600 级，具体见表 1.1-2。

表 1.1-2 普通钢筋的分类

钢筋牌号	符 号	公称直径 d/mm	屈服强度标准值/(N·mm⁻²)	极限强度标准值/(N·mm⁻²)
HPB300	Φ	6～22	300	420
HRB400	Φ	6～50	400	540
HRB500	Φ	6～50	500	630
HRB600	/	6～50	600	750

2. 普通混凝土结构用钢筋的选用原则

(1)纵向受力普通钢筋宜采用 HRB400 级、HRB500 级、HRBF400 级、HRBF500 级、RRB400 级、HRB300 级钢筋；梁、柱和斜撑构件的纵向受力普通钢筋宜采用 HRB400 级、HRB500 级、HRBF400 级、HRBF500 级钢筋。

(2)箍筋宜采用 HRB400 级、HRBF400 级、HPB300 级、HRB500 级、HRBF500 级钢筋。

(3)预应力筋宜采用预应力钢丝、钢绞线和预应力螺纹钢筋。

3. 钢筋的连接

(1)钢筋连接的定义。钢筋连接是指构件中的钢筋单根长度超过建材市场上采购钢筋的单根长度(即定尺长度)，需要用两根或两根以上的短钢筋连接成一根长钢筋。

(2)钢筋连接的分类：

绑扎连接(当被连接两根钢筋的方向相同时，也称为绑扎搭接)。

焊接连接，包括闪光对焊连接、电弧焊连接、电渣压力焊连接、气压焊连接。

机械连接，包括冷挤压套筒连接、直螺纹套筒连接。

图 1.1-1(a)为绑扎连接，(b)为焊接连接中的电渣压力焊连接，(c)、(d)为机械连接中的冷挤压套筒连接和直螺纹套筒连接。

图 1.1-1 钢筋连接

(a)绑扎连接；(b)电渣压力焊连接；(c)冷挤压套筒连接；(d)直螺纹套筒连接

(3)《混凝土结构设计规范(2015年版)》(GB 50010—2010)规定：轴心受拉及小偏心受拉杆件的纵向受力钢筋不得采用绑扎搭接；其他构件中的钢筋采用绑扎搭接时，受拉钢筋直径不宜大于25 mm，受压钢筋直径不宜大于28 mm。

任务小结

在本任务中，学习了混凝土常见结构体系的组成、特点和应用，结构的设计使用年限、结构的安全等级、裂缝控制等级等结构设计的相关概念，熟悉了抗震设防烈度、抗震设防类别、抗震等级等结构抗震的相关概念，掌握了钢筋的分类、选用原则和连接方式。

课后任务及评定

1. 单项选择题

(1)某大学拟新建一栋教学楼，5层，层高为3.9 m，则该教学楼最有可能采用的结构类型是(　　)。

A. 核心筒结构　　B. 框架结构
C. 剪力墙结构　　D. 框架-剪力墙结构

(2)工程中使用的三级钢的牌号是(　　)。

A. HPB300　　B. HRB335
C. HPB400　　D. HRB400

(3)钢筋的连接方式不包括(　　)。

A. 绑扎连接　　B. 机械连接
C. 焊接连接　　D. 铆接

2. 多项选择题

(1)钢筋混凝土结构常用的结构体系有(　　)。

A. 框架结构　　B. 剪力墙结构
C. 框架-剪力墙结构　　D. 筒体结构

(2)以下属于热轧普通钢筋的有(　　)。

A. 热轧光圆钢筋　　B. 热轧带肋钢筋
C. 精轧螺纹钢　　D. 热轧钢绞线

课后任务及评定参考答案

3. 简答题

(1)简述框架结构的组成和特点。

(2)简述剪力墙结构的组成和特点。

任务2　结构施工图基本知识

工作任务

课件：结构施工图基本知识

掌握结构施工图的相关知识。具体任务如下：

(1)熟悉建筑工程施工图的形成、分类和编排顺序；

(2)熟悉普通钢筋的表示方法；

(3)熟悉断面详图法的表达方式；

(4)熟悉平面整体法的表达方式；

(5)掌握平法图集中的相关概念。

工作途径

(1)《混凝土结构通用规范》(GB 55008—2021)；

(2)《建筑与市政工程抗震通用规范》(GB 55002—2021)；

(3)《混凝土结构设计规范(2015 年版)》(GB 50010—2010)；

(4)《建筑抗震设计规范(2016 年版)》(GB 50011—2010)。

成果检验

学习任务单

(1)扫描二维码阅读学习任务单，熟悉学习内容、目标和方法，完成规定学习任务。

(2)本任务采用学生习题自测及教师评价综合打分。

2.1　建筑工程施工图简介

建筑工程施工图是指为建筑工程施工服务的图纸，又称为房屋施工图，简称施工图。

一套建筑工程施工图是由建筑、结构、水、暖、电等工种共同配合，经过设计绘制而成，是工程设计阶段的最终成果，同时，又是工程施工、监理和计算工程造价的主要依据。正确识读施工图是进行施工及工程管理的前提和必要条件。

1. 建筑工程施工图的形成

建造房屋一般需要经过设计和施工两个基本过程，而设计工作一般又可分为两个阶段，即初步设计阶段和施工图设计阶段(对于大型的、技术复杂的工程项目，在初步设计基础上，还可增加技术设计阶段)。

2. 建筑工程施工图的分类

(1)建筑施工图。建筑施工图简称建施，主要表达房屋的造型、层数、平面形状与尺寸；房间的布局、形状、尺寸；墙体与门窗等构配件的位置、类型、尺寸、做法；室内外装修做法等。建造房屋时，建筑施工图主要作为定位放线、砌筑墙体、安装门窗、装修的依据。

建筑施工图一般包括图纸目录、建筑设计说明、总平面图、建筑平面图、建筑立面图、建筑剖面图、建筑详图等。

(2)结构施工图。结构施工图简称结施，主要表示房屋骨架系统的结构类型、构件布置、构件种类、数量、构件的内部构造和外部形状、大小，以及构件之间的连接构造。其主要作为施工放线、开挖基坑(槽)、施工承重构件(如梁、板、柱、墙、基础、楼梯等)的依据。

结构施工图一般包括结构设计说明、基础图、结构平面布置图、各构件的结构详图、结构构造详图等。

(3)设备施工图。设备施工图简称设施，按其工种不同可分为给水排水施工图(简称水施图)、采暖通风与空调施工图(简称暖施图)、电气设备施工图(简称电施图)等。

设备施工图表达房屋给水排水、供电照明、采暖通风、空调、燃气等设备的布置和施工要求等。

设备施工图一般包括给水排水、采暖通风、电气照明设备的平面布置图、系统图、详图等。

3. 建筑工程施工图的编排顺序

一套建筑工程施工图的编排顺序，一般按图纸目录、总说明、总平面图、建筑施工图、结构施工图、设备施工图(水、暖、电)的顺序进行编排。

各专业施工图的编排顺序：全局性图纸在前，局部图纸在后；先施工的在前，后施工的在后；重要图纸在前，次要图纸在后；基本图在前，详图在后。

为了对施工图纸进行保存与查阅，必须对每张图纸进行编号，如建施 01、建施 02、……、结施 01、结施 02……

2.2 普通钢筋的表示方法

普通钢筋的表示方法见表 1.2-1。

表 1.2-1 普通钢筋的表示方法

名称	图例	说明
钢筋端部截断		表示长、短钢筋投影重叠，短钢筋的端部用45°斜画线表示
钢筋搭接连接		—
钢筋焊接		—
钢筋机械连接		—
端部带锚固板的钢筋		—

2.3 断面详图法表示结构施工图

以梁为例，断面详图法表达梁的施工图包括模板图、配筋图、钢筋表三部分。

1. 模板图

模板图表明钢筋混凝土构件的外形、预埋铁件、预留钢筋、预留孔洞的位置等。当梁的外形复杂或预埋件较多时才绘制模板图，如工业厂房的吊车梁。

2. 配筋图

配筋图表达梁断面形状、尺寸和标高，钢筋的位置、直径、形状和数量等。其包括立面图、纵截面配筋图、横截面配筋图，如图 1.2-1 所示。

(1)立面图：表达梁的长度、立面形状和钢筋位置。

(2)纵截面配筋图：按由上而下的顺序，用同一比例，把钢筋画在梁立面图的下方。钢筋比较简单时可以不画。

(3)横截面配筋图(简称断面图)：每个截面表达梁上部纵筋、下部纵筋、中部纵筋(腰筋、抗扭钢筋)、箍筋。如图 1.2-1 所示为断面详图法表示的梁配筋图。

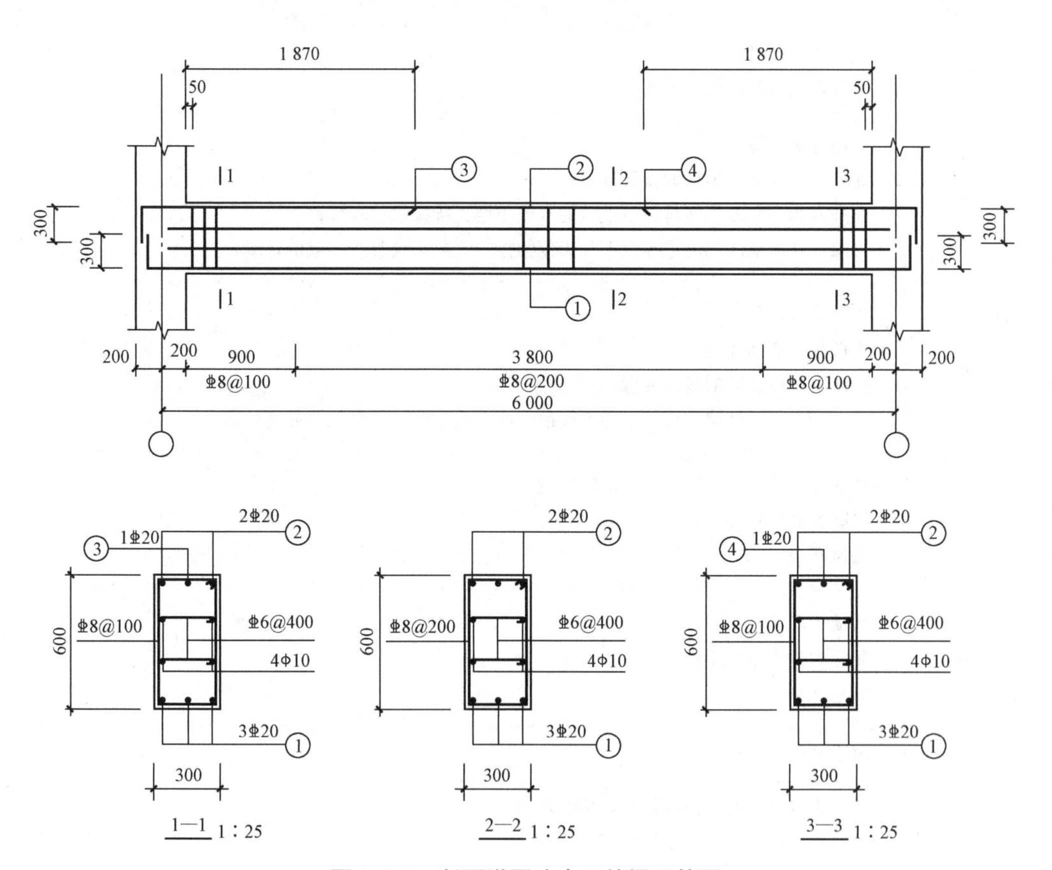

图 1.2-1 断面详图法表示的梁配筋图

3. 钢筋表

钢筋表是用列表显示梁中钢筋编号、根数、直径、长度、总长度、质量等信息。

2.4 平面整体法表示结构施工图

结构施工图中所讲述的平法的表达方式，概括来讲，是把结构构件的尺寸和配筋等按照平面整体表示方法制图规则，整体且直接地表达在各类构件的结构平面布置图上，再与图集中标准构造详图相配合，即构成一套新型、完整的结构设计施工图纸。平法系列图集包括《混凝土结构施工图平面整体表示方法制图规则和构造详图（现浇混凝土框架、剪力墙、梁、板）》(22G101—1)、《混凝土结构施工图平面整体表示方法制图规则和构造详图（现浇混凝土板式楼梯）》(22G101—2)、《混凝土结构施工图平面整体表示方法制图规则和构造详图（独立基础、条形基础、筏形基础、桩基础）》(22G101—3)。

2.5 平法图集中的相关概念

1. 混凝土结构的环境类别

混凝土结构的环境类别见表 1.2-2。

表 1.2-2 混凝土结构的环境类别

环境类别	条件
一	室内干燥环境； 无侵蚀性静水浸没环境
二 a	室内潮湿环境； 非严寒和非寒冷地区的露天环境； 非严寒和非寒冷地区与无侵蚀性的水或土壤直接接触的环境； 严寒和寒冷地区的冰冻线以下与无侵蚀性的水或土壤直接接触的环境
二 b	干湿交替环境； 水位频繁变动环境； 严寒和寒冷地区的露天环境； 严寒和寒冷地区冰冻线以上与无侵蚀性的水或土壤直接接触的环境
三 a	严寒和寒冷地区冬季水位变动区环境； 受除冰盐影响环境； 海风环境
三 b	盐渍土环境； 受除冰盐作用环境； 海岸环境
四	海水环境
五	受人为或自然的侵蚀性物质影响的环境

注：1. 室内潮湿环境是指构件表面经常处于结露或湿润状态的环境。
2. 严寒和寒冷地区的划分应符合现行国家标准《民用建筑热工设计规范》(GB 50176—2016)的有关规定。
3. 海岸环境和海风环境宜根据当地情况，考虑主导风向及结构所处迎风、背风部位等因素的影响，由调查研究和工程经验确定。
4. 受除冰盐影响环境是指受到除冰盐盐雾影响的环境，受除冰盐作用环境是指被除冰盐溶液溅射的环境及使用除冰盐地区的洗车房、停车楼等建筑。
5. 暴露的环境是指混凝土结构表面所处的环境。

2. 混凝土的保护层厚度

混凝土的保护层厚度是指最外层钢筋外边缘至混凝土表面的垂直距离。对梁(柱)，是指箍筋外缘至构件截面边缘的垂直距离；对板，是指受力钢筋外缘至构件截面边缘的垂直距离，如图 1.2-2 所示。

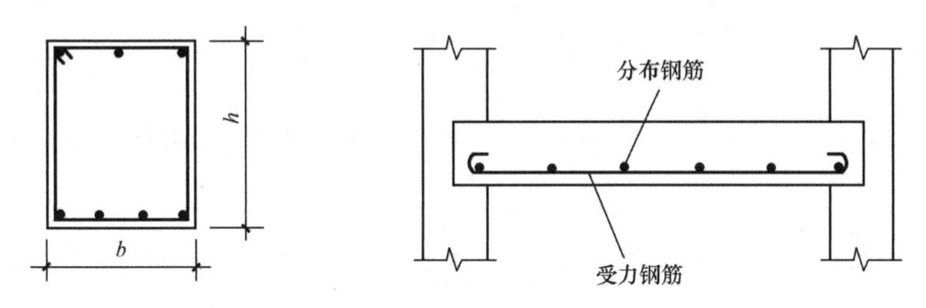

图 1.2-2 梁柱的混凝土保护层厚度

混凝土保护层的作用：保护钢筋不被锈蚀，空气中的含水量和二氧化碳含量越高，所需要的混凝土保护层越厚。黏结锚固，钢筋要通过混凝土保护层将均匀力传送到混凝土中，如果保护层的厚度不够，则混凝土会过早出现裂缝，使钢筋不能充分受力，同时水和二氧化碳会大量侵入，锈蚀钢筋。

混凝土的保护层厚度可按表 1.2-3 取值，表中数据适用于设计使用年限为 50 年、混凝土强度等级不小于 C30 的混凝土结构。

构件中受力钢筋的保护层厚度不应小于钢筋的公称直径。一类环境中，设计使用年限为 100 年的结构最外层钢筋的保护层厚度不应小于表中数值的 1.4 倍；二类和三类环境中，设计使用年限为 100 年的结构应采取专门的有效措施。混凝土强度等级不大于 C25 时，表中保护层厚度值应增加 5 mm。基础底面钢筋的保护层厚度，有混凝土垫层时应从垫层顶面算起，且不应小于 40 mm。

表 1.2-3 混凝土的保护层厚度 mm

环境类别	板、墙	梁、柱
一	15	20
二 a	20	25
二 b	25	35
三 a	30	40
三 b	40	50

3. 钢筋的锚固长度

构件与构件交接的部位是受力比较薄弱的地方，为了加强受力，往往将某一构件 A 的钢筋伸入另一个构件 B 中，起到加强受力的作用。同时，构件 B 被称为构件 A 的支座。如梁柱相交，梁的钢筋要伸入柱子中，柱就是梁的支座。

梁、板、柱等构件的受力钢筋伸入支座或基础中的总长度，包括直线、弯折部分。仅有直线部分，直锚；有直线部分和弯折部分，弯锚。

(1)受拉钢筋的基本锚固长度。受拉钢筋的基本锚固长度见表 1.2-4，抗震设计时受拉钢筋的基本锚固长度见表 1.2-5。

表 1.2-4　受拉钢筋的基本锚固长度 l_{ab}

钢筋种类	混凝土强度等级							
	C25	C30	C35	C40	C45	C50	C55	≥C60
HPB300	34*d*	30*d*	28*d*	25*d*	24*d*	23*d*	22*d*	21*d*
HRB400 HRBF400 RRB400	40*d*	35*d*	32*d*	29*d*	28*d*	27*d*	26*d*	25*d*
HRB500 HRBF500	48*d*	43*d*	39*d*	36*d*	34*d*	32*d*	31*d*	30*d*

表 1.2-5　抗震设计时受拉钢筋的基本锚固长度 l_{abE}

钢筋种类		混凝土强度等级							
		C25	C30	C35	C40	C45	C50	C55	≥C60
HPB300	一、二级	39*d*	35*d*	32*d*	29*d*	28*d*	26*d*	25*d*	24*d*
	三级	36*d*	32*d*	29*d*	26*d*	25*d*	24*d*	23*d*	22*d*
HRB400 HRBF400	一、二级	46*d*	40*d*	37*d*	33*d*	32*d*	31*d*	30*d*	29*d*
	三级	42*d*	37*d*	34*d*	30*d*	29*d*	28*d*	27*d*	26*d*
HRB500 HRBF500	一、二级	55*d*	49*d*	45*d*	41*d*	39*d*	37*d*	36*d*	35*d*
	三级	50*d*	45*d*	41*d*	38*d*	36*d*	34*d*	33*d*	32*d*

基本锚固长度一般用于钢筋弯锚的情况，且对于大直径、涂膜、扰动等情况无须修正。四级抗震时，$l_{abE}=l_{ab}$。表 1.2-5 中的混凝土强度等级应取锚固区的混凝土强度等级。

当锚固钢筋的保护层厚度不大于 5*d* 时，锚固钢筋长度范围内应设置横向构造钢筋，其直径不应小于 *d*/4(*d* 为锚固钢筋的最大直径)；对梁、柱等构件间距不应大于 5*d*，对板、墙等构件间距不应大于 10*d*(*d* 为锚固钢筋的最小直径)，且均不应大于 100 mm。

(2)受拉钢筋的锚固长度。锚固长度一般用于直锚，且有大直径、涂膜、扰动等情况时需要做相应修正。受拉钢筋的锚固长度见表 1.2-6，抗震设计时受拉钢筋的锚固长度见表 1.2-7(表中仅列出≤C40 的情况)。

表 1.2-6　受拉钢筋的锚固长度 l_a

钢筋种类	混凝土强度等级							
	C25		C30		C35		C40	
	d≤25	*d*>25	*d*≤25	*d*>25	*d*≤25	*d*>25	*d*≤25	*d*>25
HPB300	34*d*	—	30*d*	—	28*d*	—	25*d*	—
HRB400 HRBF400 RRB400	40*d*	44*d*	35*d*	39*d*	32*d*	35*d*	29*d*	32*d*
HRB500 HRBF500	48*d*	53*d*	43*d*	47*d*	39*d*	43*d*	36*d*	40*d*

表 1.2-7 抗震设计时受拉钢筋的锚固长度 l_{aE}

钢筋种类		混凝土强度等级							
		C25		C30		C35		C40	
		$d\leqslant25$	$d>25$	$d\leqslant25$	$d>25$	$d\leqslant25$	$d>25$	$d\leqslant25$	$d>25$
HPB300	一、二级	$39d$	—	$35d$	—	$32d$	—	$29d$	—
	三级	$36d$	—	$32d$	—	$29d$	—	$26d$	—
HRB400 HRBF400	一、二级	$46d$	$51d$	$40d$	$45d$	$37d$	$40d$	$33d$	$37d$
	三级	$42d$	$46d$	$37d$	$41d$	$34d$	$37d$	$30d$	$34d$
HRB500 HRBF500	一、二级	$55d$	$61d$	$49d$	$54d$	$45d$	$49d$	$41d$	$46d$
	三级	$50d$	$56d$	$45d$	$49d$	$41d$	$45d$	$38d$	$42d$

当为环氧树脂涂层带肋钢筋时，表 1.2-7 中数据还应乘以 1.25。当纵向受拉钢筋在施工过程中易受扰动时，表 1.2-7 中数据还应乘以 1.1。当锚固长度范围内纵向受力钢筋周边保护层厚度为 $3d$、$5d$(d 为锚固钢筋的直径)时，表中数据可分别乘以 0.8 和 0.7；中间时按内插值。当纵向受拉普通钢筋锚固长度修正系数多于一项时，可按连乘计算。

受拉钢筋的锚固长度 l_a、l_{aE}计算值不应小于 200 mm。四级抗震时，$l_{aE}=l_a$。表中的混凝土强度等级应取锚固区的混凝土强度等级。

当锚固钢筋的保护层厚度不大于 $5d$ 时，锚固钢筋长度范围内应设置横向构造钢筋，其直径不应小于 $d/4$(d 为锚固钢筋的最大直径)；对梁、柱等构件间距不应大于 $5d$，对板、墙等构件间距不应大于 $10d$(d 为锚固钢筋的最小直径)，且均不应大于 100 mm。

4. 钢筋的搭接长度

钢筋的绑扎搭接是指两根钢筋相互有一定的重叠长度，用钢丝绑扎的连接方法。其适用于较小直径的钢筋连接。绑扎搭接一般用于混凝土内的加强钢筋网，经纬均匀排列，不用焊接，只需用钢丝固定。钢筋的搭接长度是指绑扎搭接方式中两根钢筋的重叠长度。钢筋的搭接长度与钢筋直径、构件是否抗震和纵向钢筋搭接接头面积百分率等有关。不同构件需要分别计算钢筋搭接长度。

纵向受拉钢筋的抗震搭接长度见表 1.2-8(表中仅列出≤C40 的情况)。

表 1.2-8 纵向受拉钢筋的抗震搭接长度 l_{lE}

钢筋种类及同一区段内搭接钢筋面积百分率			混凝土强度等级							
			C25		C30		C35		C40	
			$d\leqslant25$	$d>25$	$d\leqslant25$	$d>25$	$d\leqslant25$	$d>25$	$d\leqslant25$	$d>25$
一、二级抗震等级	HPB300	≤25%	$47d$	—	$42d$	—	$38d$	—	$35d$	—
		50%	$55d$	—	$49d$	—	$45d$	—	$41d$	—
	HRB400 HRBF400	≤25%	$55d$	$61d$	$48d$	$54d$	$44d$	$48d$	$40d$	$44d$
		50%	$64d$	$71d$	$56d$	$63d$	$52d$	$56d$	$46d$	$52d$
	HRB500 HRBF500	≤25%	$66d$	$73d$	$59d$	$65d$	$54d$	$59d$	$49d$	$55d$
		50%	$77d$	$85d$	$69d$	$76d$	$63d$	$69d$	$57d$	$64d$

续表

钢筋种类及同一区段内搭接钢筋面积百分率			混凝土强度等级							
			C25		C30		C35		C40	
			$d\leqslant25$	$d>25$	$d\leqslant25$	$d>25$	$d\leqslant25$	$d>25$	$d\leqslant25$	$d>25$
三级抗震等级	HPB300	≤25%	$43d$	—	$38d$	—	$35d$	—	$31d$	—
		50%	$50d$	—	$45d$	—	$41d$	—	$36d$	—
	HRB400 HRBF400	≤25%	$50d$	$55d$	$44d$	$49d$	$41d$	$44d$	$36d$	$41d$
		50%	$59d$	$64d$	$52d$	$57d$	$48d$	$52d$	$42d$	$48d$
	HRB500 HRBF500	≤25%	$60d$	$67d$	$54d$	$59d$	$49d$	$54d$	$46d$	$50d$
		50%	$70d$	$78d$	$63d$	$69d$	$57d$	$63d$	$53d$	$59d$
四级抗震或非抗震	HPB300	≤25%	$41d$	—	$36d$	—	$34d$	—	$30d$	—
		50%	$48d$	—	$42d$	—	$39d$	—	$35d$	—
		100%	$54d$	—	$48d$	—	$45d$	—	$40d$	—
	HRB400 HRBF400	≤25%	$48d$	$53d$	$42d$	$47d$	$38d$	$42d$	$35d$	$38d$
		50%	$56d$	$62d$	$49d$	$55d$	$45d$	$49d$	$41d$	$45d$
		100%	$64d$	$70d$	$56d$	$62d$	$51d$	$56d$	$46d$	$51d$
	HRB500 HRBF500	≤25%	$58d$	$64d$	$52d$	$56d$	$47d$	$52d$	$43d$	$48d$
		50%	$67d$	$74d$	$60d$	$66d$	$55d$	$60d$	$50d$	$56d$
		100%	$77d$	$856d$	$69d$	$75d$	$62d$	$69d$	$58d$	$64d$

注：1. 表中数值为纵向受拉钢筋绑扎搭接接头的搭接长度。非抗震时，搭接长度用 l_l 表示。

2. 两根不同直径钢筋搭接时，表中 d 取较细钢筋直径。

3. 当为环氧树脂涂层带肋钢筋时，表中数据还应乘以 1.25。

4. 当纵向受拉钢筋在施工过程中易受扰动时，表中数据还应乘以 1.1。

5. 当搭接长度范围内纵向受拉钢筋周边保护层厚度为 $3d$、$5d$（d 为搭接钢筋的直径）时，表中数据可分别乘以 0.8，0.7；中间时按内插值。当上述修正系数多于一项时，可按连乘计算。

5. 箍筋及拉筋构造

通常，箍筋应做成封闭式，拉筋要求应紧靠纵向钢筋并同时勾住外封闭箍筋。梁、柱、剪力墙封闭箍筋及拉筋弯钩构造如图 1.2-3 所示（非框架梁及不考虑地震作用的悬挑梁，箍筋及拉筋弯钩平直段的长度可为 $5d$；当其受扭时，应为 $10d$）。

拉结筋用于剪力墙分布钢筋的拉结时，宜同时勾住外侧水平分布钢筋和竖向分布钢筋。其构造如图 1.2-4 所示。

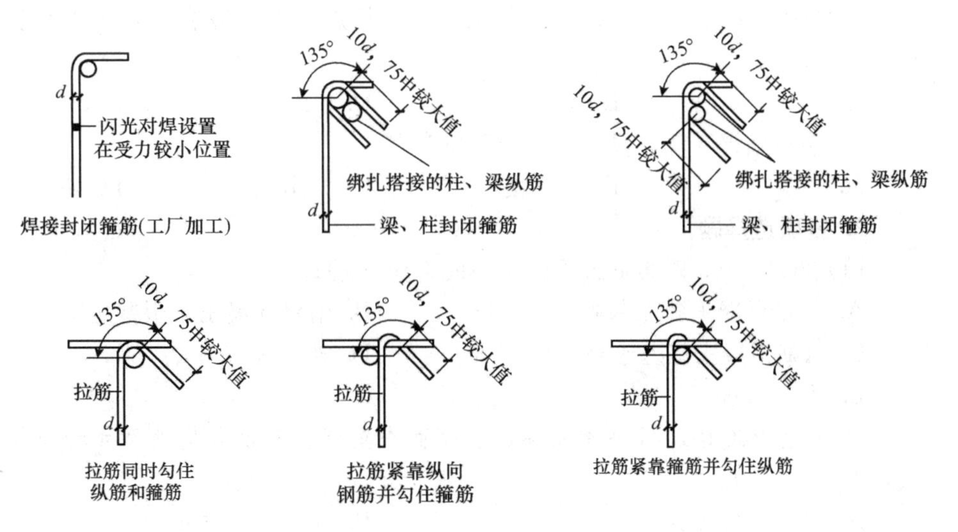

图 1.2-3　梁、柱、剪力墙封闭箍筋及拉筋弯钩构造

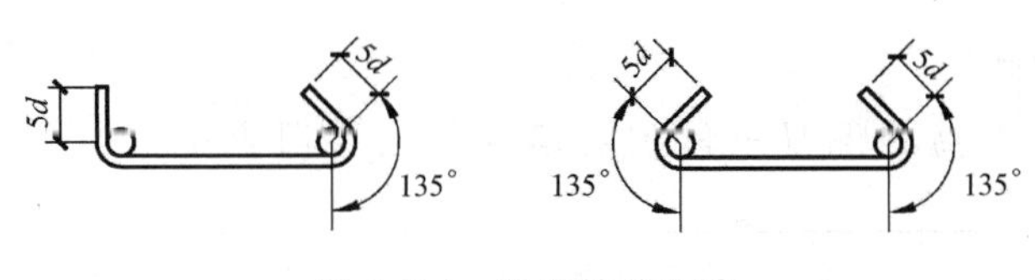

图 1.2-4　拉结筋的构造

任务小结

在本任务中，学习了建筑工程施工图的形成、分类和编排顺序，熟悉了普通钢筋的表示方法、断面详图法和平面整体法的表达方式，并重点学习了平法图集中的相关概念。

课后任务及评定

1. 单项选择题

(1)现行国家标准图集《混凝土结构施工图平面整体表示方法制图规则和构造详图(现浇混凝土框架、剪力墙、梁、板)》的图集号是(　　)。

A. 22G101—1　　B. 22G101—2

C. 22G101—3　　D. 16G101—1

(2)结构图排列顺序一般为(　　)。

A. 基础、柱、墙、梁、板、楼梯、其他构件

B. 基础、柱、梁、墙、板、楼梯、其他构件

C. 基础、柱、梁、板、墙、楼梯、其他构件

D. 基础、墙、柱、梁、板、楼梯、其他构件

(3)HRB400级钢筋，C30混凝土，一级抗震，受拉钢筋的基本锚固长度取(　　)。

A. 20d　　B. 30d　　C. 40d　　D. 50d

(4)室内潮湿环境，属于(　　)环境类别。

A. 一类　　B. 二a类　　C. 二b类　　D. 四类

2. 多项选择题

(1)22G101—3图集适用于(　　)的设计与施工。

A. 钢筋混凝土独立基础　　B. 钢筋混凝土条形基础

C. 钢筋混凝土桩基承台　　D. 砖基础

E. 毛石基础

(2)根据22G101—1图集所述，在平面布置图上表示各构件尺寸和配筋的方式，分为(　　)。

A. 平面注写方式　　B. 列表注写方式

C. 截面注写方式　　D. 三维示意图注写方式

E. 文字注写方式

3. 填空题

(1)影响钢筋的混凝土保护层厚度的主要因素是__________、__________、__________和__________。

(2)某框架结构设计使用年限为50年，处于室内干燥环境中的框架梁，混凝土强度等级为C35，其混凝土保护层的最小厚度为__________。

(3)抗震设计时受拉钢筋基本锚固长度用__________表示。

(4)某构件二级抗震等级，混凝土强度等级为C30，纵向受拉钢筋采用HRB400级、直径为25环氧树脂涂层钢筋，施工中易受扰动，绑扎接头面积百分率小于25%，其搭接长度__________。

课后任务及评定参考答案

4. 名词解释

(1)混凝土保护层厚度。

(2)结构层楼面标高。

任务3　结构设计说明识读实例训练

通过实际工程图纸(局部)，掌握结构设计说明的识读方法。

(1)《混凝土结构通用规范》(GB 55008—2021)；
(2)《混凝土结构设计规范(2015 年版)》(GB 50010—2010)；
(3)《建筑抗震设计规范(2016 年版)》(GB 50011—2010)。

成果检验

(1)扫描二维码阅读学习任务单，熟悉学习内容、目标和方法，完成规定学习任务。
(2)独立完成实例训练题。
(3)本任务采用学生习题自测及教师评价综合打分。

学习任务单

设计说明文件

根据下载的某工程结构施工图的设计说明，完成相应的训练题。

1. 单项选择题

(1)本工程框架结构抗震等级为(　　)。

A. 一级　　B. 二级　　C. 三级　　D. 四级

(2)本工程中框架柱混凝土强度等级说法正确的是(　　)。

A. 全部采用 C25　　B. 全部采用 C30

C. 二层以下 C30，其余均为 C25　　D. 图中未明确

(3)以下说法正确的是(　　)。

A. 当柱混凝土强度等级高于梁一个等级时，梁柱节点处混凝土必须按柱混凝土强度等级浇筑

B. 当柱混凝土强度等级高于梁一个等级时，梁柱节点处混凝土可随梁混凝土强度等级浇筑

C. 当柱混凝土强度等级高于梁两个等级时，梁柱节点处混凝土可随梁混凝土强度等级浇筑

D. 柱混凝土强度等级不允许高于梁两个等级

(4)填充墙施工做法正确的是(　　)。

A. 填充墙顶与梁板底之间不得顶紧

B. 由下而上逐层砌筑至梁板底

C. 填充墙砌至梁板底附近，待砌体沉实后再由上而下逐层用斜砌法顶紧填实

D. 填充墙砌至梁板底附近，待砌体沉实后再由下而上逐层用斜砌法顶紧填实

(5)工程采用的基础形式为(　　)。

A. 独立基础　　B. 十字交叉条形基础

C. 筏形基础　　D. 桩基础

(6)4Φ18 表示的含义正确的是(　　)。

A. 4 根直径为 18 mm 的 HRB335 钢筋

B. 4 根直径为 18 mm 的 HPB335 钢筋

C. 4 根直径为 18 mm 的 HRBF335 钢筋

D. 4 根直径为 18 mm 的 HRB400 钢筋

2. 填空题

(1)本工程图示尺寸以__________为单位，标高以__________为单位。

(2)本工程雨篷混凝土结构的环境类别为__________。

(3)双向板的支座钢筋，短跨钢筋置于__________，长跨钢筋置于__________。

(4)板内分布钢筋除注明外均为__________。

(5)梁内第一根箍筋距柱边或梁边__________起。

3. 简答题

(1)简述混凝土保护层的影响因素。

(2)简述本工程中抗震等级为一级、二级、三级的框架和斜撑构件，其纵向受力钢筋采用普通钢筋时应满足的要求。

实例训练参考答案

项目2　柱平法施工图识读方法与实例

项目导读

柱主要承受梁和板传来的荷载，并将荷载传递给基础，是钢筋混凝土结构中主要的竖向支撑结构。

本项目从柱平面布置图开始，由浅入深逐步介绍柱编号、柱列表注写方式、柱截面注写方式、柱纵筋连接区构造、柱箍筋加密区构造等知识，最后通过柱平法施工图实例来巩固和实践所学知识。

学习目标

1. 掌握柱的分类和编号规定。

2. 掌握柱平法施工图的表示方法，包括列表注写方式和截面注写方式。

3. 掌握柱配筋的主要配筋构造，包括柱纵筋连接区构造、柱箍筋加密区构造、柱顶纵筋构造、柱变截面位置纵筋构造。

任务1 柱平法施工图表示方法

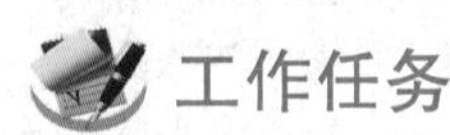

掌握柱平法施工图列表注写和截面注写的具体要求。具体任务如下：

(1)熟悉柱平面布置图的内容；

(2)掌握柱的列表注写方式；

(3)掌握柱的截面注写方式。

课件：柱平法施工图的表示方法

(1)《混凝土结构施工图平面整体表示方法制图规则和构造详图(现浇混凝土框架、剪力墙、梁、板)》(22G101—1)；

(2)《混凝土结构施工钢筋排布规则与构造详图(现浇混凝土框架、剪力墙、梁、板)》(18G901—1)。

学习任务单

(1)扫描二维码阅读学习任务单，熟悉学习内容、目标和方法，完成规定学习任务。

(2)本任务采用学生习题自测及教师评价综合打分。

1.1 柱平面布置图和柱编号

1. 柱平面布置图

柱平面布置图的主要作用是表达柱(竖向构件)的水平定位。当主体结构为框架-剪力墙结构时，柱平面布置图通常与剪力墙平面布置图合并绘制。

在柱平面布置图中，会给出结构层高表，标明各结构层的楼面标高、结构层高及相应的结构层号，并注明上部结构的嵌固部位位置。将注写的柱分段高度与结构层高表对照后，可以明确各柱在整个结构中的竖向定位。如果柱的范围注写为“××层～××层”，则可从层高表中查出该段柱的下端标高与上端标高；如果柱的范围注写为“××标高～××标高”，可从层高表中查出该段柱的所属层数。

2. 框架柱嵌固部位的规定

嵌固是一种结合方法，也叫作连接方法。这种方法结合后，所连接的两部分之间没有相对位移，没有相对转动，在外力作用下，所连接的两部分形成一体。这种结合的位置叫作嵌固部位。

框架柱的嵌固部位可分为以下三种情况：

(1)框架柱嵌固部位在基础顶面时，属于默认情况，此时无需注明。

(2)框架柱嵌固部位只要不在基础顶面时，均需要注明，一是在结构层高表中嵌固部位标高下方画双细线；二是在结构层高表下方直接注明嵌固部位标高，两处表达应一致。

(3)嵌固部位不在地下室顶板，但仍需要考虑地下室顶板的嵌固作用时，应在结构层高表地下室顶板标高下方画双虚线，此时地下室顶板处也应做嵌固部位处理。

3. 柱编号规定

在柱平法施工图中，所有柱均应编号。柱编号由类型代号和序号组成。不同柱的编号规定见表 2. 1-1。

表 2. 1-1　柱编号

柱类型	代号	序号	特征
框架柱	KZ	阿拉伯数字	柱的根部嵌固在基础或地下结构上，并与框架梁刚性连接构成框架
转换柱	ZHZ	阿拉伯数字	柱的根部嵌固在基础或地下结构上，并与框支梁刚性连接构成框支结构。框支结构以上转换为剪力墙结构
芯柱	XZ	阿拉伯数字	设置在框架柱、转换柱、剪力墙柱核心部位的暗柱

编号时，当柱的总高、分段截面尺寸和配筋均对应相同，仅截面与轴线的关系不同时，仍可将其编为同一柱号，但应在图中注明截面与轴线的关系。

1. 2　柱列表注写方式

1. 柱列表注写含义

柱列表注写方式是在柱平面布置图上(一般只需要采用适当比例绘制一张柱平面布置图)，分别在同一编号的柱中选择一个(有时需要选择几个)截面标注几何参数代号；在柱表中注写柱编号、柱段起止标高、几何尺寸(含柱截面对轴线的偏心情况)与配筋的具体数值，并配以各种柱截面形状及其箍筋类型图的方式来表达柱平法施工图。

柱的配筋一般只包括纵筋、箍筋。常见的矩形柱配筋示意如图 2. 1-1 所示。

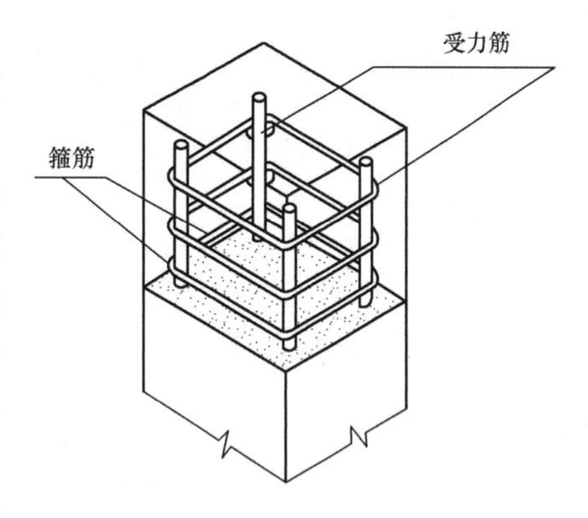

图 2. 1-1　矩形柱配筋示意

2. 柱表注写内容

(1)注写柱编号。

(2)注写各段柱的起止标高。应自柱根部往上以变截面位置或截面未变但配筋改变处为界分段注写。

1)从基础起的柱，其根部标高是指基础顶面标高。

2)梁上起框架柱的根部标高是指梁顶面标高。

3)剪力墙上起框架柱的根部标高为墙顶面标高(包括两种构造，即柱纵筋锚固在墙顶部、柱与剪力墙重叠一层)。

4)屋面框架梁上翻时，框架柱顶标高应为梁顶面标高。

5)芯柱的根部标高是指根据结构实际需要而定的起始位置标高。

(3)注写柱的截面尺寸。

1)对于矩形柱，注写柱截面尺寸 $b\times h$ 及与轴线关系的几何参数代号 b_1、b_2 和 h_1、h_2 的具体数值，需要对应于各段柱分别注写。其中，$b=b_1+b_2$，$h=h_1+h_2$。

2)对于圆柱，表中 $b\times h$ 一栏改用在圆柱直径数字前加 d 表示，圆柱截面与轴线的关系也用 b_1、b_2 和 h_1、h_2 表示，且 $d=b_1+b_2=h_1+h_2$。

(4)注写柱纵筋。当柱纵筋直径相同，各边根数也相同时(包括矩形柱、圆柱和芯柱)，将纵筋注写在“全部纵筋”一栏中；除此之外，柱纵筋分角筋、截面 b 边中部筋和 h 边中部筋三项分别注写(对于采用对称配筋的矩形截面柱，可仅注写一侧中部筋，对称边省略不注；对于采用非对称配筋的矩形截面柱，必须每侧均注写中部筋)。

(5)注写柱箍筋的类型编号及箍筋肢数，在箍筋类型号一栏内按规定注写。柱箍筋根据形状不同可分为矩形箍和螺旋箍；根据肢数不同可分为普通箍和复合箍。

常见箍筋类型见表 2.1-2。表中字母 m 表示柱箍筋的竖向的肢数，n 表示柱箍筋的水平向的肢数，Y 表示圆形箍。

表 2.1-2　箍筋类型

箍筋类型编号	箍筋肢数	复合方式
1	$m\times n$	
2	—	
3	—	

续表

箍筋类型编号	箍筋肢数	复合方式
4	Y+$m\times n$	胶数m 肢数n d
注：1. 确定箍筋肢数时应满足对柱纵筋“隔一拉一”及箍筋肢距的要求。 2. 具体工程设计时，若采用超出本表所列举的箍筋类型或标准构造详图中的箍筋复合方式，应在施工图中另行绘制，并标注与施工图中对应的 b 和 h。		

根据构造要求，当柱截面的短边尺寸大于 400 mm 且各边纵向钢筋多于 3 根时，或截面短边尺寸不大于 400 mm 但各边纵筋多余 4 根时，应设置复合箍筋。在实际工程中，框架柱的复合箍筋布置应满足以下原则：

1)大箍套小箍。矩形柱的箍筋要求采用大箍内部套若干小箍的方式。如果是偶数肢数，则用几个双肢箍来实现组合；如果是奇数肢数，则用若干双肢箍再加上一个拉筋来组合。应避免采用“等箍护套”“大箍套中箍，中箍再套小箍”的做法。

2)“隔一拉一”。设置的内箍肢或拉筋，要满足对柱纵筋至少“隔一拉一”的要求，即不能出现两根相邻柱纵筋同时没有箍筋或被拉筋钩住的情况。

3)对称性。柱 b 边上的箍筋的肢或拉筋都应该在 b 边上对称分布，柱 h 边上的箍筋的肢或拉筋都应该在 h 边上对称分布。

4)小箍(内箍)短肢尺寸最小。在考虑大箍套小箍的布置方案时，为减小内箍与外箍重合的长度，应使矩形小箍(内箍)的短肢尺寸尽可能最短。

5)内箍尽量采用标准件。当柱复合箍筋存在多个内箍时，内箍应尽量做成等宽度的形式，以便于施工。

6)小箍要贴近大箍放置。柱复合箍筋在安装时，应以大箍为基准，将纵向的小箍放在大箍上面，横向的小箍放在大箍下面，或者纵向的小箍放在大箍下面，横向的小箍放在大箍上面。

(6)注写柱箍筋，包括钢筋级别、直径与间距。用斜线(/)区分柱端箍筋加密区与柱身非加密区长度范围内箍筋的不同间距。当箍筋沿柱全高为一种间距时，则不使用斜线(/)。当圆柱采用螺旋箍筋时，需要在箍筋前加“L”。

1.3　柱截面注写方式

1. 柱截面注写含义

柱截面注写方式是在柱平面布置图的柱截面上，分别在同一编号的柱中选择一个截面，以直接注写截面尺寸和配筋具体数值的方式来表达柱平法施工图。

2. 柱截面注写内容

对除芯柱外的所有柱截面按规定进行编号，从相同编号的柱中选择一个截面，按另一种比例原位放大绘制柱截面配筋图，并在各配筋图上继其编号后再注写截面尺寸 $b\times h$、角筋或全部纵筋(当纵筋采用一种直径且能够图示清楚时)、箍筋的具体数值，以及在柱截面配筋图上标注柱截面与轴线关系 b_1、b_2、h_1、h_2 的具体数值，如图 2.1-2 所示。

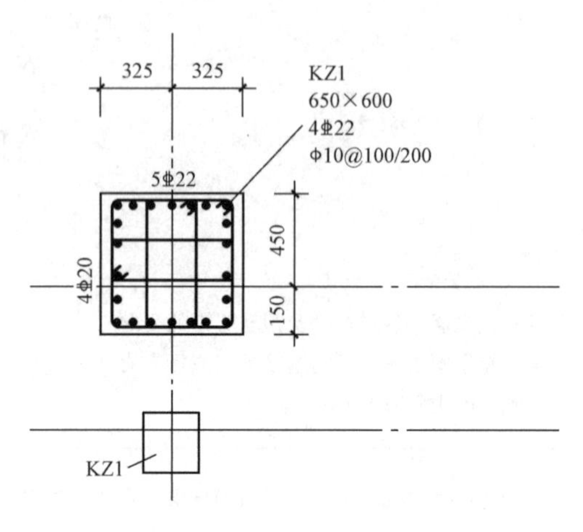

图 2.1-2　柱截面注写示意

任务小结

在本任务中，认识了柱平面布置图的含义，重点掌握了柱编号的规定、柱列表注写规则和柱截面注写规则。两种注写规则的特点比较见表 2.1-3。

表 2.1-3　柱列表和截面注写规则的特点比较

名称	优点	缺点	适用范围
柱列表注写	一般只需要画一个平面图，平面图上只画柱子轮廓，柱子不会在图纸碰撞	钢筋用列表表达，钢筋不画出来，感性认知差	各种结构
柱截面注写	钢筋用截面图表达出来，感性认知好	需要画多个标准层平面图；同一个平面图上两个类型的柱子距离太近时，容易发生截面碰撞	柱子类型少的结构

课后任务及评定

1. 单项选择题

(1)对于不同位置的框架柱，(　　)不是编为同一柱号的条件。

A. 截面尺寸相同　　　　B. 配筋相同

C. 截面与轴线的关系相同　　　　D. 分段截面尺寸相同

(2)框架柱的嵌固部位在基础顶面时，下列说法正确的是(　　)。

A. 无须注写其位置　　　　B. 必须在层高表中注明其位置

C. 可以注明其位置　　D. 一般需注明其位置

(3)柱代号 ZHZ 代表的含义是(　　)。

A. 框架柱　　B. 转换柱

C. 芯柱　　D. 梁上柱

(4)关于柱的根部标高，下列说法正确的是(　　)。

A. 框架柱和转换柱的根部标高是指基础顶面标高

B. 转换柱的根部标高是指框支梁的顶面标高

C. 梁上起框架柱的根部标高是指梁顶面标高

D. 剪力墙上起框架柱的根部标高为墙顶面标高

(5)关于柱平法规则说法，下列正确的是(　　)。

A. 芯柱定位随框架柱，不需要注写其与轴线的几何关系

B. 当柱纵筋直径相同时，一般直接在柱表中注写全部纵筋

C. 抗震设计时，用分号区分柱端箍筋加密区与柱身非加密区长度范围内箍筋的不同间距

D. 确定箍筋肢数时要满足对柱纵筋“隔二拉一”以及箍筋肢距的要求

2. 填空题

(1)按国家标准图集规定，柱平法施工图可以采用__________、__________。

(2)当屋面框架梁上翻时，框架柱顶面标高应为__________。

(3)当框架__________内箍筋与柱端箍筋设置不同时，应在括号中注明核心区的箍筋直径及间距。

课后任务及评定参考答案

3. 简答题

(1)简述柱列表注写应包括的内容。

(2)简述柱列表注写和截面注写中的柱纵筋注写为全部纵筋时，表达的含义的不同。

任务2　柱平法施工图构造详图解读

工作任务

课件：柱平法施工图构造详图解读

掌握柱相关构造的具体要求。具体任务如下：

(1)掌握柱纵向钢筋的连接构造；

(2)掌握柱箍筋的加密区构造；

(3)熟悉柱顶处的柱纵筋构造；

(4)熟悉柱变截面处的柱纵筋构造。

工作途径

(1)《混凝土结构施工图平面整体表示方法制图规则和构造详图(现浇混凝土框架、剪力墙、梁、板)》(22G101—1)；

(2)《混凝土结构施工钢筋排布规则与构造详图(现浇混凝土框架、剪力墙、梁、板)》(18G901—1)。

成果检验

学习任务单

(1)扫描二维码阅读学习任务单，熟悉学习内容、目标和方法，完成规定学习任务。

(2)本任务采用学生习题自测及教师评价综合打分。

2.1　柱纵向钢筋连接构造

1. 柱纵筋连接区、非连接区的概念

按"受力钢筋连接应在结构构件内力较小处"的原则，可将柱在净高范围内分为连接区、非连接区。抗震框架柱在梁柱节点范围内都属于非连接区。除非连接区外，框架柱的其他部位均为允许连接区。

必须指出的是，抗震框架柱的纵筋在允许连接区并不一定必须连接，当钢筋的定尺长度能满足两层层高要求，且施工工艺也能保证钢筋稳定时，也可将柱纵筋伸至上一层连接区进行连接。

2. 框架柱(地上部分)纵筋非连接区的规定

不同连接方式下，框架柱(地上部分)纵筋连接区和非连接区的规定如图 2.2-1 所示。非连接区的要求可总结如下：

(1)非连接区的位置：每层柱净高范围内的上下端都有非连接区；梁柱节点核心区范围内也是非连接区。

(2)每层柱净高范围内的上下端非连接区高度的取值：

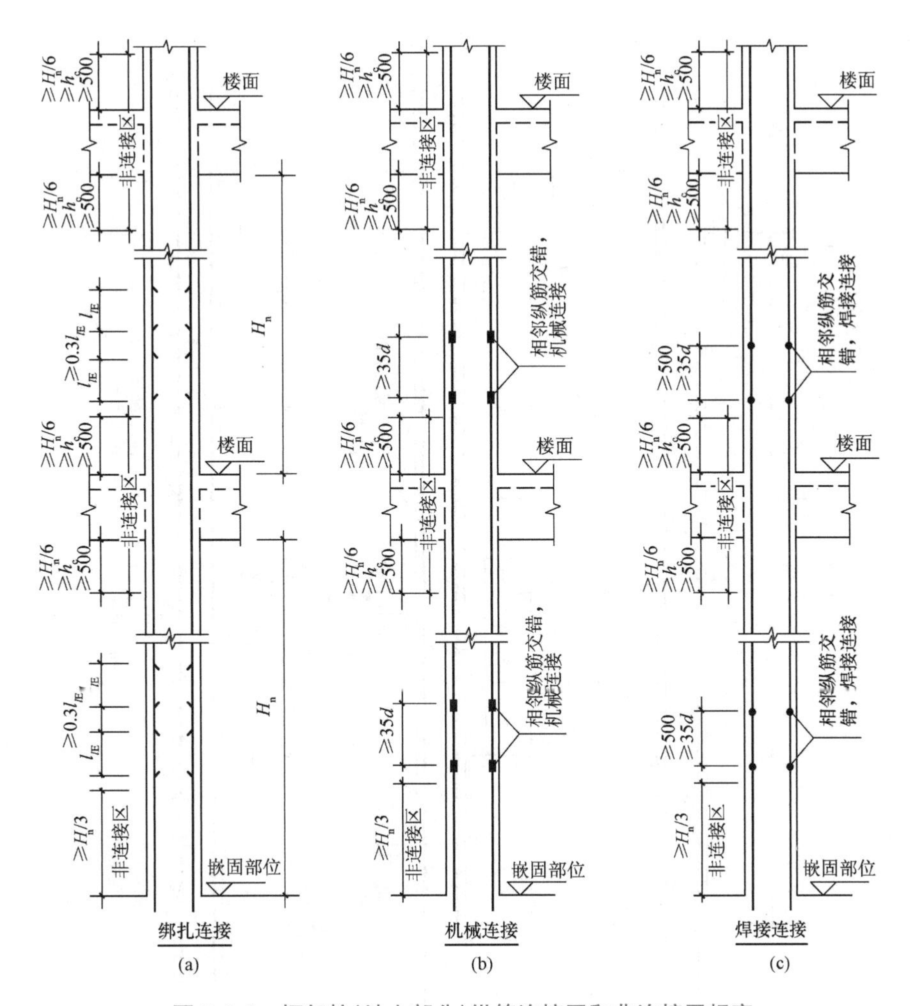

图 2.2-1　框架柱(地上部分)纵筋连接区和非连接区规定

1)嵌固部位以上的第一层底部是$\geqslant H_n/3$，为单一值控制，其中 H_n 为所在楼层的柱净高；

2)其余部位均$\geqslant \max(H_n/6，h_c，500)$，为三个值同时控制，其中 H_n 为所在楼层的柱净高，h_c 为柱截面长边尺寸(圆柱为截面直径)。

(3)柱内钢筋的连接方式包括绑扎搭接、机械连接、焊接连接三种。当采用绑扎搭接时，若某层连接区的高度小于纵筋分两批搭接所需要的高度，应改用机械连接或焊接连接。

3. 框架柱(地上部分)纵筋连接区的规定

(1)框架柱纵筋采取绑扎搭接方式时，柱纵筋搭接接头的长度为 l_{lE}，相邻纵筋的接头应错开$\geqslant 0.3l_{lE}$。

(2)框架柱纵筋采取机械连接方式时，相邻纵筋的接头应错开$\geqslant 35d$。

(3)框架柱纵筋采取焊接连接方式时，相邻纵筋的接头应错开$\geqslant \max(35d，500)$。

4. 框架柱(地下室部分)纵筋非连接区、连接区的规定

框架柱(地下室部分)纵筋非连接区和连接区的规定如图 2.2-2 所示。其规定与地上部分基本相同，分析时分清嵌固部位的位置即可。

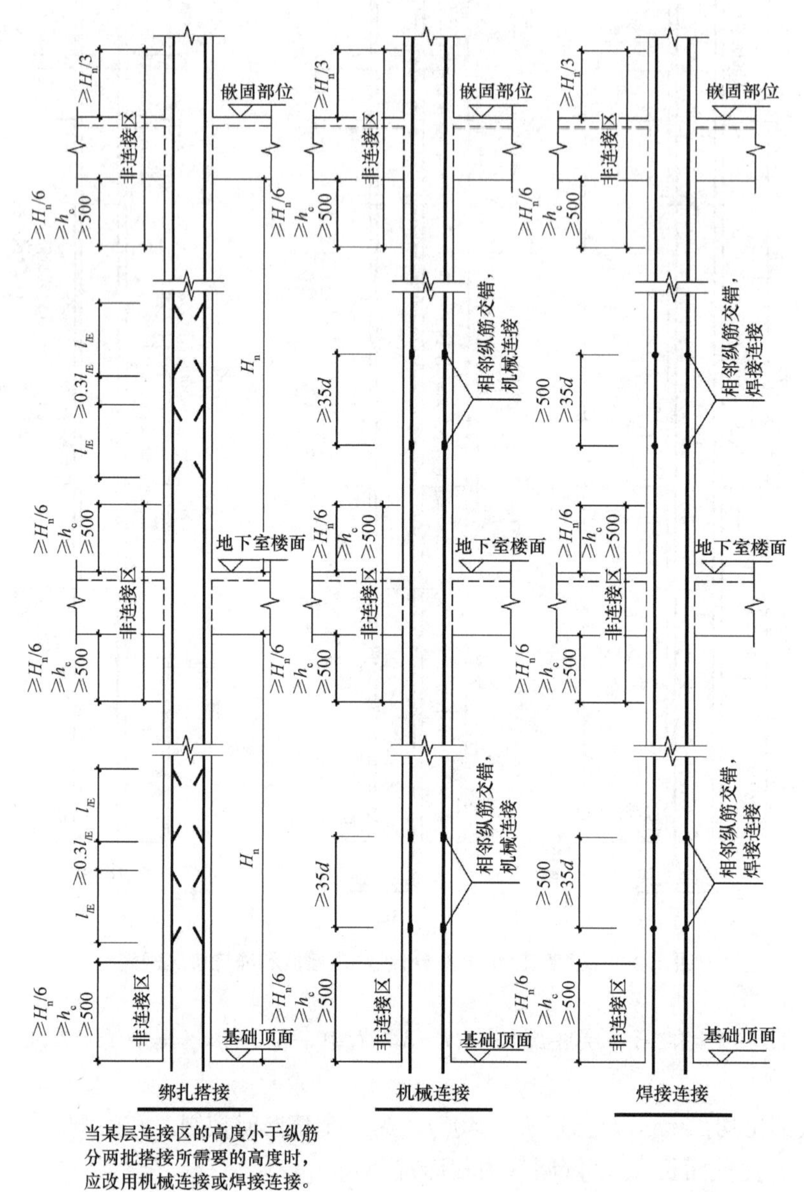

图 2.2-2　框架柱(地下室部分)纵筋连接区和非连接区规定

5. 框架柱纵筋变化时的连接构造

(1)框架柱上柱纵筋根数比下柱纵筋根数多时，应将上柱增加的纵筋向梁柱节点一侧直锚 $1.2l_{aE}$；框架柱下柱纵筋根数比上柱纵筋根数多时，应将下柱增加的纵筋向梁柱节点一侧直锚 $1.2l_{aE}$。以绑扎搭接方式为例，其连接示意如图 2.2-3(a)、(c)所示。

(2)框架柱上柱纵筋的直径大于下柱纵筋时，上柱纵筋应伸入下柱，穿过非连接区，与下柱较小直径的纵筋连接；框架柱下柱纵筋的直径大于上柱纵筋时，下柱纵筋应伸入上柱，穿过非连接区，与上柱较小直径的纵筋连接。以绑扎搭接方式为例，其连接示意如图 2.2-3(b)、(d)所示。

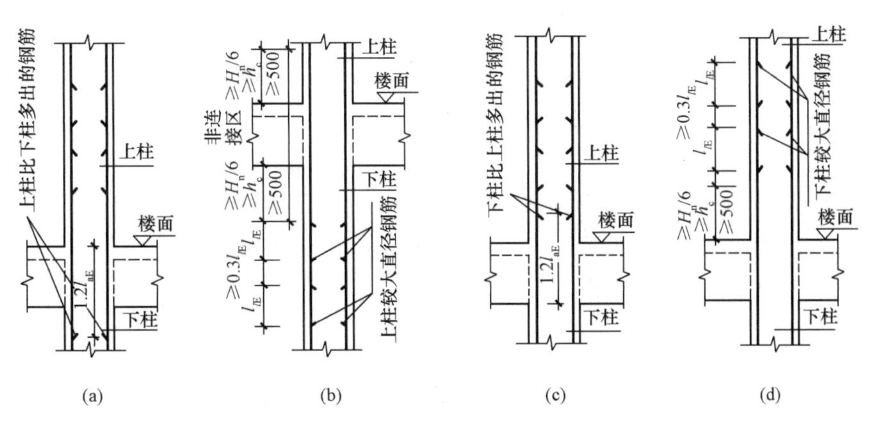

图 2.2-3　框架柱纵筋变化时的连接构造

2.2　柱纵向钢筋在节点变截面处构造

柱在变截面位置一般是上柱相对于下柱截面尺寸减小。将上柱截面相对于下柱的减小尺寸记作 Δ，将与框架柱相交的框架梁的截面高度记作 h_b，则根据两者比值，可将柱纵筋在节点变截面处的构造分为非直通和直通两类。

1. 柱纵筋的非直通构造

当 $\Delta > h_b/6$ 时，应采用非直通的构造，其连接示意如图 2.2-4 所示。

此时，对于下柱无法伸入上柱的纵筋，应伸至梁柱节点处的梁上部纵筋之下弯折，其中伸入节点区内的竖直段长度应不小于 $0.5l_{abE}$，弯折段长度为 $12d$（d 为对应的柱纵筋直径）；上柱纵筋应向梁柱节点一侧直锚 $1.2l_{aE}$。

需要注意的是，若上柱在梁端部发生单侧缩进，下柱外侧纵筋应向上伸至梁上部纵筋之下弯折，弯折尺寸为（$\Delta + l_{aE}$），其中 l_{aE}从上柱外侧边缘起算；上柱外侧纵筋应向梁柱节点一侧直锚 $1.2l_{aE}$。

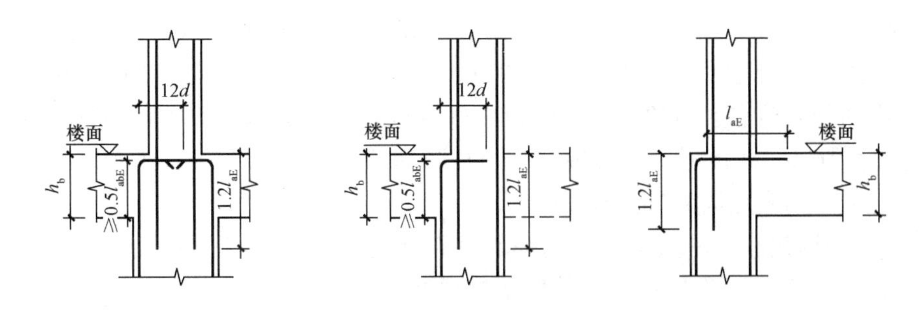

图 2.2-4　柱纵筋在节点变截面处的非直通构造

2. 柱纵筋的直通构造

当 $\Delta \leqslant h_b/6$ 时，可采用将下柱纵筋稍微向内弯折再向上直通的构造，柱纵筋在节点变截面处连续通过，连接示意如图 2.2-5 所示。此种情况下，应注意当纵筋向远离梁柱节点核心区弯折时，为避免内折角处的应力集中造成混凝土崩裂，纵筋应有 50 mm 的过渡距离后再弯折。

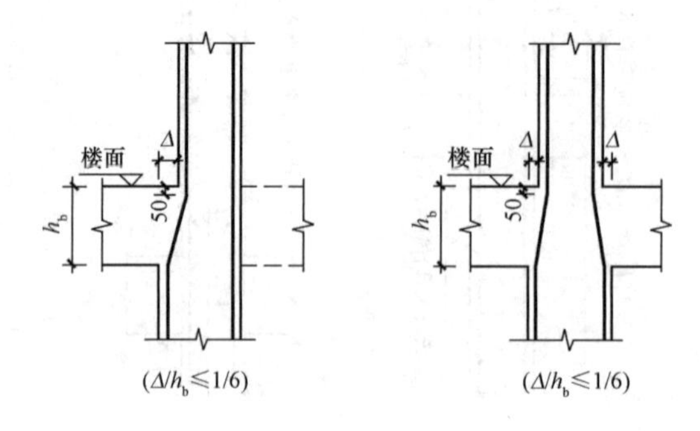

图 2.2-5 柱纵筋在节点变截面处的直通构造

2.3 柱顶处纵筋构造

1. 框架中柱在柱顶处的钢筋构造

当柱顶处两侧有梁时，为中柱，此时柱顶钢筋构造如图 2.2-6 所示。

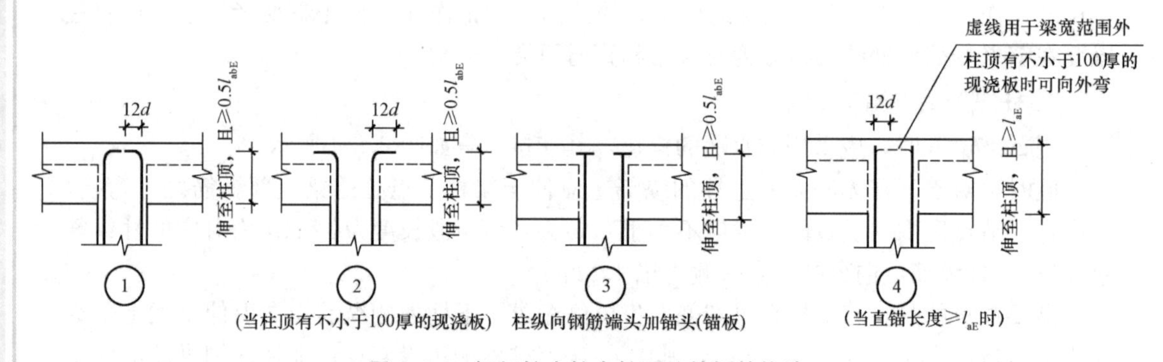

图 2.2-6 框架柱中柱在柱顶处的钢筋构造

(1)从梁底算起，当柱纵筋向上允许的直通高度(梁高减去柱保护层厚度)小于纵筋的直锚长度 l_{aE}时，下柱纵筋应伸至柱顶后向节点内弯折 12d(d 为对应的柱纵筋直径)，其中下柱纵筋伸入节点区内的竖直段长度应≥0.5l_{abE}。在实际工程中，当顶层现浇混凝土板的厚度大于 100 mm 时，下柱纵筋伸至柱顶后应向节点外弯折；当钢筋无法弯折时也可以在柱纵筋端头加锚头(锚板)。

(2)从梁底算起，当柱纵筋向上允许的直通高度(梁高减去柱保护层厚度)不小于纵筋的直锚长度 l_{aE}时，可直接将柱纵筋伸至柱顶混凝土保护层位置。

2. 框架柱边柱、角柱在柱顶处的钢筋构造

(1)当采用柱外侧纵向钢筋和梁上部纵向钢筋在节点外侧弯折搭接构造时，应将梁宽范围内的钢筋、梁宽范围外的钢筋分别进行处理，如图 2.2-7 所示。

1)在梁宽范围内的钢筋，其构造如图 2.2-7(a)、(b)所示，此时柱内侧纵筋同中柱的柱顶构造。梁上部纵筋伸至柱外侧纵筋内侧后弯折至梁底位置，且弯折段长度应≥15d。柱外侧纵筋向上伸至梁上部纵筋下方后水平弯折伸入梁内，柱外侧纵筋自梁底算起，与梁上部纵筋弯折搭接总长度应≥1.5l_{abE}，当 1.5l_{abE}超过柱内侧边缘时，柱纵筋截

断点位于梁内，如图 2.2-7(a)所示；当 $1.5l_{abE}$未超过柱内侧边缘时，柱纵筋第一批截断点位于节点内，且柱纵筋在节点内的水平段长度应满足≥15d 的要求，如图 2.2-7(b)所示。

2)在梁宽范围外的钢筋，其构造如图 2.2-7(c)、(d)所示，此时柱内侧纵筋同中柱的柱顶构造。第一层柱外侧纵筋向上伸至顶部，弯折后伸向柱内边再弯折 8d；第二层柱外侧纵筋也向上伸至顶部，但仅弯折至柱内边即可，如图 2.2-7(c)所示。当柱顶有不小于 100 厚的现浇板时，也可将柱外侧纵筋伸至顶部后向板内弯折锚固，此时从梁底算起，柱外侧纵筋的总锚固长度应≥$1.5l_{abE}$，且伸入板内的长度应≥15d，如图 2.2-7(d)所示。

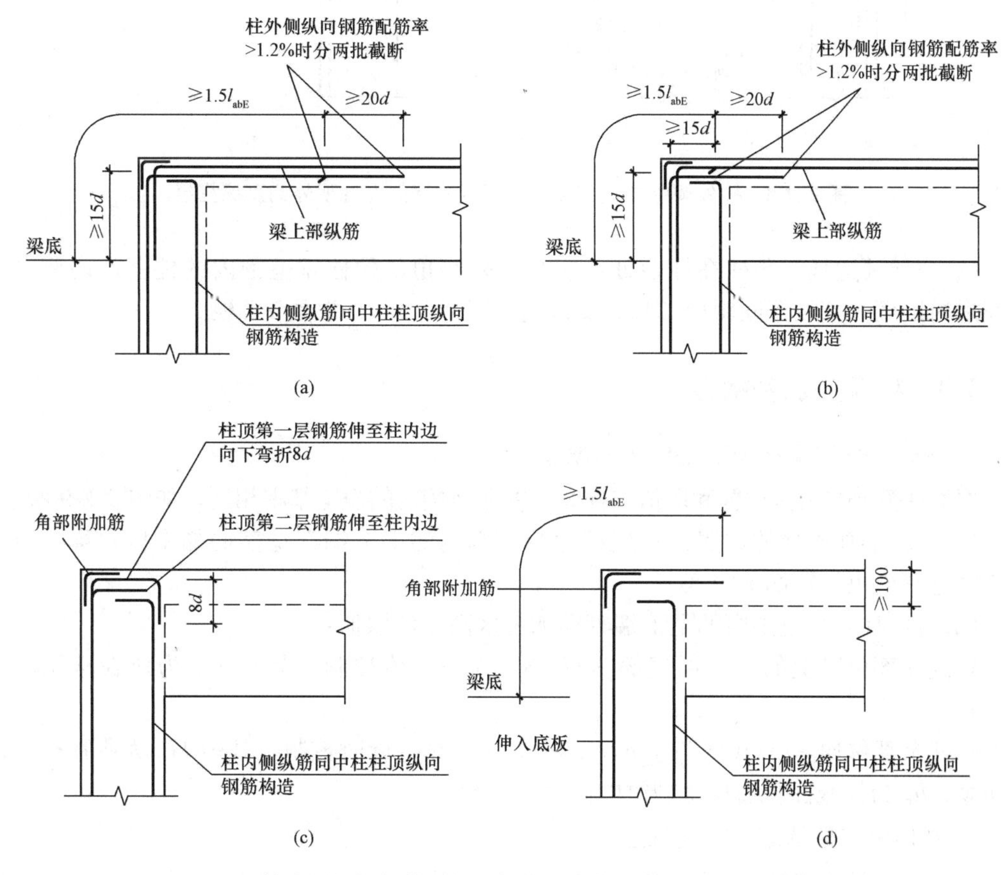

图 2.2-7　柱外侧纵向钢筋和梁上部纵向钢筋在节点外侧弯折搭接构造

(2)当采用柱外侧纵向钢筋和梁上部纵向钢筋在柱顶外侧直线搭接时，也应将梁宽范围内的钢筋、梁宽范围外的钢筋，分别进行处理，如图 2.2-8 所示。

1)在梁宽范围内的钢筋，其构造如图 2.2-8(a)所示。此时梁上部纵筋伸至柱外侧纵筋内侧竖直向下弯折，柱外侧纵筋向上伸至柱顶，梁上部纵筋的竖直段与柱外侧纵筋的搭接总长度应≥$1.7l_{abE}$。

2)在梁宽范围外的钢筋，其构造如图 2.2-8(b)所示。此时柱外侧纵筋向上伸至柱顶，弯折 12d。

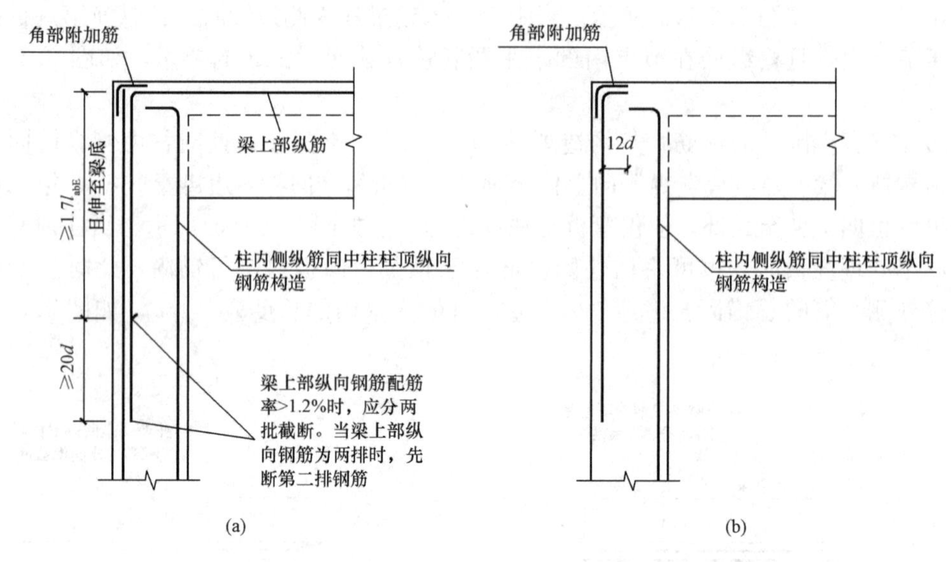

图 2.2-8　柱外侧纵向钢筋和梁上部纵向钢筋在柱顶外侧直线搭接

(3)框架柱边柱、角柱在柱顶处，应在柱外侧角部的柱宽范围内的柱箍筋内侧设置角部附加钢筋，其设置间距应≤150 mm，直径≥10 mm，根数≥3 根。

2.4　柱箍筋加密构造

1. 框架柱各层箍筋加密区位置和取值

框架柱箍筋加密区位置和取值与柱纵筋的非连接区的规定基本相同，如图 2.2-9 所示。

(1)柱箍筋加密区的位置：每层柱净高范围内的上下端都是箍筋加密区；梁柱节点核心区范围内也是箍筋加密区。

(2)每层柱净高范围内的上下端箍筋加密区高度的取值：

1)嵌固部位以上的第一层底部≥$H_n/3$，为单一值控制，其中 H_n 为所在楼层的柱净高；

2)其余部位均≥max($H_n/6$，h_c，500)，为三个值同时控制，其中 H_n 为所在楼层的柱净高，h_c 为柱截面长边尺寸(圆柱为截面直径)。

2. 刚性地面处箍筋加密区规定

刚性地面是指基础以上墙体两侧的回填土应分层回填夯实(回填土的压实密度应符合国家有关规定)，在压实土层上铺设的混凝土面层厚度不应小于 150 mm，这样在基础埋深较深的情况下，设置该刚性地面能对埋入地下的墙体在一定程度上起到侧面嵌固或约束的作用。以下几种形式也可视为刚性地面：花岗岩板块地面和其他岩板块地面；厚度在 200 mm 以上、混凝土强度等级不小于 C20 的混凝土地面。

为考虑刚性地面的这种非刚性约束的影响，规定在刚性地面上下 500 mm 范围内箍筋应加密，如图 2.2-10 所示。

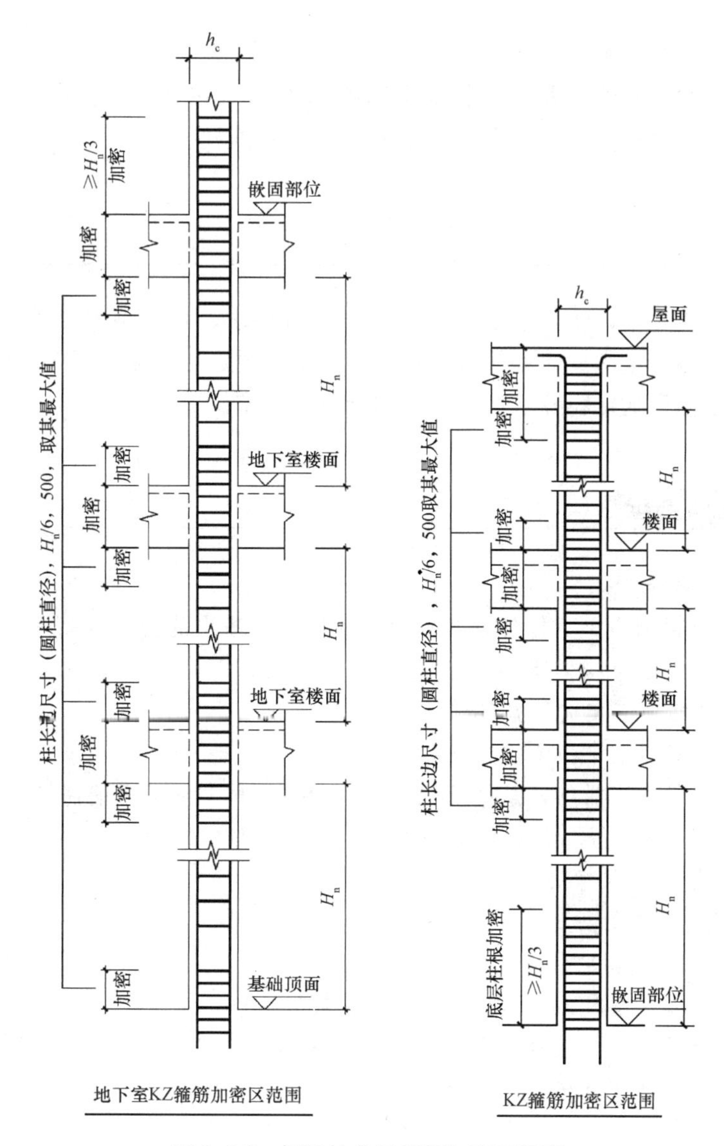

图 2. 2-9　框架柱各层箍筋加密区规定

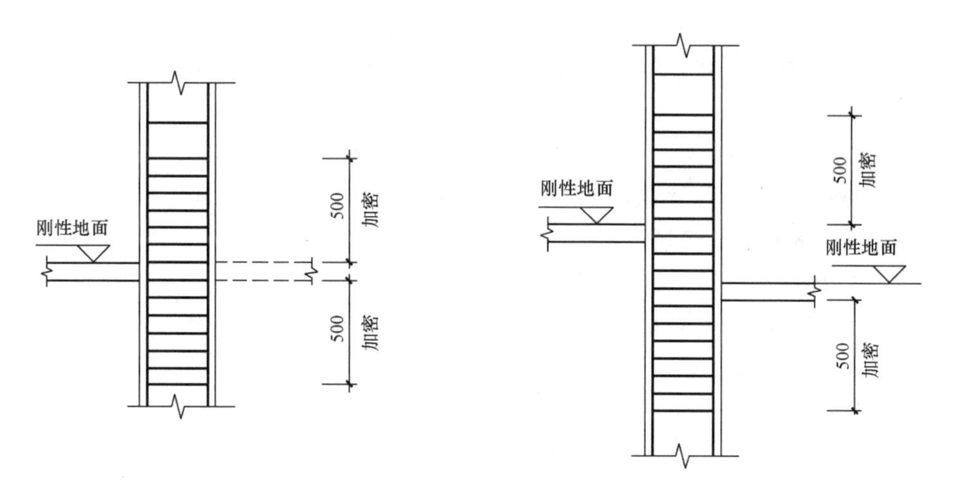

图 2. 2-10　刚性地面处箍筋加密区规定

3. 特殊情况下的柱箍筋加密

在实际工程中，有些柱需要沿全高进行箍筋加密，如框架结构中一、二级抗震等级的角柱、抗震框架短柱($H_n/h_0 \leqslant 4$ 或 $H_n/h_c \leqslant 4$)、转换柱。

任务小结

在本任务中，学习了柱的相关标准构造要求，包括框架柱的非连接区规定、柱纵向钢筋节点变截面处构造、柱顶处纵筋构造、柱箍筋加密区构造，其中框架柱的非连接区规定和柱箍筋加密区构造应重点掌握。

课后任务及评定

1. 单项选择题

(1)上柱钢筋比下柱钢筋多时，上柱比下柱多出的钢筋的处理方式是(　　)。

A. 从楼面直接向下插 $1.5l_{aE}$

B. 从楼面直接向下插 $1.6l_{aE}$

C. 从楼面直接向下插 $1.2l_{aE}$

D. 单独设置插筋，从楼面向下插 $1.2l_{aE}$，和上柱多出钢筋搭接

(2)关于首层 H_n 的取值说法，下列正确的是(　　)。

A. H_n 为首层净高

B. H_n 为首层高度

C. H_n 为嵌固部位至首层节点底

D. 无地下室时 H_n 为基础顶面至首层节点底

(3)上下柱尺寸一样，则下柱比上柱多出的钢筋，应(　　)。

A. 在梁柱节点核心区进行锚固

B. 伸入上柱进行锚固，锚固长度从梁底起算为 $1.2l_{abE}$

C. 伸入上柱进行锚固，锚固长度从梁底起算为 $1.2l_{aE}$

D. 伸入上柱进行锚固，锚固长度从梁底起算为 l_{aE}

(4)抗震中柱顶层节点构造能直锚时，直锚长度为(　　)。

A. $12d$　　B. l_{aE}

C. 伸至柱顶，l_{aE}　　D. 伸至柱顶

(5)某框架四层柱截面尺寸为 300 mm×600 mm，柱净高为 3 600 mm，该柱在楼面处的箍筋加密区高度为(　　)mm。

A. 700　　B. 500　　C. 600　　D. 300

(6)墙上起柱时，柱纵筋从墙顶面向下插入墙内的长度为(　　)。

A. $1.2l_{aE}$　　B. l_{aE}　　C. $1.6l_{aE}$　　D. $1.5l_{aE}$

2. 填空题

(1)首层抗震框架柱底部钢筋非连接区高度为从嵌固部位标高往上至少__________。

(2)框架柱中相邻纵向钢筋连接接头__________，同一连接区段内钢筋接头面积百分率不宜__________。

课后任务及评定参考答案

3. 简答题

(1)框架柱的边柱和角柱，当采用柱外侧纵筋和梁上部纵向钢筋在节点外侧弯折搭接构造时，柱外侧纵筋如何锚固？

(2)框架柱在哪些位置需要进行箍筋加密，加密区范围如何确定？

任务3 柱平法施工图识读实例训练

工作任务

通过实际工程图纸，完成柱平法施工图的识读训练，提升对柱平法施工图绘制规则和构造详图的理解及实际运用能力。

工作途径

(1)《混凝土结构施工图平面整体表示方法制图规则和构造详图(现浇混凝土框架、剪力墙、梁、板)》(22G101—1)；

(2)《混凝土结构施工钢筋排布规则与构造详图(现浇混凝土框架、剪力墙、梁、板)》(18G901—1)。

成果检验

学习任务单

(1)扫描二维码阅读学习任务单，熟悉学习内容、目标和方法，完成规定学习任务。

(2)独立完成实例训练题。

(3)本任务采用学生习题自测及教师评价综合打分。

某工程框架柱平法施工图(局部)，如图 2.3-1 所示，请根据所给图纸完成相应的训练题。

1. 单项选择题

(1)关于该框架柱平法施工图说法，下列正确的是(　　)。

A. 该图采用截面注写的方式

B. 所有 KZ1 和轴线位置关系均相同

C. KZ3 截面尺寸均为 500 mm×500 mm

D. KZ3 角筋均为 4⌀25

(2)关于 KZ2 说法，下列不正确的是(　　)。

A. 截面尺寸为 500 mm×500 mm　　B. 角筋为 4⌀20

C. 全部纵筋为 12⌀20　　D. b 边中部筋为 4⌀20

(3)关于柱平法施工图说法，下列不正确的是(　　)。

A. 有列表注写和截面注写两种

B. 本工程采用截面注写方式

C. 截面注写仅需在相同编号的柱中注写一个截面即可

D. 相同编号是指柱的起止标高、截面尺寸、配筋及与轴线的位置关系均相同

2. 判断题

(1)KZ2 的类型为框架柱。　　(　　)

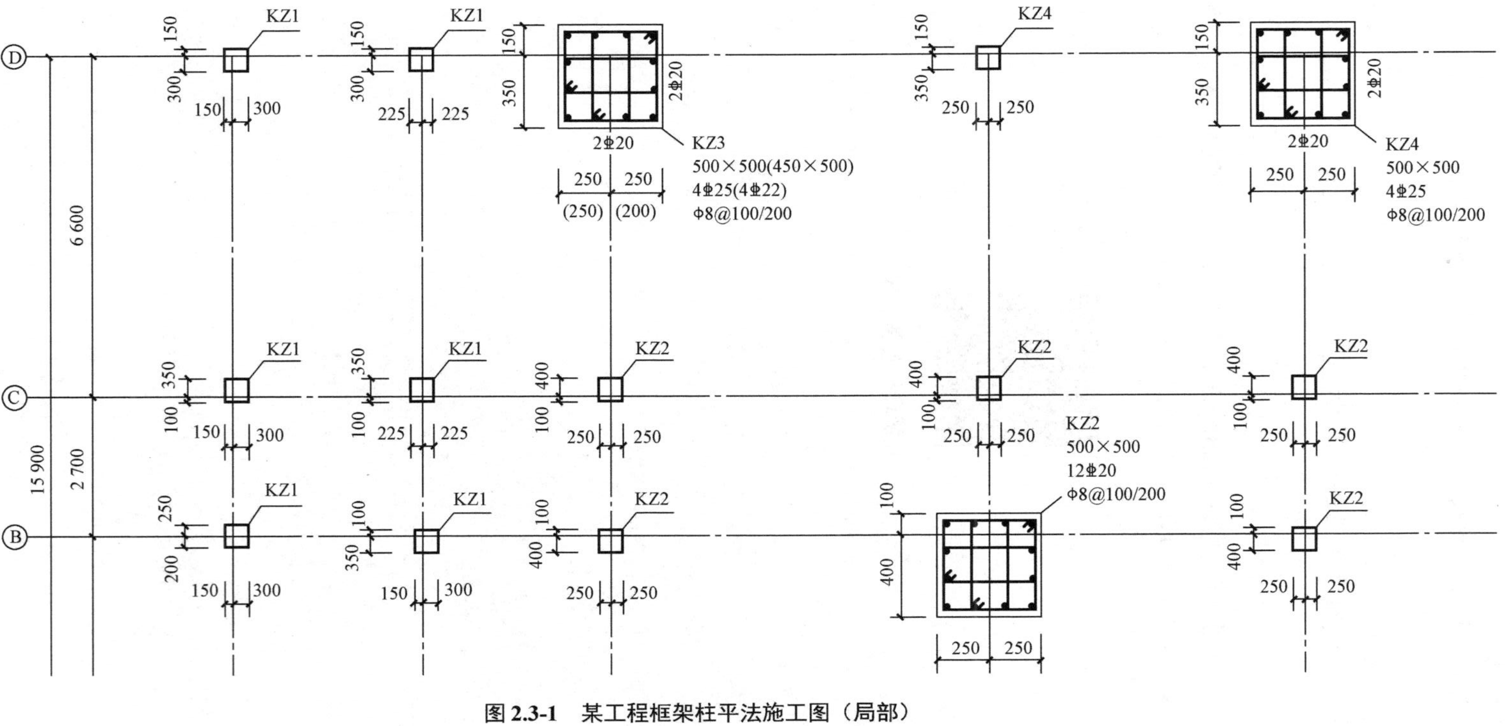

图 2.3-1　某工程框架柱平法施工图（局部）

(2)框架柱的箍筋应进行加密。（ ）

(3)框架柱的纵筋应进行连接，一般连接区也是箍筋加密区。（ ）

3. 填空题

(1)KZ4 的角筋为__________。

(2)中间层框架柱箍筋加密区长度为__________、__________、__________三者取大值。

4. 计算题

假设 KZ2 顶处框架梁高为 500 mm，层高为 3.600 m，KZ2 的尺寸变更为 600 mm×600 mm，试计算二层楼面处 KZ2 的箍筋加密区长度。

实例训练参考答案

项目3　梁平法施工图识读方法与实例

项目导读

梁主要承受板传来的荷载，并将荷载传递给竖向构件(柱、剪力墙)，是钢筋混凝土结构中主要的水平构件。

本项目从梁平面布置图开始，由浅入深逐步介绍梁编号、梁平面注写方式、梁截面注写方式、楼层和屋面框架梁构造、框架梁箍筋加密区构造、框架梁中间支座(变截面)构造等知识，最后通过梁平法施工图实例来实践和巩固所学知识。

学习目标

1. 掌握梁的分类和编号规定。

2. 掌握梁平法施工图的表示方法，包括平面注写方式和截面注写方式。

3. 掌握梁主要的配筋构造，包括楼层和屋面框架梁构造、框架梁箍筋加密区构造、框架梁中间支座(变截面)构造等，熟悉附加箍筋和附加吊筋构造、非框架梁构造、纯悬挑梁构造、梁加腋构造等。

任务1　梁平法施工图表示方法

掌握梁平法施工图平面注写和截面注写的具体要求。具体任务如下：

(1)熟悉梁平面布置图的内容；

(2)掌握梁的平面注写方式；

(3)熟悉梁的截面注写方式。

课件：梁平法施工图的表示方法

工作途径

(1)《混凝土结构施工图平面整体表示方法制图规则和构造详图(现浇混凝土框架、剪力墙、梁、板)》(22G101—1)；

(2)《混凝土结构施工钢筋排布规则与构造详图(现浇混凝土框架、剪力墙、梁、板)》(18G901—1)。

成果检验

(1)扫描二维码阅读学习任务单，熟悉学习内容、目标和方法，完成规定学习任务。

(2)本任务采用学生习题自测及教师评价综合打分。

学习任务单

1.1　梁平面布置图和梁编号

1. 梁平面布置图

梁平面布置图的主要作用是表达梁(水平构件)的水平定位。梁平法施工图是在梁平面布置图上采用平面注写方式或截面注写方式表达。

梁平面布置图应分别按梁的不同结构层(标准层)，将全部梁和与其相关联的柱、墙、板一起采用适当比例绘制。在梁平法施工图中，还应按规定注明各结构层的顶面标高及相应的结构层号。

对于轴线未居中的梁，应标注其与定位轴线的尺寸(贴柱边的梁可不注)。

2. 梁编号规定

梁编号由梁类型、代号、序号、跨数及有无悬挑几项组成。梁编号的规定见表3.1-1。

表3.1-1　梁编号

梁类型	代号	序号	跨数及是否带有悬挑
楼层框架梁	KL	××(阿拉伯数字)	(××)、(××A)或(××B)
楼层框架扁梁	KBL	××(阿拉伯数字)	(××)、(××A)或(××B)
屋面框架梁	WKL	××(阿拉伯数字)	(××)、(××A)或(××B)

续表

梁类型	代号	序号	跨数及是否带有悬挑
框支梁	KZL	××(阿拉伯数字)	(××)、(××A)或(××B)
托柱转换梁	TZL	××(阿拉伯数字)	(××)、(××A)或(××B)
非框架梁	L	××(阿拉伯数字)	(××)、(××A)或(××B)
悬挑梁	XL	××(阿拉伯数字)	(××)、(××A)或(××B)
井字梁	JZL	××(阿拉伯数字)	(××)、(××A)或(××B)

表中(××A)为一端有悬挑，(××B)为两端有悬挑，悬挑不计入跨数。例如，KL7(5A)表示第7号框架梁，5跨，一端有悬挑；L9(7B)表示第9号非框架梁，7跨，两端有悬挑。

楼层框架扁梁节点核心区代号KBH。

非框架梁L、井字梁JZL表示端支座为铰接；当非框架梁L、井字梁JZL端支座上部纵筋为充分利用钢筋的抗拉强度时，在梁代号后加“g”。例如，Lg7(5)表示第7号非框架梁，5跨，端支座上部纵筋为充分利用钢筋的抗拉强度。

当非框架梁L按受扭设计时，在梁代号后加“N”。例如，LN5(3)表示第5号受扭非框架梁，3跨。

1.2 梁平面注写方式

梁平面注写方式是在梁平面布置图上，分别在不同编号的梁中各选择一根梁，以在其上注写截面尺寸和配筋具体数值的方式来表达梁平法施工图。

平面注写包括集中标注和原位标注。其中，集中标注表达梁的通用数值；原位标注表达梁的特殊数值，如图3.1-1所示。

当集中标注中的某项数值不适用于梁的某部位时，则将该项数值原位标注，施工时原位标注取值优先。

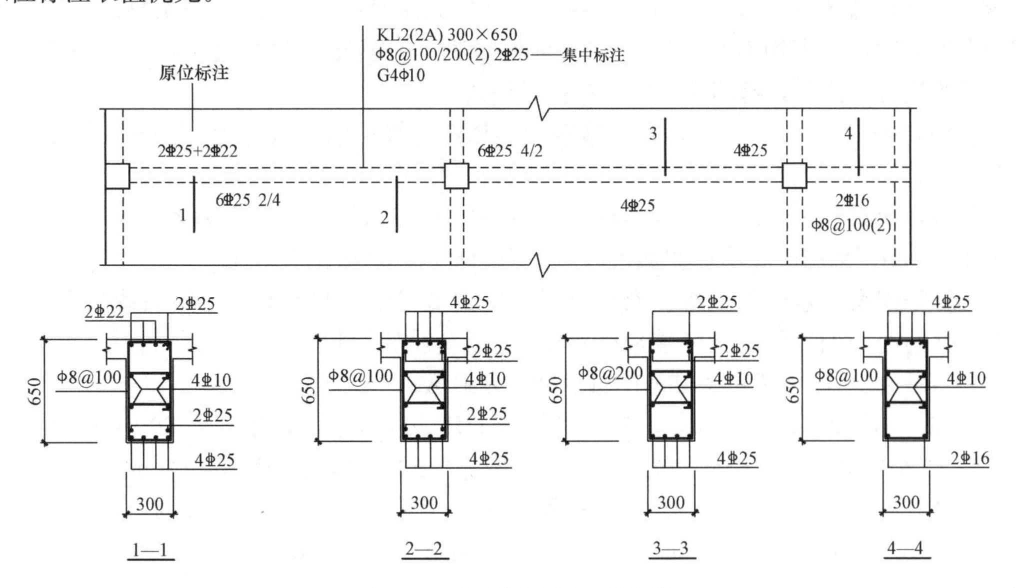

图3.1-1 梁平面注写方式示例

1. 梁的集中标注

梁集中标注的内容包括五项必注值和一项选注值，集中标注可以从梁的任意一跨引出，具体规定如下：

(1)梁编号。该项为必注值。应注意当有悬挑段时，无论悬挑多长均不计入跨数。

(2)梁截面尺寸。该项为必注值。

1)当为等截面梁时，用 $b \times h$ 表示，其中 b 为梁宽，h 为梁高。

2)当悬挑梁且根部和端部的高度不同时，其尺寸表达如图 3.1-2 所示。

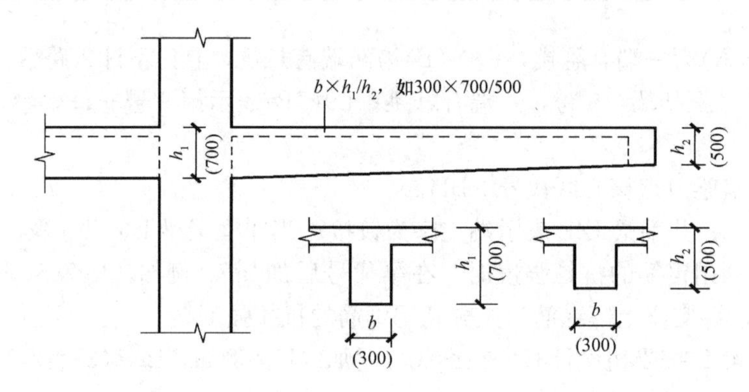

图 3.1-2 悬挑梁示意

此时应用斜线分隔根部与端部的高度值，表达为 $b \times h_1/h_2$，其中 h_1 为梁根部的较大高度值，h_2 为梁端部的较小高度值。

3)当为竖向加腋梁时，用 $b \times h$ Y$c_1 \times c_2$ 表示，其中 c_1 为腋长，c_2 为腋高，如图 3.1-3(a)所示。

当为水平加腋梁时，一侧加腋时用 $b \times h$ PY$c_1 \times c_2$ 表示，其中 c_1 为腋长，c_2 为腋宽。此时，加腋部位应在平面图中绘制，如图 3.1-3(b)所示。

(3)梁箍筋该项为必注值。梁箍筋包括钢筋种类、直径、加密区与非加密区间距及肢数。箍筋加密区与非加密区的不同间距及肢数需用斜线“/”分隔；当梁箍筋为同一种间距及肢数时，不需用斜线：当加密区与非加密区的箍筋肢数相同时，将肢数注写一次，否则应分别注写；箍筋肢数应写在括号内。

例如，Φ10@100/200(4)，表示箍筋为 HPB300 级钢筋，直径为 10 mm，加密区间距为 100 mm，非加密区间距为 200 mm，均为四肢箍。

例如，Φ8@100(4)/150(2)，表示箍筋为 HPB300 级钢筋，直径为 8 mm，加密区间距为 100 mm，采用四肢箍；非加密区间距为 150 mm，采用双肢箍。

当非框架梁、悬挑梁、井字梁采用不同的箍筋间距及肢数时，也用斜线“/”将其分隔开。注写时，先注写梁支座端部的箍筋(包括箍筋的箍数、钢筋级别、直径、间距与肢数)，在斜线后注写梁跨中部分的箍筋间距及肢数。

例如，13Φ10@150/200(4)，表示箍筋为 HPB300 级钢筋，直径为 10 mm；梁的两端各有 13 个四肢箍，箍筋间距为 150 mm；梁跨中部分的箍筋间距为 200 mm，四肢箍。

例如，18Φ12@150(4)/200(2)，表示箍筋为 HPB300 级钢筋，直径为 12 mm，梁的两端各有 18 个四肢箍，箍筋间距为 150 mm；梁跨中部分的箍筋间距为 200 mm，采用双肢箍。

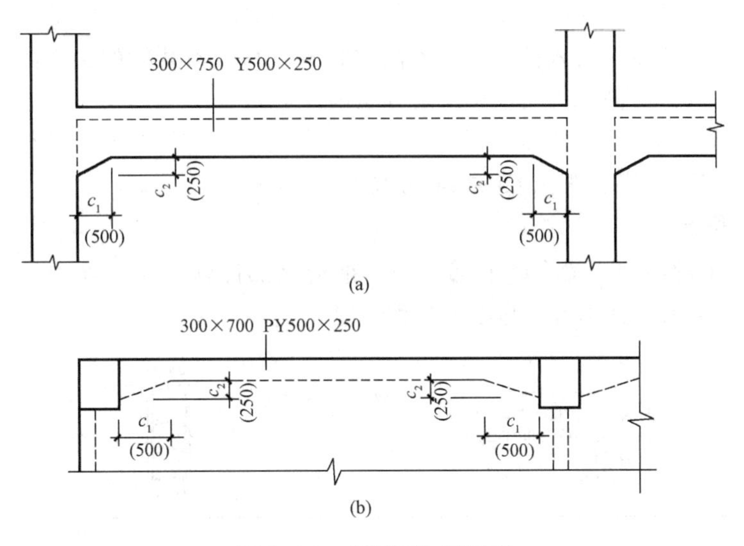

图 3.1-3　梁截面加腋示意

(a)梁竖向加腋；(b)梁水平加腋

(4)梁上部通长筋或架立筋配置。该项为必注值。梁上部通长筋或架立筋配置(通长筋可为相同或不同直径采用搭接连接、机械连接或焊接的钢筋)，所注规格与根数应根据结构受力要求及箍筋肢数等构造要求而定。

当同排纵筋中既有通长筋又有架立筋时，应用加号“＋”将通长筋和架立筋相连。注写时需要将角部纵筋写在加号的前面，架立筋写在加号后面的括号内，以示不同直径及与通长筋的区别。当全部采用架立筋时，应将其写入括号内。

例如，2⌀22 用于双肢箍；2⌀22＋(4Φ12)用于六肢箍，其中 2⌀22 为通长筋，位于角部，4Φ12 为架立筋。

当梁的上部纵向钢筋和下部纵向钢筋为全跨相同，且多数跨配筋相同时，此项可加注下部纵筋的配筋值，用分号“;”将上部与下部纵筋的配筋值分隔开。

例如，3⌀22；3⌀20 表示梁的上部配置 3⌀22 的通长筋，梁的下部配置 3⌀20 的通长筋。

(5)梁侧面纵向构造钢筋或受扭钢筋配置。该项为必注值。

1)当梁腹板高度 $h_w \geqslant 450$ mm 时，需要配置纵向构造钢筋，所注规格与根数应符合规范规定。此项注写值以大写字母 G 打头，接续注写配置在梁两个侧面的总配筋值，且对称配置。

例如，G4Φ12 表示在梁的两个侧面共配置 4Φ12 的纵向构造钢筋，每侧各配置 2Φ12 的纵向构造钢筋。

2)当梁的侧面需要配置受扭纵向钢筋时，此项注写值以大写字母 N 打头，接续注写配置在梁两个侧面的总配筋值，且对称配置。受扭纵向钢筋应满足梁侧面纵向构造钢筋的间距要求，且不再重复配置纵向构造钢筋。

例如，N6⌀22 表示梁的两个侧面共配置 6⌀22 的受扭纵向钢筋，每侧各配置 3⌀22 的受扭纵向钢筋。

(6)梁顶面标高高差。该项为选注值。梁顶面标高高差是指相对于结构层楼面标高的高差值。对于位于结构夹层的梁，则指相对于结构夹层楼面标高的高差。

有高差时，需要将其写入括号内，无高差时不注写。当某梁的顶面高于所在结构层的楼面标高时，其标高高差为正值；反之为负值。

例如，某结构标准层的楼面标高为 44.950，若这个标准层中某梁的梁顶面标高高差注写为(－0.050)时，则表明该梁的顶面标高为 44.900。

2. 梁的原位标注

(1)梁支座上部纵筋。梁支座上部纵筋，是指该部位含通长筋在内的所有纵筋，其注写如图 3.1-4 所示，具体可分为以下三种情况：

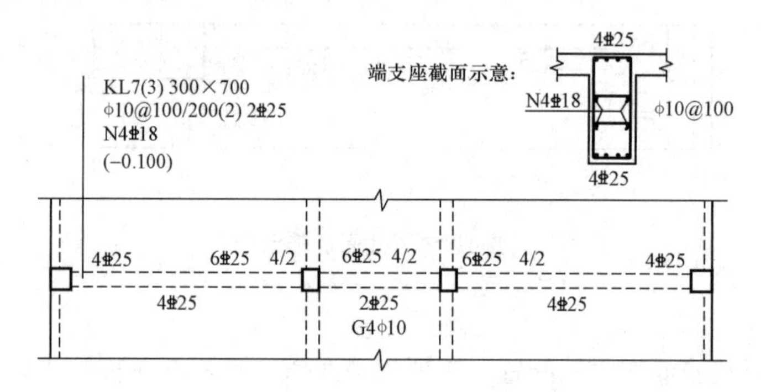

图 3.1-4 梁支座上部纵筋注写示意

1)当上部纵筋多于一排时，用斜线“/”将各排纵筋自上而下分开。

例如，梁支座上部纵筋注写为 6⌀25 4/2，表示上部纵筋共 6⌀25，其中上一排纵筋为 4⌀25，下一排纵筋为 2⌀25。

2)当同排纵筋有两种直径时，用加号“＋”将两种直径的纵筋相连，并将角部纵筋注写在前面。

例如，梁支座上部有 4 根纵筋，布置在一排，其中 2⌀25 放在角部，2⌀22 放在中部，则在梁支座上部应注写为 2⌀25＋2⌀22。

3)当梁中间支座两边的上部纵筋不同时，需要在支座两边分别标注；当梁中间支座两边的上部纵筋相同时，可仅在支座的一边标注配筋值，另一边省去不注写。

(2)梁下部纵筋。

1)当梁下部纵筋多于一排时，用斜线“/”将各排纵筋自上而下分开。

例如，梁下部纵筋注写为 6⌀25 2/4，表示下部纵筋共 6⌀25，其中上排纵筋为 2⌀25，下排纵筋为 4⌀25，全部伸入支座。

2)当同排纵筋有两种直径时，用加号“＋”将两种直径的纵筋相连，注写时角筋写在前面。

3)当梁下部纵筋不全部伸入支座时，将不伸入梁支座的下部纵筋数量写的括号内。

例如，梁下部纵筋注写为 6⌀25 2(－2)/4，表示上排纵筋为 2⌀25，且不伸入支座；下排纵筋为 4⌀25，全部伸入支座，该梁的纵剖图和跨中断面图示意如图 3.1-5 所示。

4)当梁的集中标注中已按规定分别注写了梁上部和下部均为通长的纵筋值时，不需要在梁下部重复做原位标注。

5)当梁设置竖向加腋时，加腋部位下部斜纵筋应在支座下部以 Y 打头注写在括号

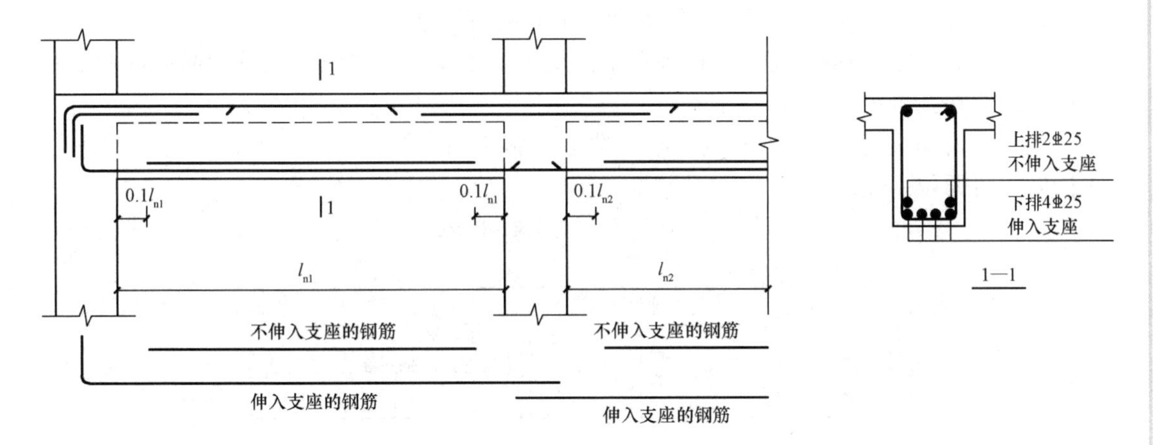

图 3.1-5　梁下部纵筋不全部伸入支座示意

内，如图 3.1-6(a)所示。当梁设置水平加腋时，水平加腋内上、下部斜纵筋应在加腋支座上部以 Y 打头注写在括号内，上、下部斜纵筋之间用“/”分隔，如图 3.1-6(b)所示。

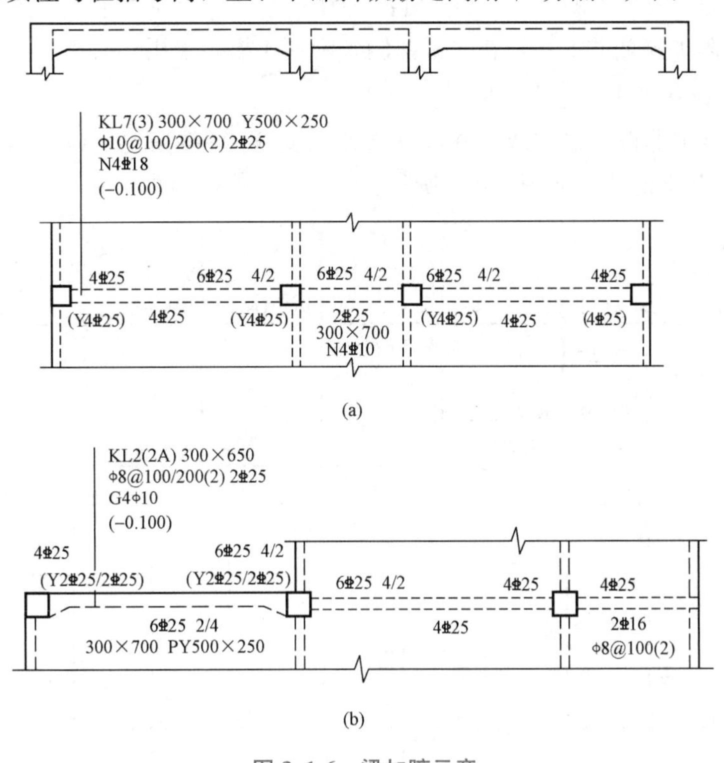

图 3.1-6　梁加腋示意

(a)竖向加腋梁；(b)水平加腋梁

(3)当在梁上集中标注的内容(梁截面尺寸、箍筋、上部通长筋或架立筋，梁侧面纵向构造钢筋或受扭纵向钢筋，以及梁顶面标高高差中的某一项或几项数值)不适用于某跨或某悬挑部分时，将其不同数值原位标注在该跨或该悬挑部位，施工时应按原位标注数值取用。

当在多跨梁的集中标注中已注明加腋，而该梁某跨的根部却不需要加腋时，应在该跨原位标注等截面的 $b \times h$，以修正集中标注中的加腋信息。

(4)附加箍筋或吊筋。将其直接画在平面图中的主梁上，用线引注总配筋值(附加箍筋的肢数注在括号内)。

当多数附加箍筋或吊筋相同时，可在梁平法施工图上统一注明；少数与统一注明值不同时，再原位引注。

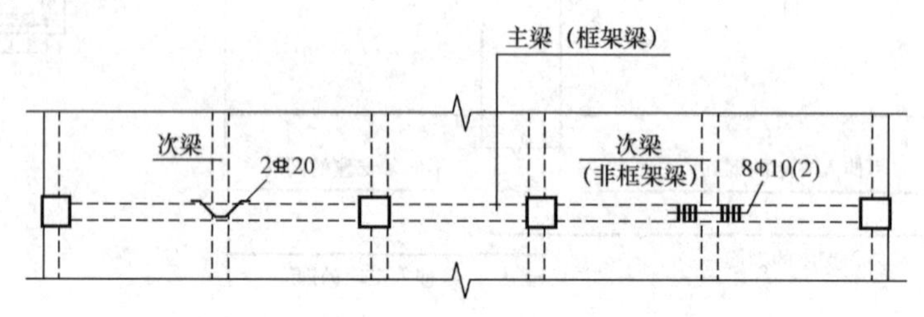

图 3.1-7　梁附加箍筋、吊筋的配置示意

在图 3.1-7 中，左侧主次梁相交处的 2⌀20，表示在主梁上配置直径为 20 mm 的 HRB400 级吊筋 2 根；右侧主次梁相交处的 8Φ10(2)，表示在主梁上配置直径为 10 mm 的 HPB300 级附加箍筋共 8 根，在次梁两侧各配置 4 根，采用双肢箍。

3. 井字梁的平面注写方式

井字梁通常由非框架梁构成，并以框架梁为支座(特殊情况下以专门设置的非框架大梁为支座)。其平面注写如图 3.1-8 所示。

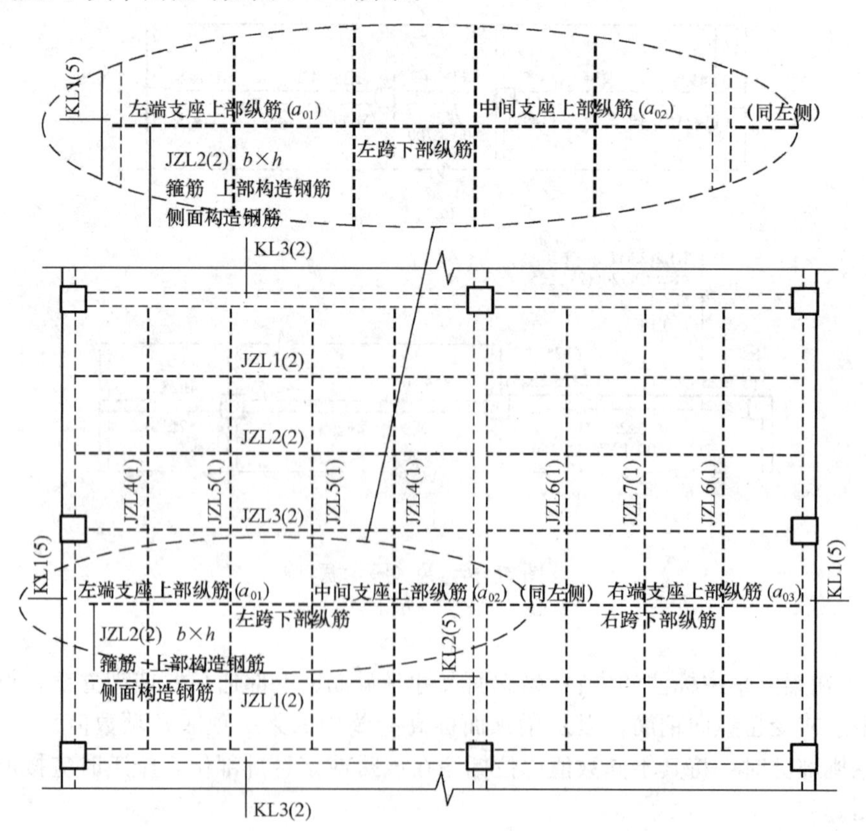

图 3.1-8　井字梁平面注写示例

为明确区分井字梁与作为井字梁支座的梁，在梁平法施工图中，井字梁用单粗虚线表示(当井字梁顶面高出板面时可用单粗实线表示)，作为井字梁支座的梁用双细虚线表示(当梁顶面高出板面时可用双细实线表示)。

井字梁所分布范围称为“矩形平面网格区域”(简称“网格区域”)。当在结构平面布置中仅有由四根框架梁框起的一片网格区域时，所有在该区域相互正交的井字梁均为单跨；当有多片网格区域相连时，贯通多片网格区域的井字梁为多跨，且相邻两片网格区域分界处即该井字梁的中间支座。对某根井字梁编号时，其跨数为其总支座数减 1；在该梁的任意两个支座之间，无论有几根同类梁与其相交，均不作为支座。

4. 框架扁梁的平面注写方式

框架扁梁的外形特点是扁梁的宽度一般大于柱横截面宽度，所以，扁梁的部分钢筋在柱宽度外，这与普通框架梁柱节点构造有本质的区别，必须采取补强措施和特殊处理才能满足节点核心区的承载力。其平面注写如图 3.1-9 所示。

(1)框架扁梁的代号为 KBL，其注写规则基本同框架梁。

(2)对于上部纵筋和下部纵筋，还需要注明未穿过柱截面的纵向受力钢筋的根数。

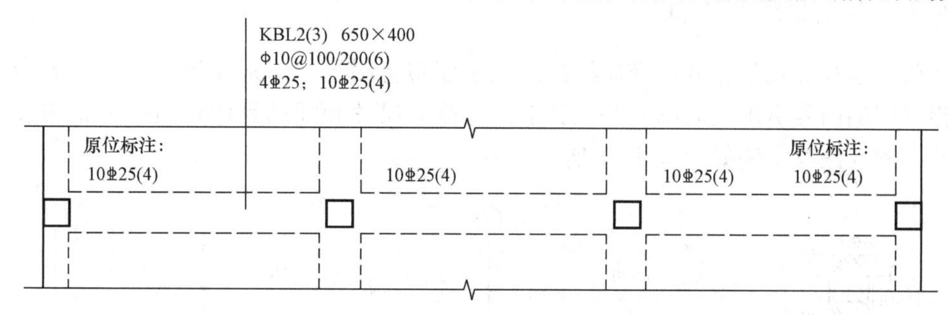

图 3.1-9 框架扁梁注写示例

图 3.1-9 中所示的 10Φ25(4)，表示框架扁梁 KBL2 有 4 根纵向受力钢筋未穿过柱截面，柱两侧各 2 根，施工时，应注意采用相应的构造做法。

(3)框架扁梁节点核心区代号为 KBH，包括柱内核心区和柱外核心区两部分。框架扁梁节点核心区钢筋注写包括柱外核心区竖向拉筋及节点核心区附加抗剪纵向钢筋，端支座节点核心区还需要注写附加 U 形箍筋。

柱外核心区竖向拉筋，注写其钢筋种类与直径；端支座柱外核心区还需要注写附加 U 形箍筋的钢筋级别、直径及根数。

框架扁梁节点核心区附加抗剪纵向钢筋以大写字母 F 打头，注写其设置方向(x 向或 y 向)、层数、每层的钢筋根数、钢筋种类、直径及未穿过柱截面的纵向受力钢筋根数。

例如，KBH1 Φ10，F X&Y 2×7Φ14(4)，表示框架扁梁中间支座节点核心区：柱外核心区竖向拉筋 Φ10；沿梁 x 向(y 向)配置两层 7Φ14 附加抗剪纵向钢筋，每层有 4 根纵向受力钢筋未穿过柱截面，柱两侧各 2 根；附加抗剪纵向钢筋沿梁高度范围均匀布置，如图 3.1-10(a)所示。

例如，KBH2 Φ10，4Φ10，F X 2×7Φ14(4)，表示框架扁梁端支座节点核心区：柱外核心区竖向拉筋为 Φ10；附加 U 形箍筋共 4 道，柱两侧各 2 道；沿框架扁梁 x 向配置两层 7Φ14 附加抗剪纵向钢筋，每层有 4 根附加抗剪纵向受力钢筋未穿过柱截面，柱两侧各 2 根；附加抗剪纵向钢筋沿梁高度范围均匀布置，如图 3.1-10(b)所示。

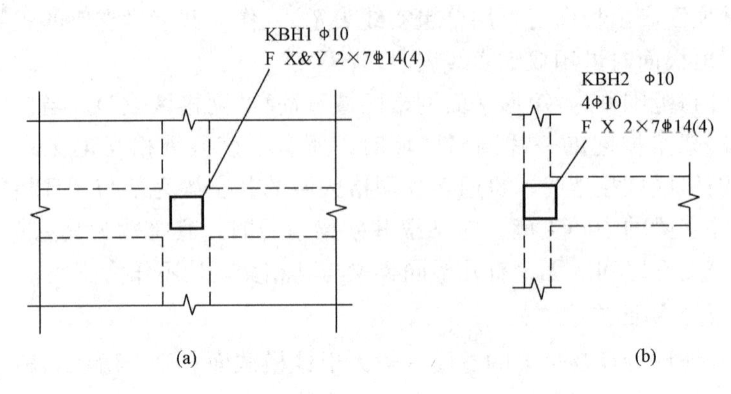

图 3.1-10　框架扁梁注写示例

(a)中间节点核心区；(b)端支座节点核心区

1.3　梁截面注写方式

梁截面注写方式是在分标准层绘制的梁平面布置图上，分别在不同编号的梁中各选择一根梁用剖面号引出配筋图，并在其上注写截面尺寸和配筋具体数值的方式来表达梁平法施工图。注写示例如图 3.1-11 所示。

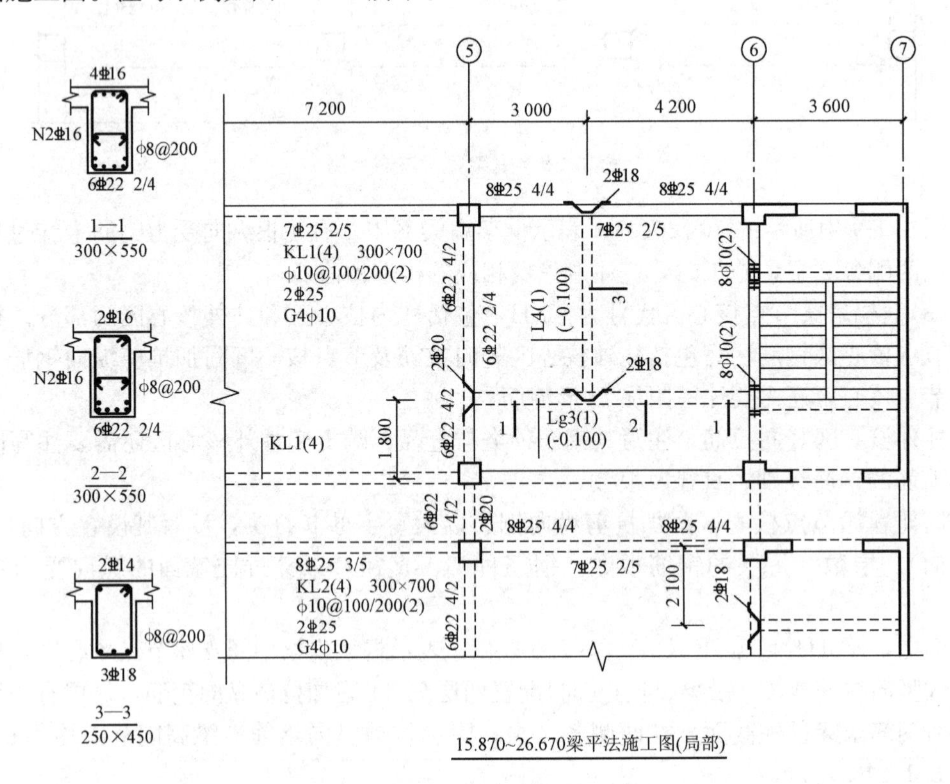

图 3.1-11　梁截面注写示例

对所有梁按规定进行编号，从相同编号的梁中选择一根梁，先将“单边截面号”画在该梁上，再将截面配筋详图画在本图或其他图上。当某梁的顶面标高与结构层的楼面标高不同时，还应继其梁编号后注写梁顶面标高高差(注写规定与平面注写方式相同)。在截面配筋详图上注写截面尺寸 $b \times h$、上部钢筋、下部钢筋、侧面构造筋或受扭钢筋及箍筋的具体数值时，其表达形式与平面注写方式相同。

任务小结

在本任务中，在了解梁平面布置图的内容基础上，详细学习了梁平面注写中集中标准和原位标注的内容，熟悉了梁的截面注写方式，同时，也了解了框架扁梁和井字梁的注写方式。

课后任务及评定

1. 单项选择题

(1)图纸标有 KL3(2B)，关于其含义，下列正确的是(　　)。

A. 3 号框架梁，两跨，两端带悬挑

B. 3 号基础主梁，两跨，一端带悬挑

C. 3 号简支梁，两跨，一端带悬挑

D. 3 号框支梁，两跨，两端带悬挑

(2)框架梁集中标注内容的选注值为(　　)。

A. 梁编号　　B. 梁支座上部钢筋

C. 梁箍筋　　D. 梁顶面标高高差

(3)梁编号为 KL 代表的是(　　)。

A. 屋面框架梁　　B. 框架梁

C. 框支梁　　D. 悬挑梁

(4)梁集中标注的内容，有(　　)项必注值和一项选注值。

A. 三　　B. 四　　C. 五　　D. 六

(5)关于框架梁集中标注中梁顶面标高高差说法，下列错误的是(　　)。

A. 梁顶面标高高差是指梁顶面标高相对于所在结构层楼面标高

B. 梁顶面标高高差值应写入括号内

C. 梁顶面标高高差的单位是毫米

D. 当梁顶面标高高于所在结构层楼面标高时，标高高差为正值

(6)关于梁平法施工图制图规则的论述，下列错误的是(　　)。

A. 梁采用平面注写方式时，原位标注取值优先

B. 梁原位标注的支座上部纵筋是指该部位不含通长筋在内的上部钢筋

C. 梁集中标注中受扭钢筋用 N 打头表示

D. 梁编号由梁类型代号、序号、跨数及有无悬挑代号几项组成

2. 填空题

(1)梁悬挑端截面尺寸的原位标注为 300×700/500 表示悬挑端梁宽__________，梁根的截面高度为__________，梁端的截面高度为__________。

(2)梁的平面注写方式包括__________和__________。施工时，__________取值优先。

(3)梁支座上部纵筋多于一排时，用__________将各排纵筋自下而上分开；当同排纵筋有两种直径时，用__________将两种直径的纵筋相连。

(4)框架梁集中注写的内容中，N 打头的钢筋是__________，G 打头的是__________。

3. 简答题

(1)框架梁集中标注的内容有哪些?

(2)框架梁的箍筋注写与非框架梁的箍筋注写有哪些不同?

课后任务及评定参考答案

任务2　梁平法施工图构造详图解读

工作任务

课件：梁平法施工图构造详图解读

掌握梁相关构造的具体要求。具体任务如下：

(1)掌握楼层框架梁 KL 和屋面框架梁 WKL 纵向钢筋构造；

(2)掌握楼层框架梁 KL 和屋面框架梁 WKL 中间支座纵向钢筋构造；

(3)掌握梁箍筋构造要求；

(4)熟悉梁附加箍筋、附加吊筋构造，非框架梁、纯悬挑梁构造，梁加腋构造。

工作途径

(1)《混凝土结构施工图平面整体表示方法制图规则和构造详图(现浇混凝土框架、剪力墙、梁、板)》(22G101—1)；

(2)《混凝土结构施工钢筋排布规则与构造详图(现浇混凝土框架、剪力墙、梁、板)》(18G901—1)。

成果检验

学习任务单

(1)扫描二维码阅读学习任务单，熟悉学习内容、目标和方法，完成规定学习任务。

(2)本任务采用学生习题自测及教师评价综合打分。

2.1　楼层框架梁纵向钢筋构造

1. 梁上部通长筋和架立筋的连接要求

梁上部通长筋和架立筋的连接要求如图 3.2-1 所示，具体要求如下：

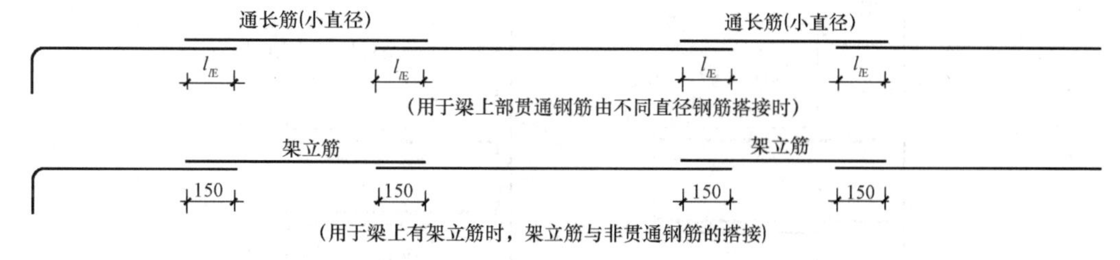

图 3.2-1　梁上部贯通筋和架立筋的搭接要求

(1)梁上部通长筋可由不同直径钢筋搭接而成，此时跨中通长筋的直径小于梁支座上部纵筋，将通长筋分别与梁两端支座上部纵筋搭接，搭接长度为 l_{lE}，按 100%接头面积百分率计算搭接长度。

(2)当通长筋的直径与梁端上部纵筋相同时，将梁端支座上部纵筋按通长筋的根数延伸至跨中 1/3 净跨范围内交错搭接、机械连接或焊接，当采用搭接连接时，搭接长度为 l_{lE}，且当在同一连接区段内时，按 50%搭接接头面积百分率计算搭接长度。

(3)当框架梁设置箍筋的肢数多于两根，且当跨中通长钢筋仅为两根时，需要补充设计架立筋(架立筋的根数等于箍筋的肢数减去梁上部通长筋的根数)，架立筋与两端支座非贯通钢筋的搭接长度为 150 mm。

2. 梁上部非通长筋的截断

如图 3.2-2 所示，梁端部或中间支座上部非通长纵筋伸入跨内的长度，应自柱边算起，当非通长纵筋位于第一排时取为 $l_n/3$，非通长纵筋位于第二排时取为 $l_n/4$。图 3.2-2 中 l_n 对于端部支座，取本跨的净跨值；对于中间支座，取相邻两跨净跨的大值。

若由多于三排的非通长钢筋设计，则依据设计确定具体的截断位置。当上柱截面尺寸小于下柱截面尺寸时，梁上部钢筋的锚固长度起算位置应为上柱内边缘，梁下部纵筋的锚固长度起算位置为下柱内边缘。

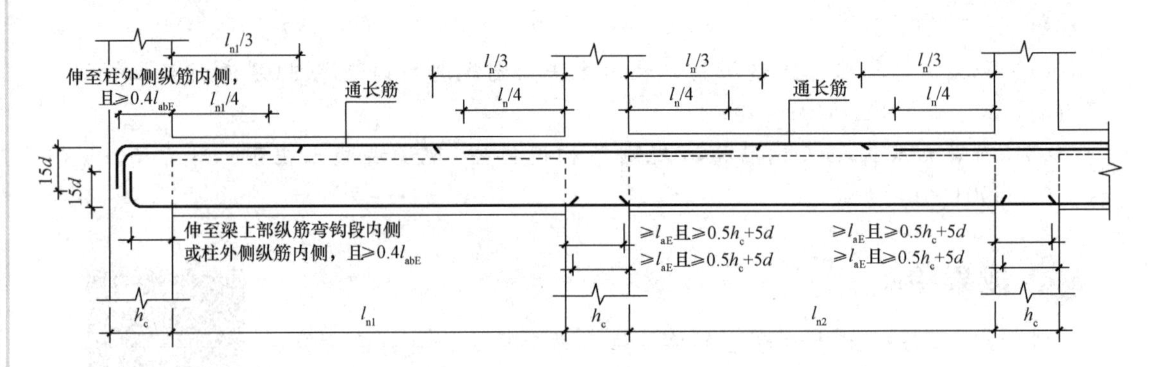

图 3.2-2　楼层框架梁纵向钢筋构造

3. 梁纵筋的锚固要求

(1)如图 3.2-3(a)所示，在端支座处，梁上部纵筋伸至柱外侧纵筋内侧后弯折 15d(第二排纵筋应伸至第一排纵筋弯折段内侧弯折 15d)；下部通长纵筋伸至梁上部纵筋弯钩段内侧弯折 15d；锚入柱内的水平段均应不小于 $0.4l_{abE}$。

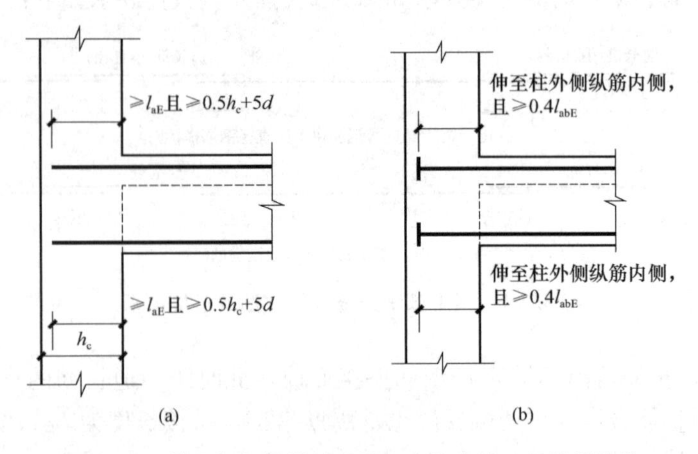

图 3.2-3　楼层框架梁纵筋在端支座处直锚、加锚板构造

(2)如图 3.2-3(a)所示，在中间支座处(支座两侧梁截面相等且无高差)，梁下部纵筋在中间支座处伸入柱内的直锚长度不小于 l_{aE}且不小于 $0.5h_c+5d$。

(3)如图 3.2-3(b)所示，梁上部纵筋与下部纵筋在端支座的锚固构造还有端部加锚板的形式。

(4)框架梁中间支座处当框架梁下部钢筋不能在柱内锚固时，可在节点外搭接，如图 3.2-4 所示。当相邻跨钢筋直径不同时，搭接位置位于较小直径的一跨。

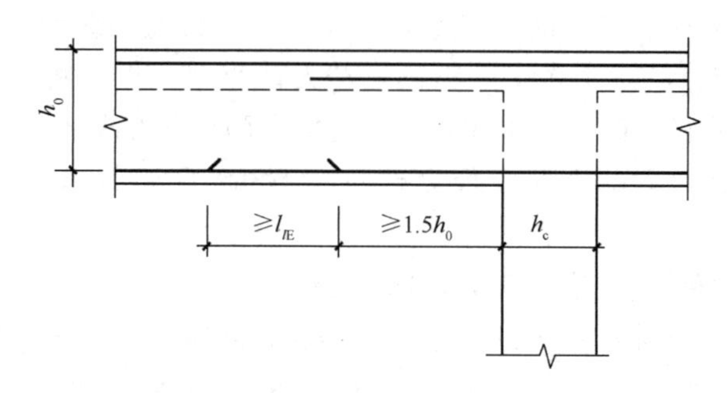

图 3.2-4　中间层中间节点梁下部钢筋在节点外搭接

2.2　屋面框架梁纵向钢筋构造

1. 梁上部非通长筋的截断

其规定与楼层框架梁纵向钢筋构造相同。

2. 梁纵筋的锚固要求

屋面框架梁和楼层框架梁纵筋构造的主要区别仅在于端部支座处的锚固要求。如图 3.2-5 所示，此时梁上部纵筋应伸至柱外侧纵筋内侧弯折后伸至梁底，下部纵筋伸至梁上部纵筋弯钩段内侧后弯折 $15d$，锚入柱内的水平段均应不小于 $0.4l_{abE}$；当满足直锚要求时，下部纵筋在中间支座处伸入柱内的直锚长度不小于 l_{aE}且不小于 $0.5h_c+5d$。

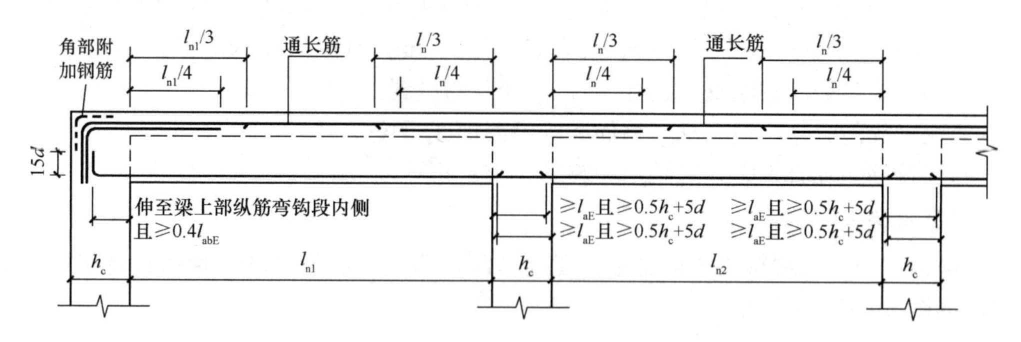

图 3.2-5　屋面框架梁 WKL 纵向钢筋构造

2.3　框架梁中间支座(变截面处)纵向钢筋构造

1. 屋面框架梁中间支座(变截面处)纵筋构造

(1)当屋面框架梁梁顶相齐，梁底有高差，且高差值 $\Delta_h>(h_c-50)/6$ 时，可按图

3.2-6 中的节点 1 处理。此时，梁下部纵筋可直锚的应直锚，直锚长度不小于 l_{aE} 且不小于 $0.5h_c+5d$；不可直锚的梁下部纵筋应伸至支座对边后弯折 $15d$，锚入柱内的水平段应不小于 $0.4l_{abE}$。

(2)当屋面框架梁梁底相齐，梁顶有高差时，可按图 3.2-6 中的节点 2 处理，此时低梁的上部纵筋可直锚，直锚长度不小于 l_{aE} 且不小于 $0.5h_c+5d$；高梁的上部纵筋应伸至支座对边后弯折 l_{aE}，l_{aE} 从低梁顶部起算。

(3)当支座两边梁宽不同或错开布置时，应将无法直通的纵筋弯锚入柱内；或当支座两边纵筋根数不同时，对于多出的纵筋，若无法直锚，也可将其弯锚入柱内，如图 3.2-6 中的节点 3 所示。此时，对于锚入柱内的梁纵筋，上部纵筋应伸至柱对边弯折 l_{aE}，l_{aE} 从纵筋弯折点起算；下部纵筋应伸至柱对边弯折 $15d$，锚入柱内的水平段应不小于 $0.4l_{abE}$。

2. 楼层框架梁中间支座(变截面处)纵筋构造

(1)当梁顶或梁底的高差 $\Delta_h>(h_c-50)/6$ 时，可按图 3.2-6 中的节点 4 处理。此时，梁纵筋可直锚的应直锚，直锚长度不小于 l_{aE} 且不小于 $0.5h_c+5d$；不可直锚的梁纵筋应伸至支座对边后弯折 $15d$，锚入柱内的水平段应不小于 $0.4l_{abE}$。

(2)当梁顶或梁底的高差 Δ_h 不大于 $(h_c-50)/6$ 时，可按图 3.2-6 中的节点 5 处理。此时，梁纵筋可稍微弯折后连续通过中间支座，但当纵筋向远离梁柱节点核心区弯折时，有 50 mm 的过渡距离。

(3)当支座两边梁宽不同或错开布置，或当支座两边纵筋根数不同时，其处理原则同节点 3，此时梁上下纵筋的弯折长度仅需 $15d$ 即可，如图 3.2-6 中的节点 6 所示。

2.4 梁箍筋构造

1.“梁端为柱”类型

(1)梁支座附近设箍筋加密区，具体要求如图 3.2-7(a)所示。当框架梁的抗震等级为一级时，加密区的长度不小于 $2.0h_b$ 且不小于 500 mm；当框架梁的抗震等级为二～四级时，加密区的长度不小于 $1.5h_b$ 且不小于 500 mm。其中，h_b 为梁截面高度。

(2)第一个箍筋应在距支座边缘 50 mm 处开始设置。

(3)弧形梁沿梁中心线展开，箍筋间距沿凸面线量度。

(4)当箍筋为复合箍时，应采用大箍套小箍的形式。

2.“梁端为梁”类型

梁端为梁时，此端箍筋构造可不设置加密区，梁端箍筋规格和数量由设计确定，具体要求如图 3.2-7(b)所示。

2.5 附加箍筋、附加吊筋、梁侧腰筋和拉筋构造

1. 附加箍筋、附加吊筋构造

主次梁相交处，在主梁上需要设置附加箍筋或吊筋用于承受次梁传来的集中力。附加箍筋范围内梁正常箍筋或加密区箍筋照常设置。

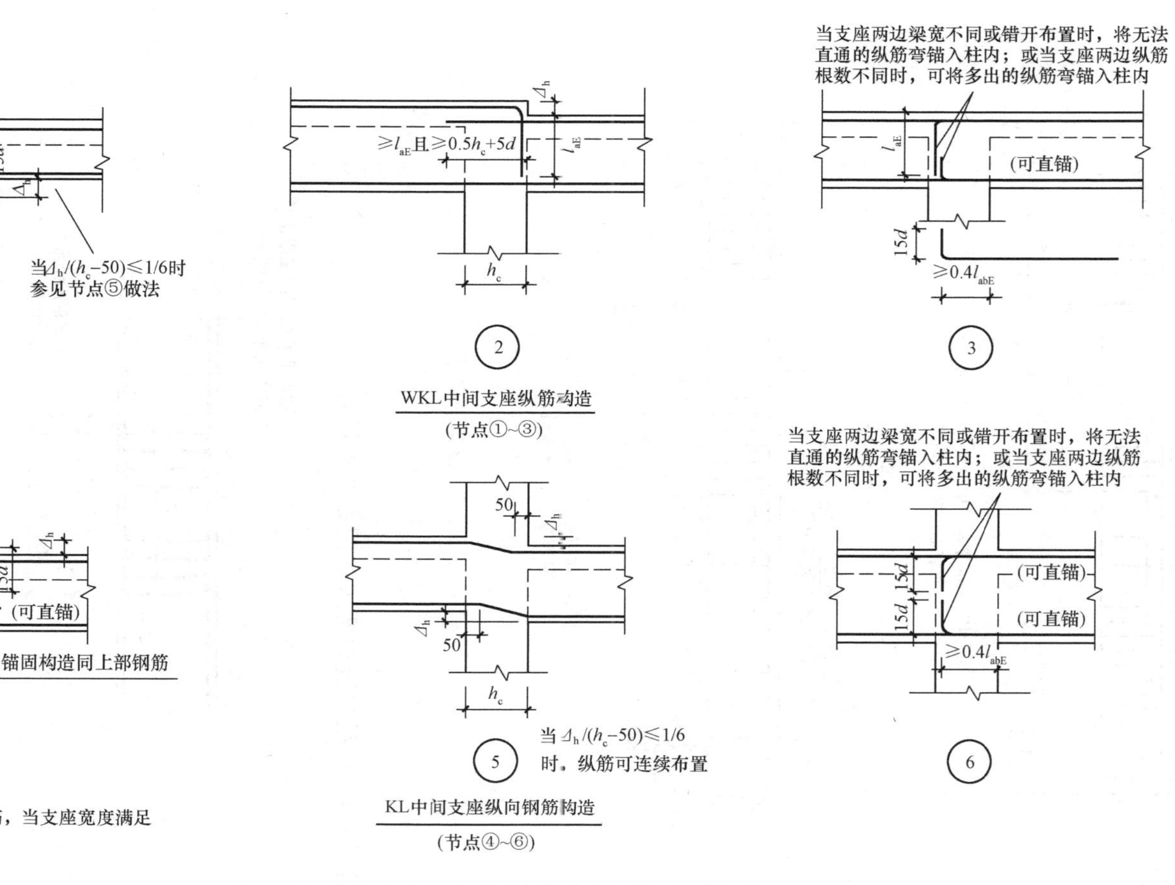

WKL中间支座纵筋构造

(节点①~③)

KL中间支座纵向钢筋构造

(节点④~⑥)

注：图中标注可直锚的钢筋，当支座宽度满足直锚要求时可直锚。

图 3.2-6　框架梁中间支座（变截面处）纵向钢筋构造

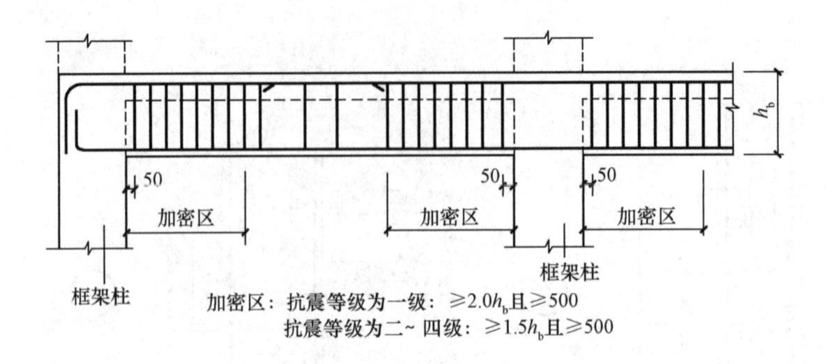

(a)

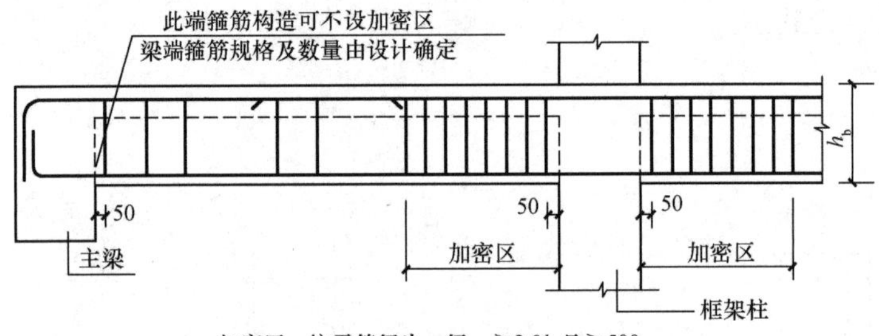

(b)

图 3.2-7　梁箍筋构造

(a)梁端为柱；(b)梁端为梁

附加箍筋和附加吊筋设置要求如图 3.2-8 所示。

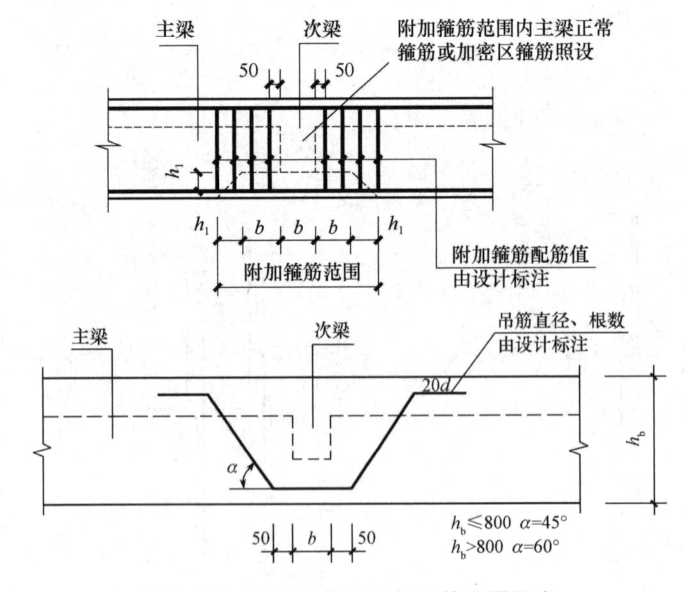

图 3.2-8　附加箍筋和附加吊筋设置要求

2. 梁侧腰筋和拉筋要求

梁侧腰筋和拉筋要求如图 3.2-9 所示。

(1)当h_w≥450 mm时，在梁的两个侧面应沿高度配置纵向构造钢筋(梁侧腰筋)；纵向构造钢筋间距a≤200 mm。

(2)当梁侧面配有直径不小于构造纵筋的受扭纵筋时，受扭钢筋可以代替构造钢筋。

(3)梁侧面构造纵筋的搭接与锚固长度可取15d。梁侧面受扭纵筋的搭接长度为l_{lE}或l_l，其锚固长度为l_{aE}或l_a，锚固方式同框架梁下部纵筋。

(4)当梁宽不大于350 mm时，拉筋直径为6 mm；当梁宽大于350 mm时，拉筋直径为8 mm。拉筋间距为非加密区箍筋间距的2倍。当设有多排拉筋时，上、下两排拉筋竖向错开设置。

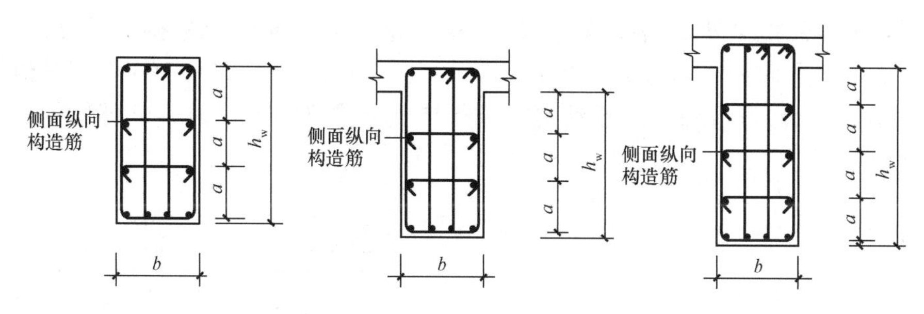

图3.2-9　梁侧腰筋和拉筋要求

2.6　非框架梁配筋构造

1. 非框架梁上部非通长筋的截断

如图3.2-10所示，非框架梁端支座上部非通长纵筋向跨内的伸出长度，自柱边算起，当设计按铰接时，取$l_n/5$；当设计充分利用钢筋抗拉强度时，取$l_n/3$。非框架梁中间支座上部非通长纵筋向跨内的伸出长度，自柱边算起，取值为$l_n/3$。

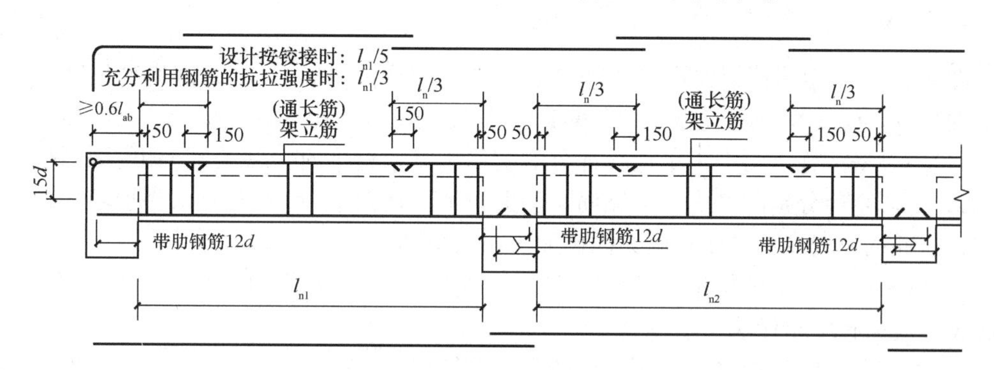

图3.2-10　非框架梁配筋构造

2. 非框架梁筋的锚固要求

(1)端支座处。如图3.2-10所示，非框架梁上部纵筋伸至柱外侧纵筋内侧后弯折15d，锚入柱内的水平段应不小于0.35l_{ab}(设计按铰接时)或0.6l_{ab}(充分利用钢筋抗拉强度时)。当伸入端支座直段长度满足l_a时，也可直锚。

非框架梁下部纵筋采用直锚方式，当为带肋钢筋时，锚入端支座内的长度为12d，当为光圆筋时取15d。

(2)中间支座处。非框架梁下部纵筋采用直锚方式，当为带肋钢筋时，锚入端支座内的长度为 $12d$；当为光圆筋时，取 $15d$。

2.7　纯悬挑梁配筋构造

如图 3.2-11 所示，在纯悬挑梁的第一排上部纵筋中，至少有两根角筋，并不少于第一排纵筋的 1/2 的上部纵筋一直伸到悬挑梁端部，再拐直角弯直伸到梁底，其余纵筋弯下(钢筋在端部附近下弯 90°斜坡)。当上部钢筋为一排且 $l<4h_b$ 时，上部钢筋可不在端部弯下，伸至悬挑梁外端向下弯折 $12d$。当上部钢筋为两排且 $l<5h_b$ 时，可不将钢筋在端部弯下，伸至悬挑梁外端向下弯折 $12d$。第二排上部纵筋伸至悬挑端长度的 3/4 处，弯折到梁下部，再向梁尽端弯折长度不小于 $10d$。上部纵筋在支座中伸至柱外侧纵筋内侧，且不小于 $0.4l_{ab}$ 进行锚固。当悬挑梁根部与框架梁梁底齐平时，底部相同直径的纵筋可拉通设置。

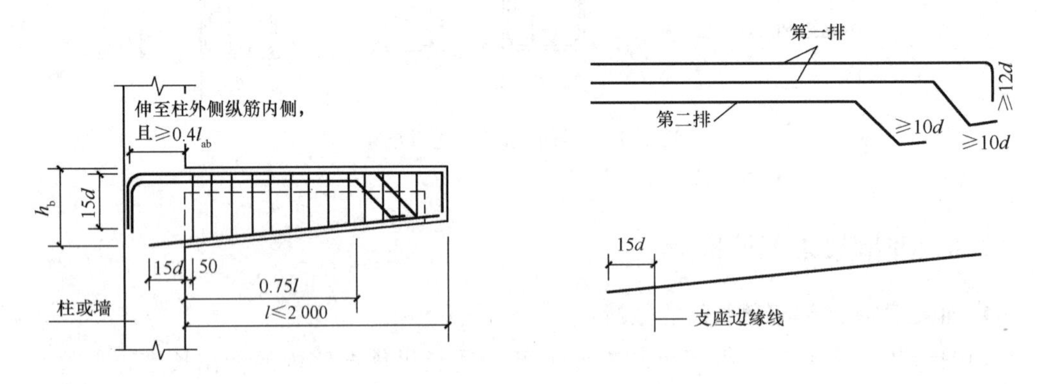

图 3.2-11　纯悬挑梁 XL 构造

2.8　框架梁水平、竖向加腋构造

图 3.2-12 所示为框架梁水平、竖向加腋构造。图中 c_1、c_2、c_3 为加密区长度，h_b 是梁截面高度，b_b 是梁截面宽度，应注意以下事项：

(1)当梁平法施工图中水平加腋部分的配筋设计未给出时，其梁腋上下部斜纵筋(仅设置第一排)直径分别同梁内上下纵筋，水平间距不宜大于 200 mm；水平加腋部位侧面纵向构造筋的设置及构造要求同梁内侧面纵向构造筋。

(2)框架梁竖向加腋构造适用于加腋部分参与框架梁计算，配筋由设计标注；其他情况设计应另行给出做法。

(3)加腋部位箍筋规格及肢距与梁端部的箍筋相同。

任务小结

在本任务中，重点学习了楼层框架梁 KL 和屋面框架梁 WKL 纵向钢筋构造，楼层框架梁 KL 和屋面框架梁 WKL 中间支座纵向钢筋构造及梁箍筋构造要求；熟悉和了解了梁附加箍筋、附加吊筋构造，非框架梁、纯悬挑梁构造，梁加腋构造。

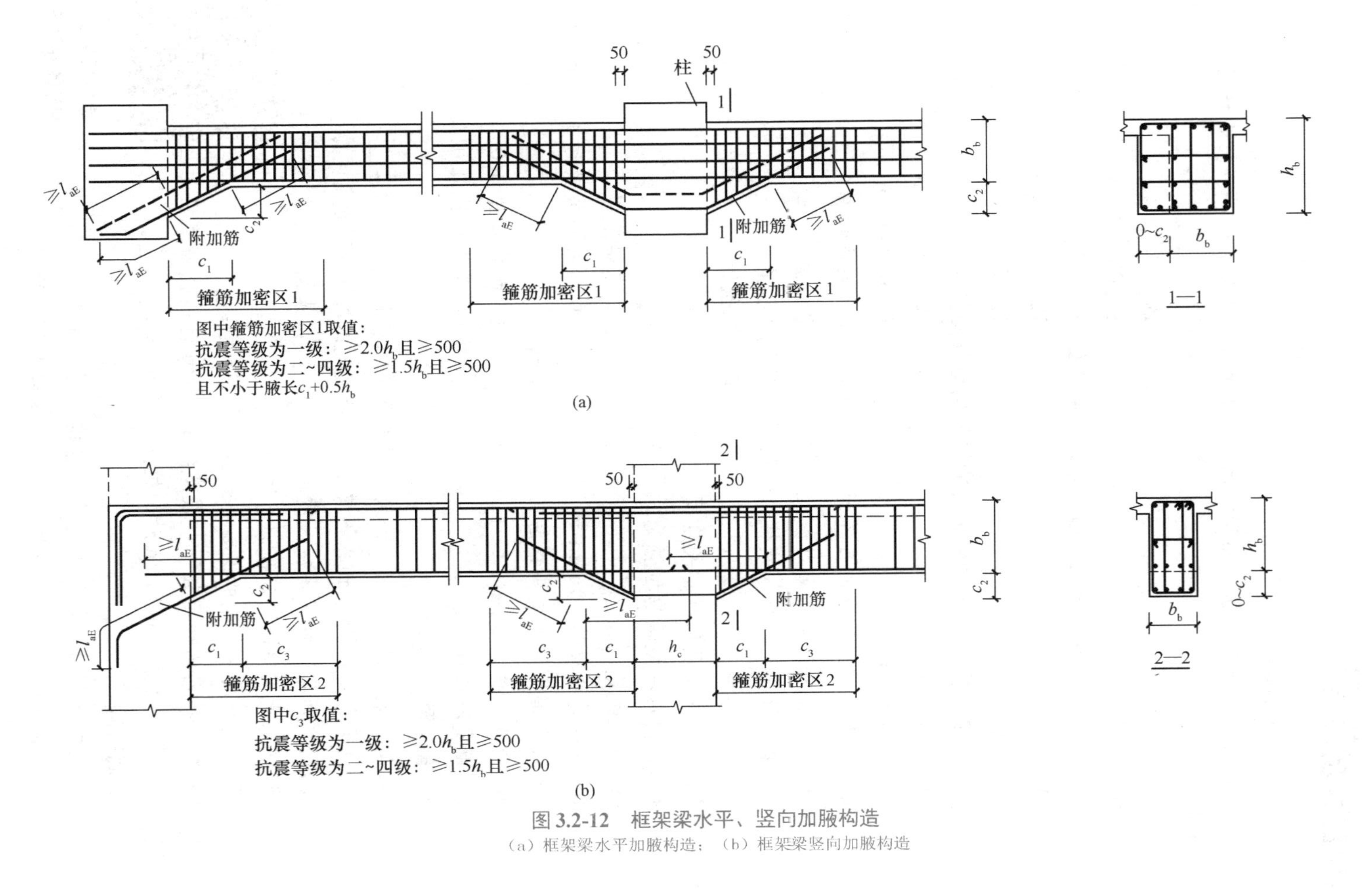

图 3.2-12　框架梁水平、竖向加腋构造

（a）框架梁水平加腋构造；（b）框架梁竖向加腋构造

课后任务及评定

1. 单项选择题

(1)某框架梁截面尺寸 300 mm×600 mm，四级抗震，该梁的箍筋加密区长度为(　　)mm。

A. 450　　B. 900

C. 1 200　　D. 600

(2)当(　　)不小于 450 mm 时，需配置纵向构造钢筋。

A. 梁高　　B. 梁腹板高度

C. 梁翼缘　　D. 梁宽

(3)框架梁侧面配置的纵向构造钢筋间距 a 应满足(　　)。

A. ≤100 mm　　B. ≤150 mm

C. ≤200 mm　　D. ≤250 mm

(4)关于框架梁的支座负筋延伸长度规定，下列错误的是(　　)。

A. 第一排端支座负筋从柱边开始延伸至 $l_n/3$ 位置

B. 第二排端支座负筋从柱边开始延伸至 $l_n/4$ 位置

C. 第二排端支座负筋从柱边开始延伸至 $l_n/3$ 位置

D. 中间支座负筋延伸长度同端支座负筋

(5)梁内第一根箍筋位置为(　　)。

A. 自柱边起　　B. 自梁边起

C. 自柱边或梁边 50 mm 起　　D. 自柱边或梁边 100 mm 起

(6)梁下部不伸入支座钢筋在(　　)处断开。

A. 距支座边 $0.5l_n$　　B. 距支座边 $0.05l_n$

C. 距支座边 $0.1l_n$　　D. 距支座边 $0.01l_n$

2. 填空题

(1)某框架，抗震等级为一级，梁的箍筋加密区长度取为__________。

(2)主梁高度为 800 mm 时，其主次梁相交处的吊筋的弯起角度为__________。

(3)梁侧面构造纵筋搭接长度取__________，锚固长度取__________。

(4)纯悬挑梁 XL 底筋锚固长度为__________。

(5)一类环境中，梁的混凝土最小保护层厚度为__________。

(6)梁中拉筋的规定如下：梁宽≤350 mm 时，拉筋直径为__________；梁宽>350 mm 时，拉筋直径为__________。

课后任务及评定参考答案

3. 简答题

(1)梁的上部通长筋如需连接，连接位置在哪里？

(2)梁的下部纵筋在端支座处，何时直锚？何时弯锚？

任务3　梁平法施工图识读实例训练

工作任务

通过实际工程图纸(局部)，完成梁平法施工图的识读训练，提升梁平法施工图绘制规则和构造详图的理解及实际运用能力。

工作途径

(1)《混凝土结构施工图平面整体表示方法制图规则和构造详图(现浇混凝土框架、剪力墙、梁、板)》(22G101—1)；

(2)《混凝土结构施工钢筋排布规则与构造详图(现浇混凝土框架、剪力墙、梁、板)》(18G901—1)。

成果检验

学习任务单

(1)扫描二维码阅读学习任务单，熟悉学习内容、目标和方法，完成规定学习任务。

(2)独立完成实例训练题。

(3)本任务采用学生习题自测及教师评价综合打分。

某工程某层梁的结构施工图如图 3.3-1 所示，请根据给定的梁平法施工图完成相应训练。

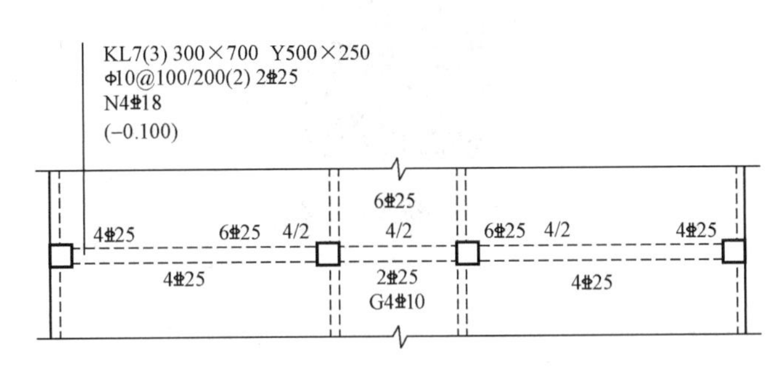

图 3.3-1　某工程某层梁的结构施工图

1. 单项选择题

(1)假设该层板厚为 120 mm，下列关于 KL7 的说法正确的是(　　)。

A. 梁高为 580 mm　　　　B. 梁高为 820 mm

C. 梁高为 700 mm　　　　D. 缺少条件，无法确定

(2)假设 KL7 所在结构层楼面标高为 3.600，以下说法不正确的是(　　)。

A. KL7 梁顶比结构层楼面高 0.1 m

B. KL7 梁底比结构层楼面低 0.8 m

C. KL7 梁底部标高为 2.800

D. KL7 梁顶部标高为 3.500

(3)图纸标有 KL7(3)，表示(　　)。

A. 7 号楼层框架梁，三跨

B. 7 号楼层框架梁，三跨，一端带悬挑

C. 7 号简支梁，两跨，两端带悬挑

D. 7 号框支梁，两跨，两端带悬挑

(4)关于 KL7 的配筋说法，下列不正确的是(　　)。

A. KL7 上部通长筋为 2 根直径 25 mm 的 HRB400 钢筋

B. KL7 第 2 跨纵向构造钢筋为 4 根直径 10 mm 的 HPB300 钢筋

C. KL7 第 1 跨左支座处 4 根上部纵筋，不包含 2 根通长筋在内

D. KL7 三跨均采用双肢箍

2. 判断题

(1)图中 KL7 的类型为框架梁。(　　)

(2)图中 KL7 的钢筋均为三级钢。(　　)

(3)图中 N4⏀18 表示纵向构造筋，一共 4 根，一侧 2 根。(　　)

3. 简答题

解释图中 KL7 梁的集中标注的含义。

4. 分析作图题

假设板厚为 120 mm，设 KL7 梁左侧第一跨的左支座处的横截面编号为 1—1，设 KL7 梁左侧第二跨的跨中处的横截面编号为 2—2，请绘制截面 1—1、2—2 的断面图(横截面配筋图)，绘图比例为 1∶25。

实例训练参考答案

项目4　板平法施工图识读方法与实例

项目导读

板主要承受楼面荷载，并将荷载传递给水平构件(主、次梁)，是钢筋混凝土结构中主要的水平构件。

本项目从梁平面布置图开始，由浅入深地逐步介绍板编号、板平面注写方式、有梁楼盖楼(屋)面板配筋构造、板在端部支座锚固构造等知识，最后通过板平法施工图实例来实践和巩固所学知识。

学习目标

1. 掌握板的分类和编号规定。
2. 掌握板平法施工图的平面表示方法。
3. 掌握板的主要配筋构造，包括有梁楼盖楼(屋)面板配筋构造、板在端部支座锚固构造等。

任务1 板平法施工图表示方法

工作任务

课件：板平法平法施工图的表示方法

掌握板平法施工图的平面注写方式。具体任务如下：

(1)熟悉板平面布置图的内容；

(2)掌握板块集中标注和板支座原位标注的内容；

(3)熟悉板的特殊构造表达。

工作途径

(1)《混凝土结构施工图平面整体表示方法制图规则和构造详图(现浇混凝土框架、剪力墙、梁、板)》(22G101—1)；

(2)《混凝土结构施工钢筋排布规则与构造详图(现浇混凝土框架、剪力墙、梁、板)》(18G901—1)。

成果检验

学习任务单

(1)扫描二维码阅读学习任务单，熟悉学习内容、目标和方法，完成规定学习任务。

(2)本任务采用学生习题自测及教师评价综合打分。

1.1 板平面布置图和板编号

1. 有梁楼盖平法施工图

有梁楼盖平法施工图是在楼面板和屋面板布置图上采用平面注写的表达方式。板平面注写主要包括板块集中标注和板支座原位标注，如图4.1-1所示。

2. 板编号规定

不同板的编号见表4.1-1。对于普通楼面，两向均以一跨为一板块；对于密肋楼盖，两向主梁(框架梁)均以一跨为一板块(非主梁密肋不计)。所有板块应逐一编号，相同编号的板块可择其一做集中标注，其他仅注写置于圆圈内的板编号，以及当板面标高不同时的标高高差。

表4.1-1 板编号

板类型	代号	序号
楼面板	LB	××(阿拉伯数字)
屋面板	WB	××(阿拉伯数字)
悬挑板	XB	××(阿拉伯数字)

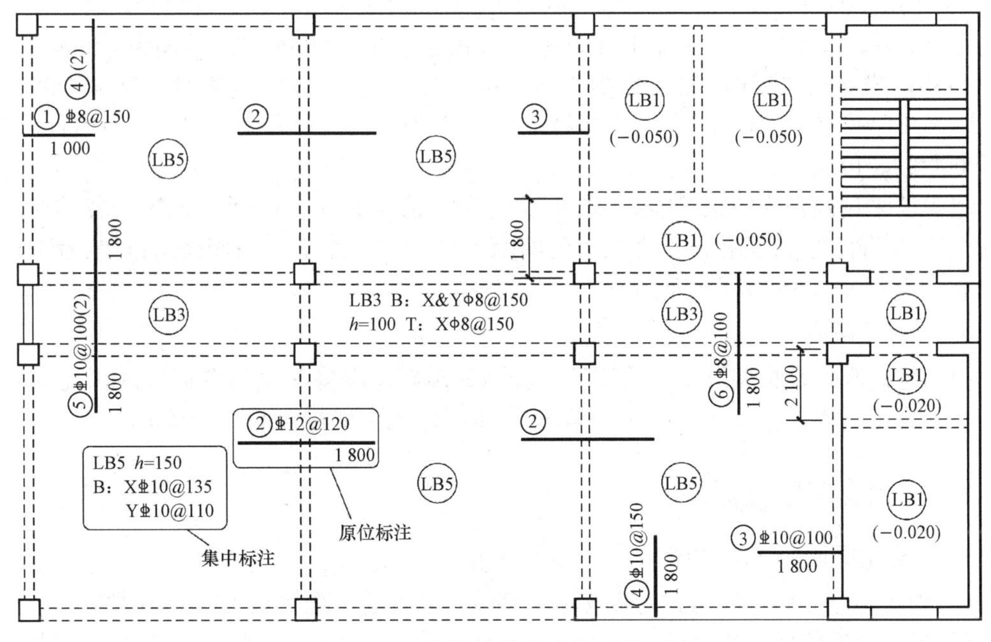

图 4.1-1　有梁楼盖平法施工图示例

1.2　板块集中标注

板块集中标注的内容为板块编号、板厚、上部贯通纵筋、下部纵筋及当板面标高不同时的标高高差。

1. 板厚

板厚的通常标注形式为 h=×××，h 为垂直于板面的厚度。例如，h=150 表示板的厚度为 150 mm。

当悬挑板的端部改变截面厚度时，用斜线分隔根部与端部的高度值。例如，h=80/60 表示悬挑板的根部高度为 80 mm，端部高度为 60 mm。

当设计已在图中统一注明板厚时，此项也可不注。

2. 板纵筋

板纵筋按板块的下部纵筋和上部贯通纵筋分别注写(当板块上部不设贯通纵筋时则不注)，并以 B 代表下部纵筋，以 T 代表上部贯通纵筋，B&T 代表下部与上部；x 向纵筋以 X 打头，y 向纵筋以 Y 打头，两向纵筋配置相同时则以 X&Y 打头。当为单向板时，分布筋可不必注写，而在图中统一注明。

工程中，三种常见的板配筋形式如下：

(1)单层单向布筋板。例如，LB4、h=100、B：YΦ10@150，表示编号为 LB4 的楼面板，厚度为 100 mm ，板下部配置的纵筋 y 向为 Φ10@150，板下部 x 向布置的分布筋不必进行集中标注，而在施工图中统一注明。

(2)双层双向布筋板。例如，LB3、h=100、B：X&YΦ8@150，T：X&YΦ8@150，表示编号为 LB3 的楼面板，厚度为 100 mm，板下部配置的纵筋无论 x 向和 y 向都是 Φ8@150，板上部配置的纵筋无论 x 向和 y 向都是 Φ8@150。

(3)单层双向布筋板。例如，LB5、h=150、B：XΦ10@135；YΦ10@110，表示编号为LB5的楼面板，厚度为150 mm，板下部配置的纵筋x向为Φ10@135，y向为Φ10@110。

另外，当在某些板内(如在悬挑板XB的下部)配置有构造钢筋时，则x向以X_c，y向以Y_c打头注写。当y向采用放射配筋时(切向为x向，径向为y向)，设计者应注明配筋间距的定位尺寸。

当纵筋采用两种规格钢筋“隔一布一”方式时，表达为xx/yy@×××，表示直径为xx的钢筋和直径为yy的钢筋两者之间的间距为×××，直径xx的钢筋的间距为×××的2倍，直径yy的钢筋的间距为×××的2倍。

3. 板面标高高差

板面标高高差是指相对于结构层楼面标高的高差，应将其注写在括号内，且有高差则注，无高差则不注。例如，(-0.050)表示本板块比本层楼面低0.050 m。

1.3 板支座原位标注

1. 板支座原位标注的内容

(1)板支座原位标注的内容为板支座上部非贯通纵筋和悬挑板上部受力钢筋。

(2)板支座原位标注的钢筋应在配置相同跨的第一跨表达(当在梁悬挑部位单独配置时则在原位表达)。

在配置相同跨的第一跨(或梁悬挑部位)，垂直于板支座(梁或墙)绘制一段适宜长度的中粗实线(当该筋通长设置在悬挑板或短跨板上部时，实线段应画至对边或贯通短跨)，以该线段代表支座上部非贯通纵筋，并在线段上方注写钢筋编号(如①、②等)、配筋值、横向连续布置的跨数(注写在括号内，且当为一跨时可不注)，以及是否横向布置到梁的悬挑端。

例如，(××)为横向布置的跨数，(××A)为横向布置的跨数及一端的悬挑梁部位，(××B)为横向布置的跨数及两端的悬挑梁部位。

(3)板支座上部非贯通筋自支座边线向跨内的伸出长度，注写在线段的下方位置，具体规定如下：

1)当中间支座上部非贯通纵筋向支座两侧对称延伸时，可仅在支座一侧线段下方标注延伸长度，另一侧不注，如图4.1-2(a)所示；

2)当向支座两侧非对称延伸时，应分别在支座两侧线段下方标注延伸长度，如图4.1-2(b)所示；

3)线段画至对边贯通全跨或贯通全悬挑长度的上部通长筋，贯通全跨或延伸至全悬挑一侧的长度不注，只注明非贯通筋另一侧的延伸长度值，如图4.1-2(c)所示。

(4)悬挑板支座非贯通筋的注写方式如图4.1-3所示。当悬挑板端部厚度不小于150 mm时，设计者应指定板端部封边构造方式；当采用U形钢筋封边时，还应指定U形钢筋的规格和直径。

(5)在板平面布置图中，不同部位的板支座上部非贯通纵筋及悬挑板上部受力钢筋，可仅在一个部位注写，对其他相同者则仅需要在代表钢筋的线段上注写编号及注写横向连续布置的跨数即可。

2. “隔一布一”方式

当板的上部已配置有贯通纵筋，但需增配板支座上部非贯通纵筋时，应结合已配置

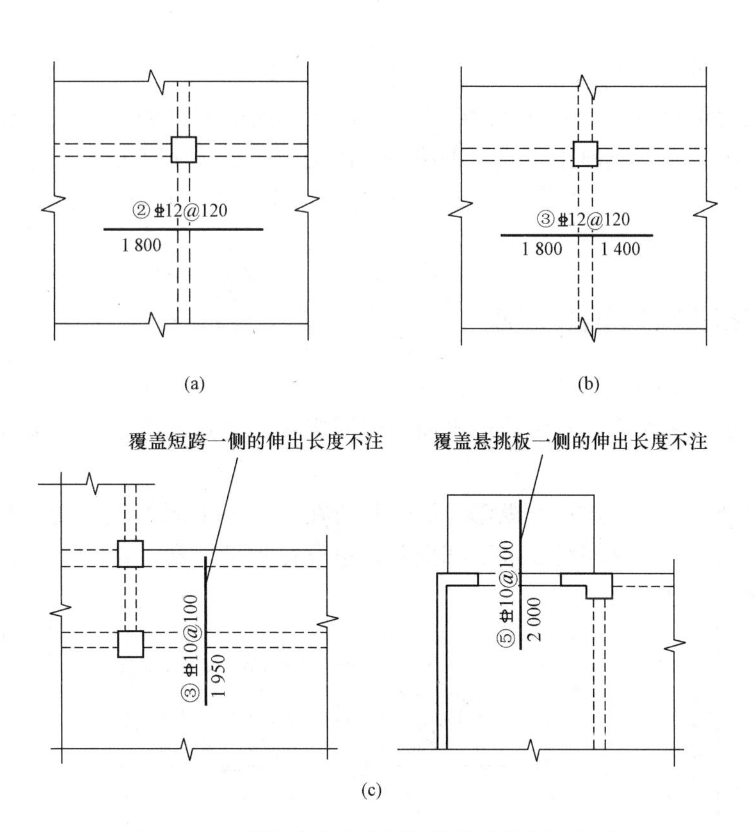

图 4.1-2　板支座上部非贯通纵筋伸出长度标注

(a)板支座上部非贯通纵筋对称伸出；(b)板支座上部非贯通纵筋非对称伸出；
(c)板支座上部非贯通纵筋覆盖短跨或覆盖悬挑板

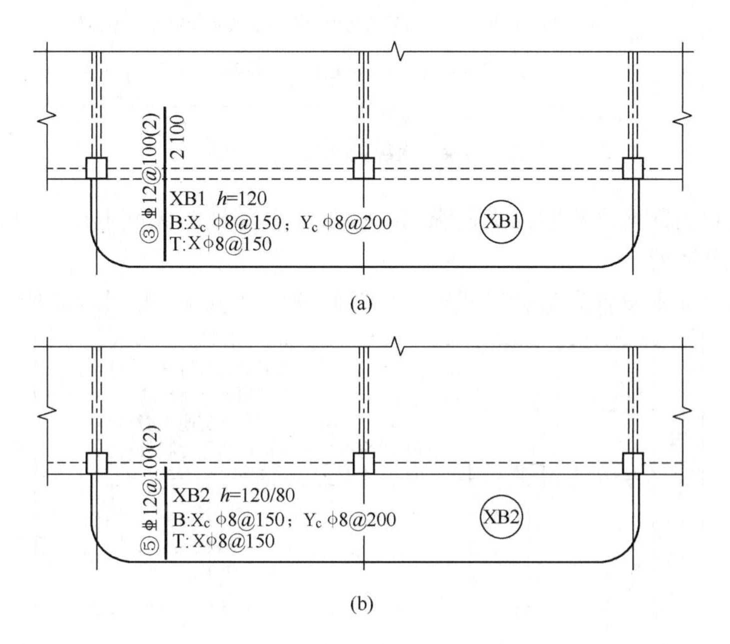

图 4.1-3　悬挑板支座非贯通筋的注写

的同向贯通纵筋的直径与间距采取“隔一布一”方式配置。

“隔一布一”方式下，为非贯通纵筋的标注间距与贯通纵筋相同，两者组合后的实际间距为各自标注间距的1/2。

例如，板上部已配置贯通纵筋 Φ10@250，该跨同向配置的上部支座非贯通纵筋为③Φ12@250，表示在该支座上部设置的纵筋实际为(1Φ10+1Φ12)@250，或表示为 Φ10/12@250，说明该跨实际设置的上部纵筋为 Φ10 和 Φ12 间隔布置，两者的间距为125 mm。

1.4 板相关构造制图规则

1. 纵筋加强带 JQD 的引注

纵筋加强带的平面形状及定位由平面布置图表达，加强带内配置的加强贯通纵筋等由引注内容表达。

纵筋加强带设单向加强贯通纵筋，取代其所在位置板中原配置的同向贯通纵筋。根据受力需要，加强贯通纵筋可在板下部配置，也可在板下部和上部均设置。纵筋加强带JQD引注如图4.1-4所示。

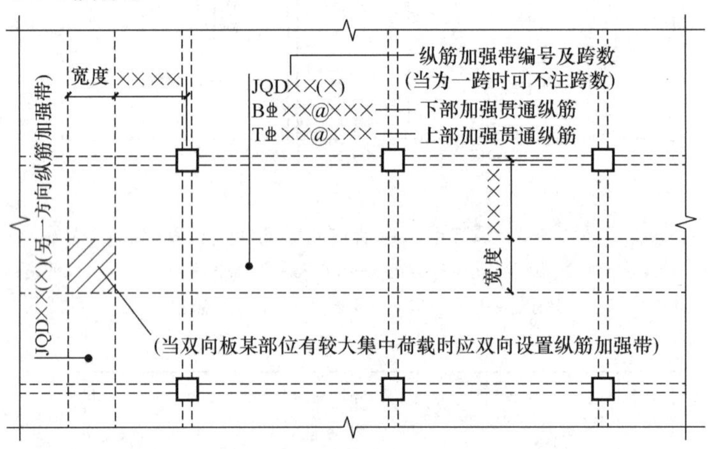

图 4.1-4　板纵筋加强带的引注

当板下部和上部均设置加强贯通纵筋，而板带上部横向无配筋时，加强带上部横向配筋应由设计者注明。

当将纵筋加强带设置为暗梁形式时应注写箍筋。其引注如图4.1-5所示。

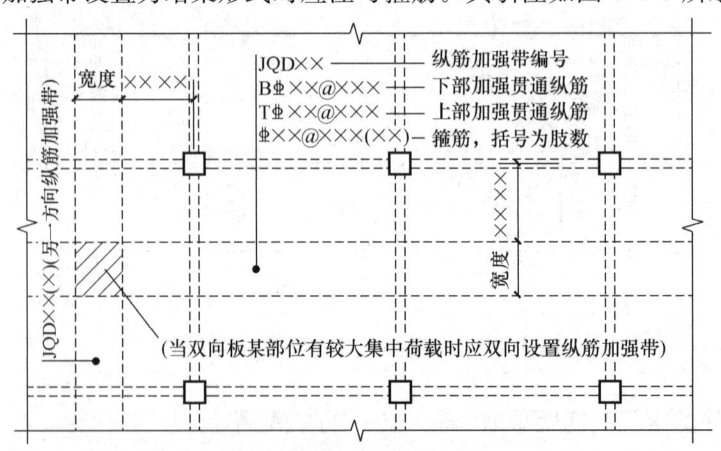

图 4.1-5　板纵筋加强带设置为暗梁形式的引注

2. 后浇带 HJD 的引注

后浇带的平面形状及定位由平面布置图表达，其他内容由引注内容表达，如图 4.1-6 所示。

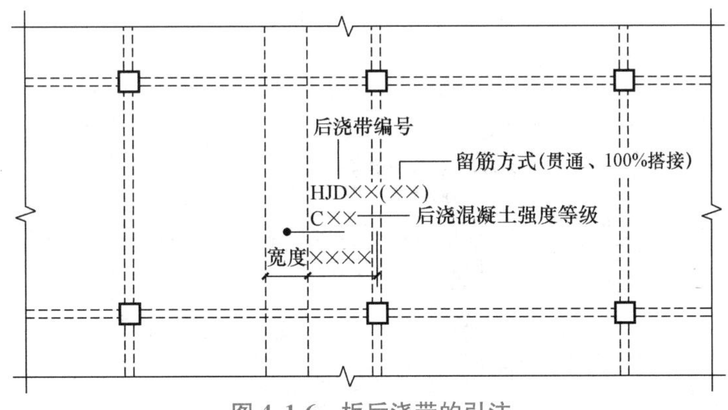

图 4.1-6　板后浇带的引注

(1)后浇带编号及留筋方式代号。留筋方式包括贯通(代号为 GT)和 100%搭接(代号为 100%)两种方式。

贯通钢筋的后浇带宽度通常取不小于 800 mm，100%搭接钢筋的后浇带宽度通常取 800 mm 与(l_l＋60 mm 或 l_{lE}＋60 mm)的较大值(l_l 为受拉钢筋搭接长度、l_{lE}为受拉钢筋抗震搭接长度)。

(2)后浇混凝土的强度等级为 C××，宜采用补偿收缩混凝土，设计应注明相关施工要求。

(3)当后浇带区域留筋方式或后浇混凝土强度等级不一致时，设计者应在图中注明与图示不一致的部位及做法。

3. 局部升降板 SJB 的引注

局部升降板的平面形状及定位由平面布置图表达，其他内容由引注内容表达，如图 4.1-7 所示。

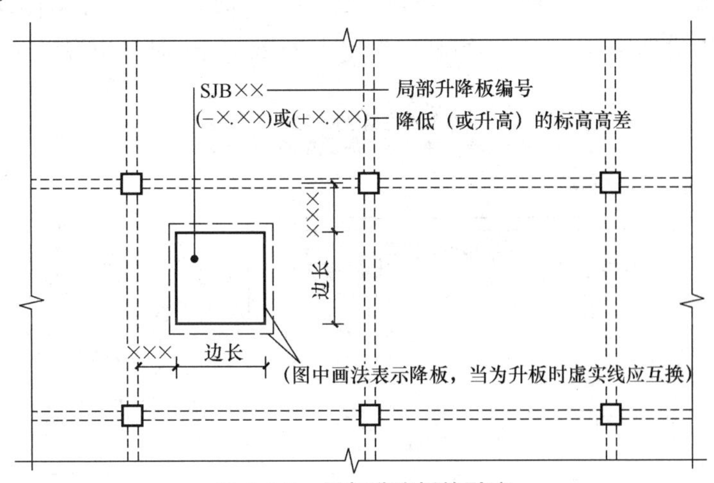

图 4.1-7　局部升降板的引注

局部升降板的板厚、壁厚和配筋，在标准构造详图中取与所在板块的板厚和配筋相同，设计不注；当采用不同板厚、壁厚和配筋时，设计应补充绘制截面配筋图。

局部升降板升高与降低的高度在标准构造详图中限定为小于或等于 300 mm；当高度大于 300 mm 时，设计应补充绘制截面配筋图。

4. 板开洞 BD 的引注

板开洞的平面形状及定位，由平面布置图表达，洞的几何尺寸等由引注内容表达，如图 4.1-8 所示。

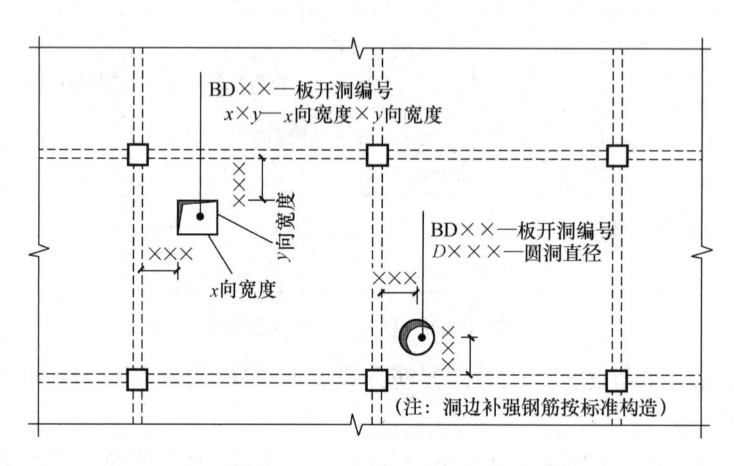

图 4.1-8　板开洞的引注

当矩形洞口边长或圆形洞口直径小于或等于 1 000 mm，且当洞边无集中荷载作用时，洞边补强钢筋可按标准构造的规定设置，设计不用注明；当洞口周边加强钢筋不伸至支座时，应在图中画出所有加强钢筋，并标注不伸至支座的钢筋长度。当具体工程所需要的补强钢筋与标准构造不同时，设计应加以注明。

当矩形洞口边长或圆形洞口直径大于 1 000 mm，或虽小于或等于 1 000 mm，但洞边有集中荷载作用时，设计应根据具体情况采取相应的处理措施。

5. 板翻边 FB 的引注

板翻边可为上翻也可为下翻，翻边尺寸等在引注内容中表达，翻边高度在标准构造详图中为小于或等于 300 mm。当翻边高度大于 300 mm 时，由设计者自行处理，如图 4.1-9 所示。

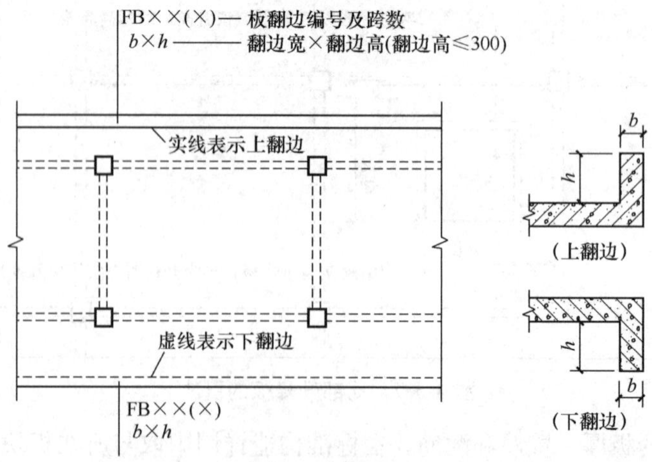

图 4.1-9　板翻边的引注

6. 角部加强筋 Crs 的引注

如图 4.1-10 所示，角部加强筋通常用于板块角区的上部，根据规范规定的受力要求选择配置。角部加强筋将在其分布范围内取代原配置的板支座上部非贯通纵筋，且当其分布范围内配有板上部贯通纵筋时间隔布置。

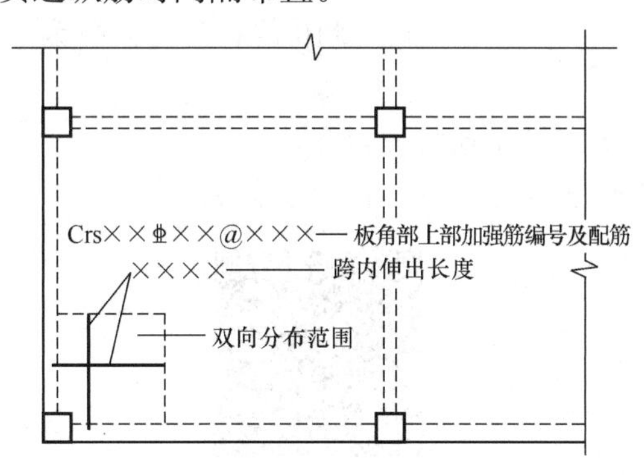

图 4.1-10　板角部加强筋的引注

任务小结

在本任务中，认识了板平面布置图的内容，重点掌握了板块集中标注和板支座原位标注的内容，熟悉了板纵筋加强带、板后浇带、板开洞、板角部加强筋等特殊构造表达。

课后任务及评定

1. 单项选择题

(1)板块编号中 XB 代表的含义是(　　)。

A. 悬挑板　　B. 现浇板　　C. 楼面板　　D. 屋面板

(2)板支座上部非贯通筋，一般如果图上无说明，应视为从(　　)向跨内的伸出长度。

A. 支座中线　　B. 支座边线　　C. 轴线　　D. 基准线

(3)以下不是组成楼面板的钢筋是(　　)。

A. 下部纵筋(底筋)

B. 上部非贯通纵筋(支座负筋、面筋)

C. 分布筋

D. 吊筋

(4)以下不是板纵向钢筋的连接方法是(　　)。

A. 绑扎搭接　　B. 机械连接　　C. 焊接　　D. 浆锚连接

2. 填空题

(1)有梁楼盖板按板块的下部和上部分别注写，并以字母__________代表下部，以字母__________代表上部。

(2)板平面注写主要包括__________和__________。

(3)有梁楼盖板支座原位标注的内容为__________和__________。

(4)当贯通筋采用两种规格钢筋“隔一布一”方式时，图中标注 Φ8/Φ10@100，表示直径为 Φ8 的钢筋和直径为 Φ10 的钢筋两者之间间距为__________，直径 Φ8 的钢筋的间距为__________，直径 Φ10 的钢筋的间距为__________。

3. 简答题

(1)简述板块集中标注包括的内容。

(2)板支座上部非贯通筋应标注哪些信息？

课后任务及评定参考答案

任务2　板平法施工图构造详图解读

工作任务

课件：板平法施工图构造详图解读

掌握板的相关构造详图。具体任务如下：

(1)掌握有梁楼盖楼屋面板的钢筋构造；

(2)掌握板在端部支座的锚固构造；

(3)熟悉悬挑板的钢筋构造。

工作途径

(1)《混凝土结构施工图平面整体表示方法制图规则和构造详图(现浇混凝土框架、剪力墙、梁、板)》(22G101—1)；

(2)《混凝土结构施工钢筋排布规则与构造详图(现浇混凝土框架、剪力墙、梁、板)》(18G901—1)。

成果检验

学习任务单

(1)扫描二维码阅读学习任务单，熟悉学习内容、目标和方法，完成规定学习任务。

(2)本任务采用学生习题自测及教师评价综合打分。

2.1　有梁楼盖楼屋面板的钢筋构造

1. 板上部纵筋的构造

如图4.2-1所示，与支座垂直的贯通纵筋贯通跨越中间支座，上部贯通纵筋连接区在跨中1/2跨度范围之内；当相邻等跨或不等跨的上部贯通纵筋配置不同时，应将配置较大者越过其标注的跨数终点或起点并伸出至相邻跨的跨中连接区域连接。与支座同向的贯通纵筋的第一根钢筋在距梁边1/2板筋间距处开始设置。上部非贯通纵筋向跨内伸出长度详见设计标注。

2. 板下部纵筋的构造

如图4.2-1所示，与支座垂直的贯通纵筋伸入支座$5d$且至少到梁中线，与支座同向的贯通纵筋的第一根钢筋在距梁边1/2板筋间距处开始设置。

2.2　板在端部支座的锚固构造

1. 端部支座为梁的情况

如图4.2-2所示，板上部贯通纵筋在端支座应伸至梁支座外侧纵筋内侧后弯折$15d$，当平直段长度分别不小于l_a、l_{aE}时可不弯折。

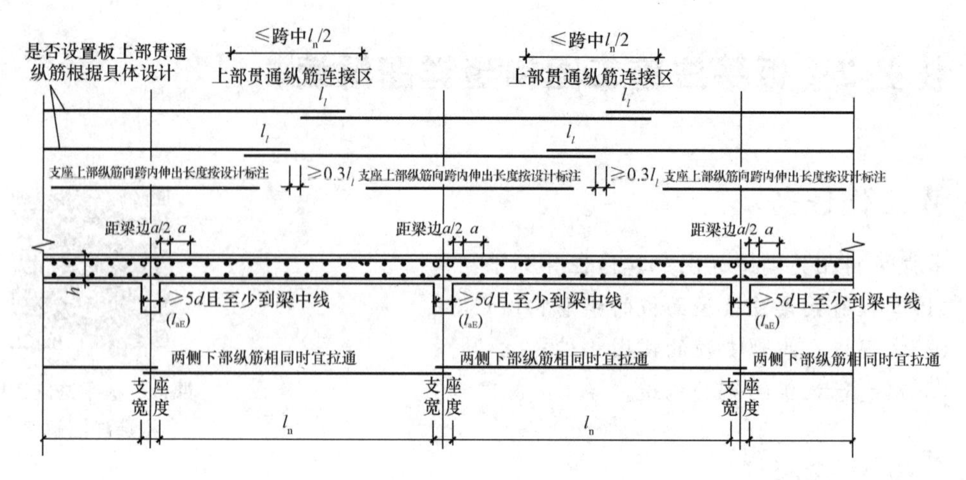

图 4.2-1　有梁楼盖楼屋面板的钢筋构造

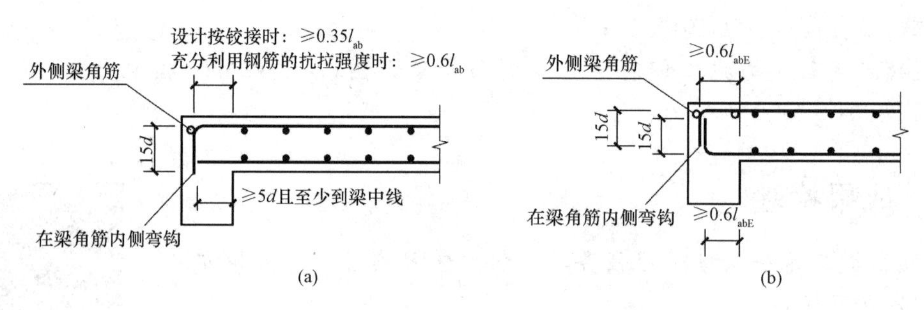

图 4.2-2　板端为梁时板筋的锚固构造

(a)普通楼屋面板；(b)用于梁板式转换层的楼面板

2. 端部支座为剪力墙的情况

(1)端部支座为剪力墙中间层时，其构造要求如图 4.2-3 所示。

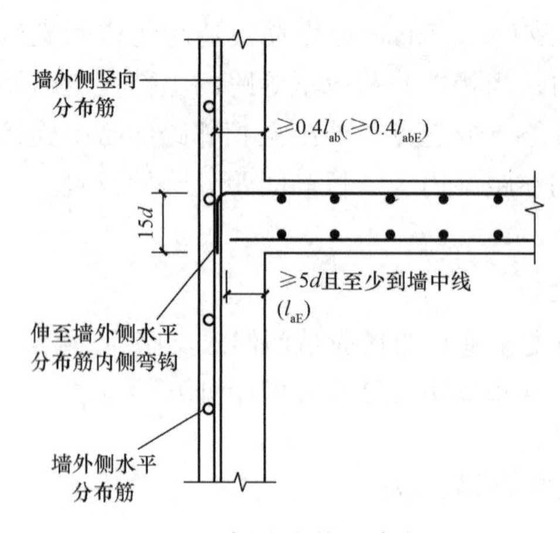

图 4.2-3　板端为剪力墙中间层

此时，板上部贯通纵筋在端支座应伸至墙外侧水平分布钢筋内侧后弯折 15d，当平直段长度分别不小于 l_a 或不小于 l_{aE}时可不弯折。

(2)端部支座为剪力墙的墙顶时，其构造要求如图 4.2-4 所示，具体采用何种做法由设计指定。

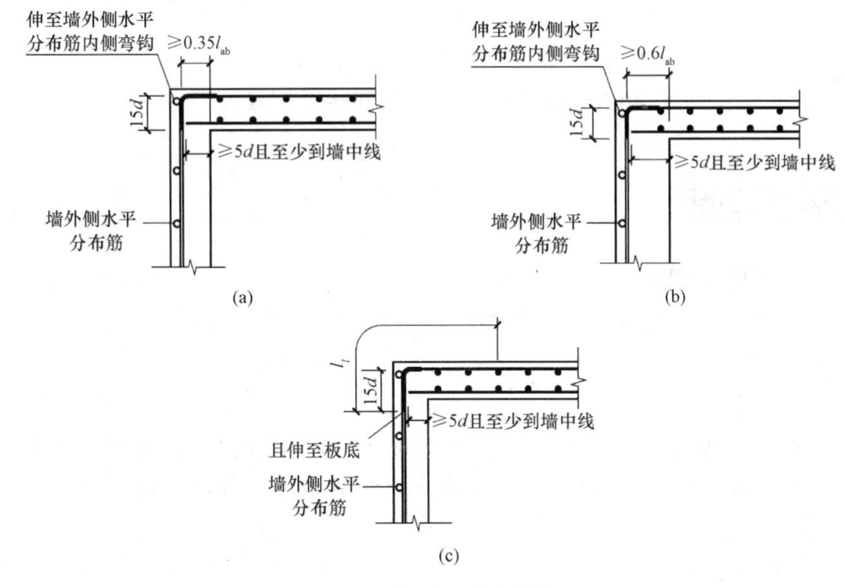

图 4.2-4　板端为剪力墙墙顶

(a)板端按铰接设计时；(b)板端上部纵筋按充分利用钢筋的抗拉强度时；(c)搭接连接

2.3　悬挑板钢筋构造

悬挑板 XB 钢筋构造如图 4.2-5 所示(括号中数值用于需考虑竖向地震作用时，由设计明确)。

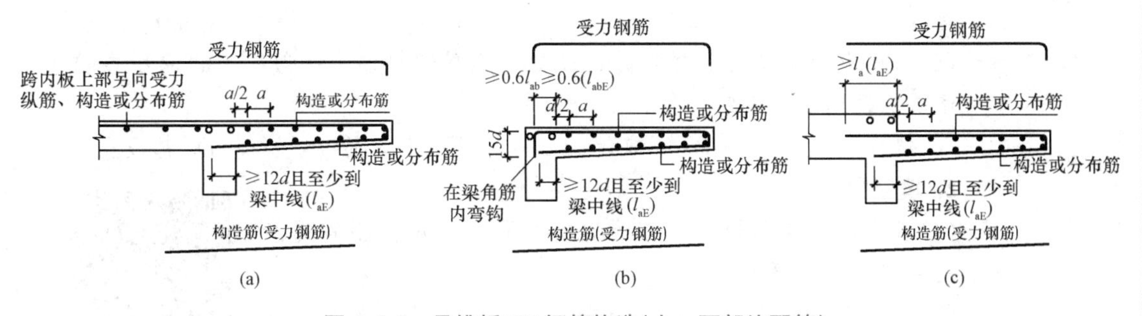

图 4.2-5　悬挑板 XB 钢筋构造(上、下部均配筋)

图 4.2-5(a)表达，悬挑板的上部纵筋与相邻板同向的顶部贯通纵筋或顶部非贯通纵筋贯通，下部构造筋伸至梁内长度不小于 12d 且至少到梁中线。

图 4.2-5(b)表达，悬挑板的上部纵筋伸至梁内，在梁角筋内侧弯直钩，弯折长度为 15d，下部构造筋伸至梁内长度不小于 12d 且至少到梁中线。

图 4.2-5(c)表达，悬挑板的上部纵筋锚入与其相邻的板内，直锚长度不小于 l_a(l_{aE})，下部构造筋伸至梁内长度不小于 12d 且至少到梁中线。

任务小结

在本任务中，学习了板的相关标准构造要求，包括有梁楼盖楼屋面板的钢筋构造、板在端部支座的锚固构造、悬挑板的钢筋构造。

课后任务及评定

1. 单项选择题

(1)普通楼屋面板端部钢筋构造，上部钢筋向下弯锚(　　)。

A. $0.35l_{ab}$　　B. $15d$

C. $5d$ 且至少到梁中线　　D. $0.6l_{ab}$

(2)单跨板端支座上部钢筋锚固长度，分为两种情况，平直段长度分别不小于$0.35l_{ab}$和$0.6l_{ab}$，如果图纸上没有注明哪种构造一般应按(　　)。

A. $0.35l_{ab}$　　B. $0.6l_{ab}$

C. $0.35l_{ab}+0.6l_{ab}$　　D. 无法确定

(3)现浇板板底钢筋锚固长度应满足(　　)。

A. 伸至梁中心线

B. 伸至梁中心线且不应小于$5d$，d为受力钢筋直径

C. 应满足受拉钢筋最小锚固长度

D. 不应小于$5d$，d为受力钢筋直径

(4)板内纵向钢筋采用绑扎搭接连接时，接头处钢筋又以是非接触方式，但搭接部位钢筋净距不宜小于(　　) mm。

A. 30　　B. 60　　C. 10　　D. 20

(5)当板中设置纵筋加强带时，设置加强贯通纵筋，一般(　　)原所在位置板中配置的同向贯通纵筋。

A. 取代　　B. 不取代　　C. 不一定　　D. 都设置

2. 填空题

(1)有梁楼盖楼面板中，与楼板支座同向的第一根贯通纵筋，距离梁边的距离为__________。

(2)楼面板的端支座为剪力墙中间层，板上部贯通纵筋伸至__________后，向下弯折$15d$。

(3)悬挑板的下部构造钢筋伸至梁内的长度为__________。

课后任务及评定参考答案

任务3 板平法施工图识读实例训练

工作任务

通过实际工程图纸(局部)，完成板平法施工图的识读训练，提升板平法施工图绘制规则和构造详图的理解及实际运用能力。

工作途径

(1)《混凝土结构施工图平面整体表示方法制图规则和构造详图(现浇混凝土框架、剪力墙、梁、板)》(22G101—1)；

(2)《混凝土结构施工钢筋排布规则与构造详图(现浇混凝土框架、剪力墙、梁、板)》(18G901—1)。

成果检验

学习任务单

(1)扫描二维码阅读学习任务单，熟悉学习内容、目标和方法，完成规定学习任务。

(2)独立完成实例训练题。

(3)本任务采用学生习题自测及教师评价综合打分。

某工程楼板的结构施工图(局部)如图 4.3-1 所示，请根据给定的板平法施工图完成相应训练。

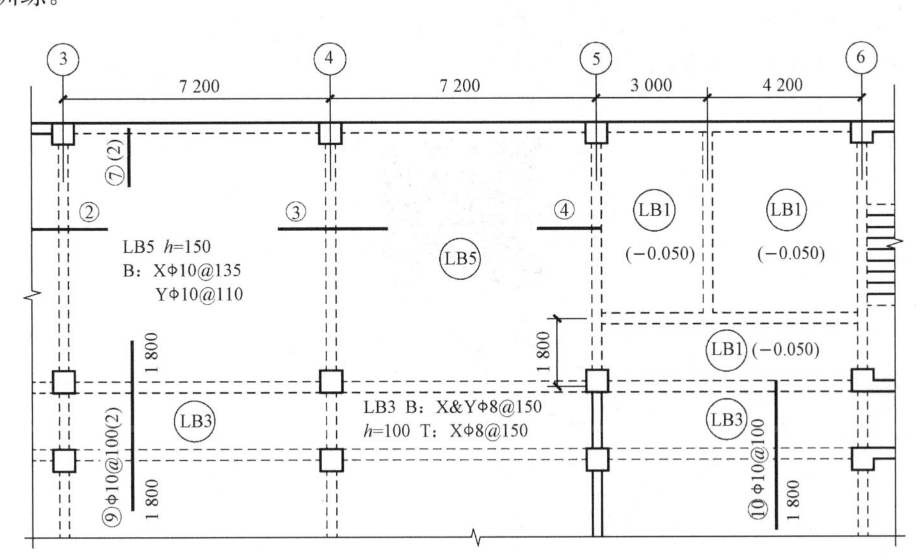

图 4.3-1 某工程楼板的结构施工图

1. 单项选择题

(1)关于板块编号 LB5 的含义，下列说法正确的是(　　)。

A. 5 号屋面板　　B. 5 号楼面板

C. 5 号悬挑板　　D. 以上说法均错误

(2)LB3 板块集中标注，下列说法正确的是(　　)。

A. 板的上部未配置贯通纵筋　　B. 板的下部纵筋 x 向 y 向相同

C. 板的下部 y 向未配置纵筋　　D. 板的上部 y 向配置贯通纵筋

(3)下列说法正确的是(　　)。

A. 9 号钢筋表示板支座下部非贯通纵筋

B. 9 号钢筋从标注该跨起沿梁连续布置 2 跨

C. (−0.050)表示 LB1 板面高于本结构层楼面 0.05 m

D. LB5 的板厚 150 cm

(4)关于现浇板中的贯通纵筋的注写规定，下列说法正确的是(　　)。

A. 以 T 代表下部、B 代表上部

B. 以 B 代表下部、T 代表上部

C. 以 X 代表下部、S 代表上部

D. 以 X 代表下部、Y 代表上部

(5)关于编号为 7 的钢筋，下列说法错误的是(　　)。

A. 是板支座上部非贯通筋

B. 该钢筋分布范围为③轴线至④轴线之间

C. 该钢筋分布范围为③轴线至⑤轴线之间

D. 该钢筋在图纸上不仅在③轴线至⑤轴线之间存在

2. 分析题

(1)简述编号为 9 的板上部非贯通筋的信息，并计算其长度。

(2)简述图中 LB3 板块集中标注的信息。

实例训练参考答案

项目5 剪力墙平法施工图识读方法与实例

项目导读

剪力墙和柱的作用类似，作为结构中主要的竖向构件而存在，承受梁和板传来的荷载，并将荷载传递给基础，同时剪力墙的刚度很大，也是结构中重要的抗侧力构件。

本项目从剪力墙的组成开始，由浅入深地逐步介绍剪力墙的编号、剪力墙的列表注写方式、剪力墙的截面注写方式，剪力墙水平分布筋构造、剪力墙竖向分布筋构造等知识，最后通过剪力墙平法施工图实例来实践和巩固所学知识。

学习目标

1. 掌握剪力墙的分类和编号规定。

2. 掌握剪力墙平法施工图的表示方法，包括列表注写方式和截面注写方式。

3. 掌握剪力墙主要的配筋构造，包括剪力墙水平分布筋构造、剪力墙竖向分布筋构造等。

任务1　剪力墙平法施工图表示方法

工作任务

课件：剪力墙平法施工图的表示方法

掌握剪力墙平法施工图列表注写和截面注写的具体要求。具体任务如下：

(1)掌握剪力墙的组成和平面布置图的内容；

(2)掌握剪力墙的列表注写方式；

(3)掌握剪力墙的截面注写方式。

工作途径

(1)《混凝土结构施工图平面整体表示方法制图规则和构造详图(现浇混凝土框架、剪力墙、梁、板)》(22G101—1)；

(2)《混凝土结构施工钢筋排布规则与构造详图(现浇混凝土框架、剪力墙、梁、板)》(18G901—1)。

成果检验

学习任务单

(1)扫描二维码阅读学习任务单，熟悉学习内容、目标和方法，完成规定学习任务。

(2)本任务采用学生习题自测及教师评价综合打分。

1.1　剪力墙的组成

剪力墙结构包括一墙、二柱、三梁，即一种墙身、两种墙柱(端柱和暗柱)、三种墙梁(连梁、暗梁和边框梁)。

1. 剪力墙身

剪力墙身就是一道混凝土墙，常见的墙厚度在200 mm以上，一般配置两排钢筋网。当然，更厚的墙也可能配置三排以上的钢筋网。

剪力墙身的钢筋网通常设置水平分布钢筋和竖向分布钢筋(垂直分布筋)。布置钢筋时，把水平分布钢筋放在外侧，把竖向分布钢筋放在水平分布钢筋的内侧，因此，剪力墙的保护层是针对水平分布钢筋来说的。

剪力墙身采用拉筋把外侧钢筋网和内侧钢筋网连接起来。如果剪力墙身设置三排或更多排的钢筋网，拉筋还要把中间排的钢筋网固定起来。剪力墙的各排钢筋网的钢筋直径和间距是一致的，这也为拉筋的连接创造了条件。

剪力墙的设计主要考虑水平地震力的作用，其水平分布钢筋是剪力墙身的主筋。所以，剪力墙身水平分布钢筋放在竖向分布钢筋的外侧。剪力墙中的水平分布钢筋除有抗拉作用外，其主要作用是抗剪。所以，剪力墙中的水平分布钢筋必须伸到墙肢的尽端，即伸到边缘构件(暗柱和端柱)外侧纵筋的内侧，而不能只伸入暗柱一个锚固长度。因为暗柱中虽然有箍筋，但是暗柱中的箍筋不能承担墙身的抗剪作用。

剪力墙身中的竖向分布钢筋可能受拉，但不抗剪。一般剪力墙身中的竖向分布钢筋按构造设置。

2. 剪力墙柱

《建筑抗震设计规范(2016 年版)》(GB 50011—2010)中规定“抗震墙两端和洞口两侧应设置边缘构件”。边缘构件在传统意义上又称为剪力墙柱，可分为暗柱和端柱两大类。暗柱的宽度等于墙的厚度，所以暗柱是隐藏在墙内看不见的。端柱的宽度比墙的厚度要大，凸出墙面。暗柱包括直墙暗柱、翼墙暗柱和转角墙暗柱；端柱包括直墙端柱、翼墙端柱和转角墙端柱。

剪力墙的边缘构件又可分为构造边缘构件和约束边缘构件两大类。

3. 剪力墙梁

(1)连梁(LL)。连梁其实是一种特殊的墙身，它是上、下楼层窗(门)洞口之间的水平的窗(门)间墙。

(2)暗梁(AL)。暗梁与暗柱有共性，因为它们都是隐藏在墙身内部看不见的构件，它们都是墙身的一个组成部分。事实上，剪力墙的暗梁和砖混结构的圈梁有共同之处，它们都是墙身的一个水平线性“加强带”。如果梁的定义是一种受弯构件，则圈梁不是梁，暗梁也不是梁。认识暗梁的这种属性，在研究暗梁的构造时就更容易理解了。暗梁的配筋是按照截面配筋图所标注的钢筋截面全长贯通布置的。

大量的暗梁存在于剪力墙中，其作用和砖混结构的圈梁有共同之处，暗梁一般和楼板整浇在一起，且暗梁的顶标高一般与板顶标高相齐。

(3)边框梁(BKL)。边框梁与暗梁有很多共同之处，边框梁也是一般设置在楼板以下的部位，它不是受弯构件，所以也不是梁。边框梁的配筋是按照截面配筋图所标注的钢筋截面全长贯通布置的。

边框梁与暗梁比较，主要的区别有两点：一是它的截面宽度比暗梁宽，即边框梁的截面宽度大于墙身厚度，因而形成了凸出剪力墙墙面的一个边框，因为边框梁与暗梁都设置在楼板以下部位，所以设边框梁就不必设暗梁；二是边框梁的侧面水平筋在箍筋内侧，而暗梁的侧面水平筋在箍筋外侧。

1.2 剪力墙的列表注写方式

列表注写方式是分别在剪力墙柱表、剪力墙身表和剪力墙梁表中，对应于剪力墙平面布置图上的编号，在表格中注写构件的几何尺寸与配筋具体数值的方式(剪力墙柱表还需绘制截面配筋图)，来表达剪力墙平法施工图。

1. 剪力墙身表

(1)注写墙身编号。墙身编号由墙身代号、序号及墙身所配置的水平与竖向分布钢筋的排数组成，其中排数注写在括号内。表达形式为 Q××(××排)，当墙身所设置的水平与竖向分布筋的排数为 2 时可不注。

1)编号时，如若干墙柱的截面尺寸与配筋均相同，仅截面与轴线的关系不同，可将其编为同一墙柱号；又如若干墙身的厚度尺寸和配筋均相同，仅墙厚与轴线的关系不同或墙身长度不同，也可将其变为同一墙身号，但应在图中注明与轴线的几何关系。

2)对于分布钢筋网的排数规定：当剪力墙厚度大于 400 mm 时，应配置双排；当剪力墙厚度大于 400 mm，但不大于 700 mm 时，宜配置三排；当剪力墙厚度大于 700 mm 时，宜配置四排。当墙身所设置的水平与竖向分布钢筋的排数为 2 时可不注。各排水平分布钢筋和竖向分布钢筋的直径与间距宜保持一致。当剪力墙配置的分布钢筋多于两排时，剪力墙拉结筋两端应同时勾住外排水平纵筋和竖向纵筋，还应与剪力墙内排水平纵筋和竖向纵筋绑扎在一起。

(2)注写各段墙身起止标高。自墙身根部往上以变截面位置或截面未改变但配筋改变处为界分段注写各段墙身起止标高。墙身根部标高一般是指基础顶面标高(部分框支剪力墙结构则为框支梁的顶面标高)。

(3)注写水平分布钢筋、竖向分布钢筋和拉结筋的具体数值。

注写数值为一排水平分布钢筋和竖向分布钢筋的规格与间距，具体设置几排已经在墙身编号后面表达。拉结筋应注明布置方式为“矩形”或“梅花”布置，拉结筋用于剪力墙分布钢筋的拉结，如图 5.1-1 所示，其中 a 是竖向分布钢筋间距，b 是水平分布钢筋间距。

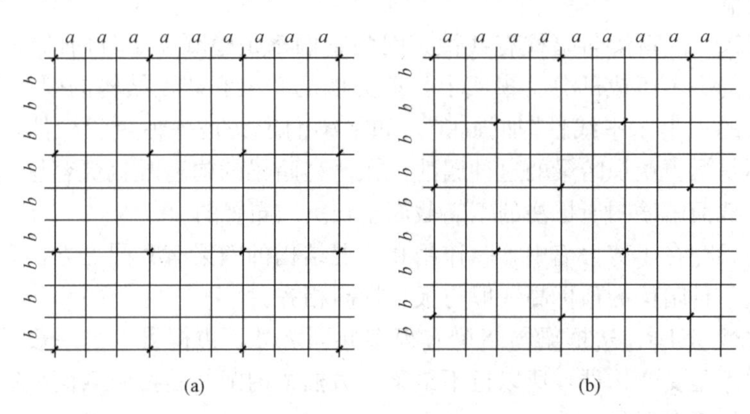

图 5.1-1　剪力墙身的拉结筋设置示意

(a)拉结筋@3a3b 矩形($a\leqslant 200$ mm，$b\leqslant 200$ mm)；(b)拉结筋@4a4b 梅花($a\leqslant 150$ mm，$b\leqslant 150$ mm)

(4)剪力墙身表注写实例见表 5.1-1。

表 5.1-1　剪力墙身表

编号	标高	墙厚	水平分布筋	竖向分布筋	拉筋(矩形)
Q1	−0.030～30.270	300	⌀12@200	⌀12@200	Φ6@600@600
	30.270～59.070	250	⌀10@200	⌀10@200	Φ6@600@600
Q2	−0.030～30.270	250	⌀10@200	⌀10@200	Φ6@600@600
	30.270～59.070	250	⌀10@200	⌀10@200	Φ6@600@600

2. 剪力墙柱表

(1)注写墙柱编号。墙柱编号由墙柱类型、代号和序号组成，表达形式应符合表 5.1-2 的规定。

表 5.1-2　剪力墙柱编号

墙柱类型	代号	序号
约束边缘构件	YBZ	××(阿拉伯数字)
构造边缘构件	GBZ	××(阿拉伯数字)
非边缘暗柱	AZ	××(阿拉伯数字)
扶壁柱	FBZ	××(阿拉伯数字)

1)约束边缘构件包括约束边缘暗柱、约束边缘端柱、约束边缘翼墙和约束边缘转角墙四种，如图 5.1-2 所示。

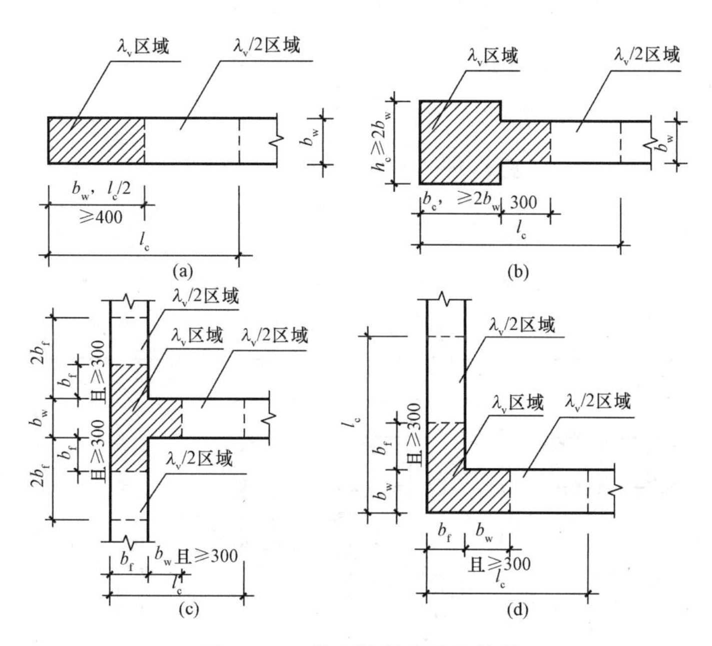

图 5.1-2　剪力墙约束边缘构件

(a)约束边缘暗柱；(b)约束边缘端柱；(c)约束边缘翼墙；(d)约束边缘转角墙

2)构造边缘构件包括构造边缘暗柱、构造边缘端柱、构造边缘翼墙和构造边缘转角墙四种，如图 5.1-3 所示(括号中的数值用于高层建筑)。

3)两者应用规定。一般来说，约束边缘构件(约束边缘暗柱和约束边缘端柱)应用于抗震等级较高(如一级抗震等级)的建筑，而构造边缘构件(构造边缘暗柱和构造边缘端柱)应用于抗震等级较低的建筑。有时候，底部的楼层(如第一层和第二层)采用约束边缘构件，而上面的楼层采用构造边缘构件。例如，同一位置上的一个暗柱，在底层的楼层编号为 YBZ，而到了上面的楼层就变成了 GBZ，在识读图纸时尤其要注意这一点。

(2)注写各段墙柱的起止标高。自墙柱根部往上以变截面位置或截面未变但配筋改变处为界分段注写墙柱的起止标高。墙柱根部标高是指基础顶面标高(部分框支剪力墙结构则为框支梁顶面标高)。

(3)注写各段墙柱的纵向钢筋和箍筋。各段墙柱的纵向钢筋和箍筋的注写值应与在表中绘制的截面配筋图对应一致。纵向钢筋注写总配筋值，墙柱箍筋的注写方式与柱箍筋相同。约束边缘构件除注写阴影部位的箍筋外，还需要在剪力墙平面布置图中注写非阴影区内布置的拉结筋或箍筋。

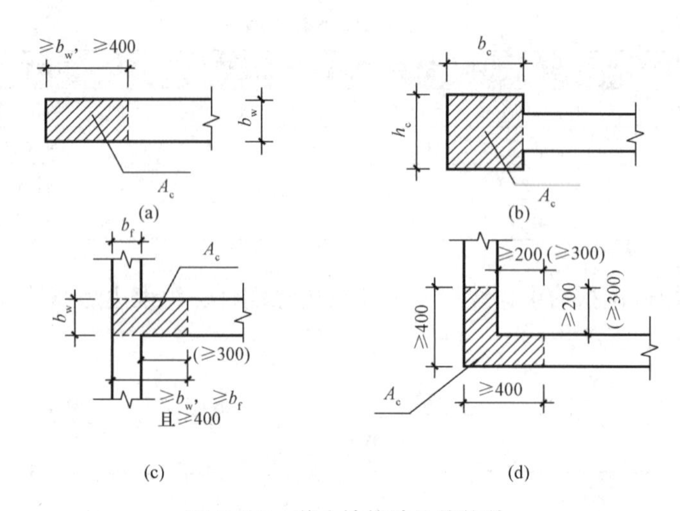

图 5.1-3　剪力墙构造边缘构件

(a)构造边缘暗柱；(b)构造边缘端柱；(c)构造边缘翼墙；(d)构造边缘转角墙

(4)剪力墙柱表注写实例见表 5.1-3。

表 5.1-3　剪力墙柱表

截面	1 050；300；300；300	900；300；600；600	300；250；300；300；300
编号	YBZ1	YBZ3	YBZ4
标高	−0.030～12.270	−0.030～12.270	−0.030～12.270
纵筋	24Φ20	18Φ22	20Φ20
箍筋	Φ10@100	Φ10@100	Φ10@100

3. 剪力墙梁表

(1)注写墙梁编号。墙梁编号由墙梁类型、代号和序号组成，表达形式应符合表 5.1-4 的规定。

表 5.1-4　剪力墙梁编号

墙梁类型	代号	序号
连梁	LL	××(阿拉伯数字)
连梁(对角暗撑配筋)	LL(JC)	××(阿拉伯数字)
连梁(对角斜筋配筋)	LL(JX)	××(阿拉伯数字)
连梁(集中对角筋配筋)	LL(DX)	××(阿拉伯数字)
连梁(跨高比不小于 5)	LLk	××(阿拉伯数字)
暗梁	AL	××(阿拉伯数字)
边框梁	BKL	××(阿拉伯数字)

(2)注写墙梁所在楼层号。墙梁所在楼层号直接从剪力墙梁表中识读。

(3)注写墙梁顶面标高高差。墙梁顶面标高高差是指相对于墙梁所在结构层楼面标高的高差值，高于者为正值，低于者为负值，当无高差时不注。

(4)注写墙梁截面尺寸 $b\times h$、上部纵筋、下部纵筋和箍筋的具体数值。

(5)剪力墙梁表注写实例见表 5.1-5。

表 5.1-5　剪力墙梁表

编号	所在楼层号	梁顶相对标高高差	梁截面 $b\times h$	上部纵筋	下部纵筋	侧面纵筋	箍筋
LL1	2～9	0.800	300×2000	4Φ25	4Φ25	同墙体水平分布筋	Φ10@100(2)
	10～16	0.800	250×2000	4Φ22	4Φ22		Φ10@100(2)
	屋面 1		250×1200	4Φ20	4Φ20		Φ10@100(2)
LL2	3	－1.200	300×2520	4Φ25	4Φ25	22Φ12	Φ10@150(2)
	4	－0.900	300×2070	4Φ25	4Φ25	18Φ12	Φ10@150(2)
	5～9	－0.900	300×1770	4Φ25	4Φ25	16Φ12	Φ10@150(2)
	10～屋面 1	－0.900	250×1770	4Φ22	4Φ22	16Φ12	Φ10@150(2)

对于特殊连梁，还应补充以下注写信息：

(1)当连梁设有对角暗撑时[代号为 LL(JC)××]，注写暗撑的截面尺寸(箍筋外皮尺寸)；注写一根暗撑的全部纵筋，并标注“×2”，表明有两根暗撑相互交叉；注写暗撑箍筋的具体数值。

(2)当连梁设有交叉斜筋时[代号为 LL(JX)××]，注写连梁一侧对角斜筋的配筋值，并标注“×2”，表明对称设置；注写对角斜筋在连梁端部设置的拉结筋根数、强度等级及直径，并标注“×4”，表明四个角都设置；注写连梁一侧折线筋配筋值，并标注“×2”，表明对称设置。

(3)当连梁设有集中对角斜筋时[代号为 LL(DX)××]，注写一条对角线上的对角斜筋，并标注“×2”，表明对称设置。

(4)跨高比不小于 5 的连梁，按框架梁设计时(代号为 LLk××)，采用平面注写方式，注写规则同框架梁，可采用适当比例单独绘制，也可与剪力墙平法施工图合并绘制。

1.3　剪力墙的截面注写方式

剪力墙的截面注写方式是在分标准层绘制的剪力墙平面布置图上，以直接在墙柱、墙身、墙梁上注写截面尺寸和配筋具体数值的方式来表达剪力墙平法施工图。剪力墙平法施工图截面注写方式示例如图 5.1-4 所示。

1. 剪力墙截面注写方式的基本要求

剪力墙平面布置图需要选用适当比例原位放大绘制，其中对墙柱应绘制配筋截面图，其竖向受力纵筋、箍筋和拉结筋均应在配筋截面图上绘制清楚。当为约束边缘构件时，因为墙柱扩展部位的水平分布钢筋和竖向分布钢筋就是剪力墙的配筋，而仅墙柱扩展部位的拉筋属于约束边缘墙柱配筋，所以墙身也需要绘制钢筋，但墙梁仅需要绘制平面轮廓线。当为构造边缘构件时，墙柱应绘制配筋截面图，墙身和墙梁则仅需要绘制平面轮廓线。对墙洞口需要在平面图上标注其中心的平面定位尺寸。

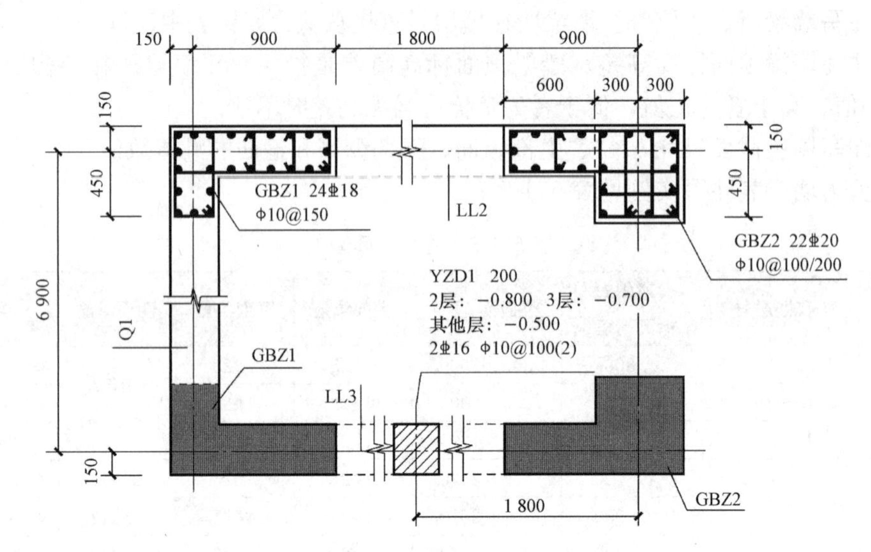

图 5.1-4 剪力墙的截面注写方式示例

对所有墙柱、墙身、墙梁应按列表注写方式的规定进行编号，并分别在相同编号的墙柱、墙身、墙梁中选择一根墙柱、一道墙身、一道墙梁进行注写，其他相同者则仅需要标注编号及所在层数即可。

2. 剪力墙柱的截面注写

从相同编号的墙柱中选择一个截面，注明几何尺寸，标注全部纵筋及箍筋的具体数值。

(1)墙柱编号的注写。在注写墙柱编号时应注意约束边缘构件与构造边缘构件两种墙柱的代号是不同的，其几何尺寸和配筋率应满足现行规范的相应规定。

(2)墙柱竖向纵筋的注写。对于约束边缘构件，所注纵筋不包括设置在墙柱扩展部位的竖向纵筋，该部位的纵筋规格与剪力墙身的竖向分布钢筋相同，但分布间距必须与设置在该部位的拉结筋保持一致，且应小于或等于墙身竖向分布钢筋的间距。对于构造边缘构件则无墙柱扩展部分。墙柱纵筋的分布情况在配筋截面图上直观绘制清楚。

(3)墙柱核心部位箍筋与墙柱扩展部位拉筋的注写。墙柱核心部位的箍筋要注写竖向分布钢筋间距，且应注意采用同一间距(全高加密)，箍筋的复合方式应在配筋截面图上直观绘制清楚；墙柱扩展部位的拉结筋不注写竖向分布间距，其竖向分布间距与剪力墙水平分布钢筋的竖向分布间距相同，拉结筋应同时勾住该部位的墙身竖向分布钢筋和水平分布钢筋，拉结筋应在配筋截面图上直观绘制清楚。

(4)各种墙柱配筋截面图上应原位加注几何尺寸和定位尺寸。

(5)在相同编号的其他墙柱上可仅注写编号及必要附注。

(6)剪力墙柱的截面注写方式示例如图 5.1-5 所示。

3. 剪力墙身的截面注写

从相同编号的墙身中选择一道墙身，按顺序引注的内容为墙身编号(应包括注写在括号内墙身所配置的水平分布钢筋与竖向分布钢筋的排数)，墙厚尺寸，水平分布钢筋、竖向分布钢筋和拉结筋的具体数值。

(1)拉结筋应在剪力墙身竖向分布钢筋和水平分布钢筋的交叉点同时拉住两筋，其

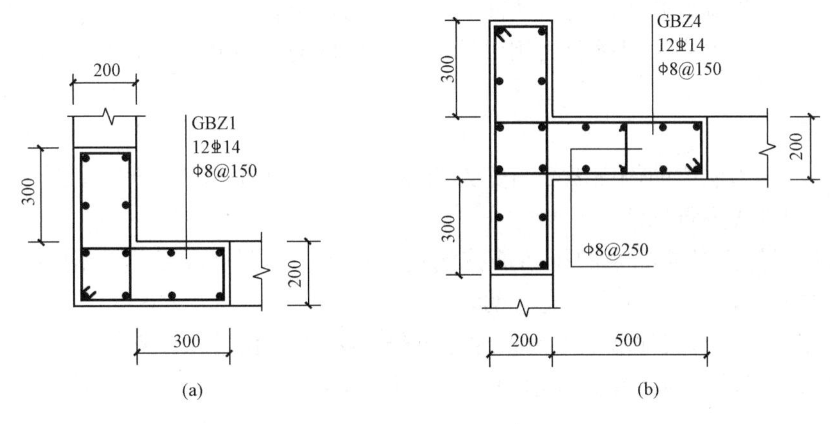

图 5.1-5　剪力墙柱的截面注写方式示例

(a)构造边缘转角墙(柱)；(b)构造边缘翼墙(柱)

间距@*xa* 表示拉结筋水平间距为剪力墙竖向分布钢筋间距 *a* 的 *x* 倍；@*xb* 表示拉结筋竖向间距为剪力墙水平分布钢筋间距 *b* 的 *x* 倍，且应注明“双向”或“梅花双向”。

(2)约束边缘构件墙柱的扩展部位是与剪力墙身的共有部分，该部位的水平钢筋就是剪力墙身的水平分布钢筋；竖向钢筋的强度等级和直径按剪力墙身的竖向分布钢筋，但其间距应小于竖向分布钢筋的间距，具体间距值对应于墙柱扩展部位设置的拉结筋间距。具体操作时按照构造详图执行，设计不注。

(3)在剪力墙平面布置图上应注有墙身的定位尺寸，该定位尺寸同时可确定剪力墙柱的定位。在相同编号的其他墙身上可仅注写编号及必要附注。

(4)剪力墙身的截面注写方式示例如图 5.1-6 所示。

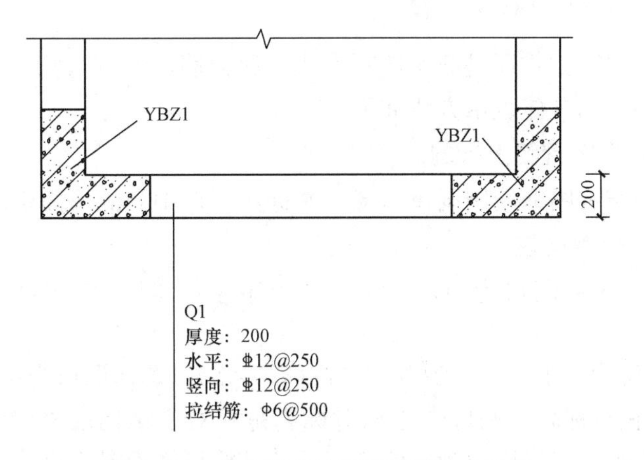

图 5.1-6　剪力墙身的截面注写方式示例

4. 剪力墙梁的截面注写

从相同编号的墙梁中选择一根墙梁，按顺序引注的内容为墙梁编号、墙梁截面尺寸 $b \times h$、墙梁箍筋、上部纵筋、下部纵筋和墙梁顶面标高高差的具体数值。

(1)暗梁和边框梁在施工图中直接用单线画出布置简图。

(2)墙梁顶面相对标高高差是相对于结构层楼面标高的高差，有高差需注在括号内，无高差则不注。当墙梁高于结构层楼面时为正；当墙梁低于结构层楼面时为负。当不同楼层的梁截面尺寸不同，但梁顶面相对标高高差相同时，可将梁顶面标高高差注写在最后一项中。

(3)当墙梁的侧面纵筋与剪力墙身的水平分布钢筋相同时，设计不注，施工按标准构造详图执行；当墙梁的侧面纵筋与剪力墙身的水平分布钢筋不同时，按有关注写梁侧面构造纵筋的方式进行标注。

(4)与墙梁侧面纵筋配合的拉结筋按构造详图施工，设计不注。当构造详图不能满足具体工程的要求时，设计应补充注明。

(5)在相同编号的其他墙梁上可仅注写编号及必要附注。

(6)剪力墙梁的截面注写方式示例如图 5. 1-7 所示。

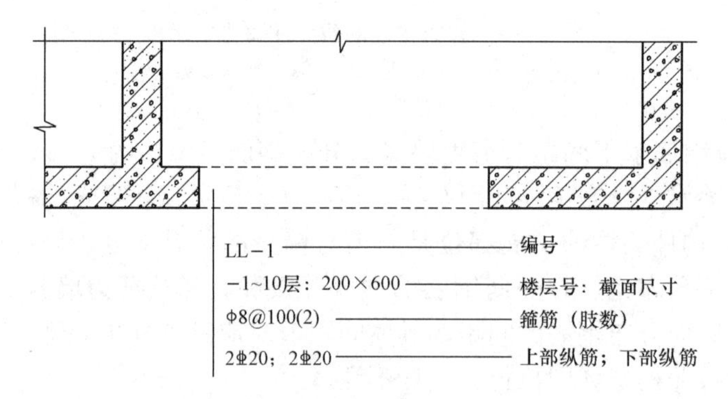

图 5. 1-7　剪力墙梁的截面注写方式示例

1. 4　剪力墙洞口的表示方法

无论采用列表注写方式还是截面注写方式，剪力墙上的洞口均可在剪力墙平面布置图上原位表达。洞口的具体表示方法如下。

1. 在剪力墙平面布置图上绘制

在剪力墙平面布置图上绘制洞口示意，并标注洞口中心的平面定位尺寸。

2. 在洞口中心位置引注

(1)洞口编号。矩形洞口为 JD××(××为序号)，圆形洞口为 YD××(××为序号)。

(2)洞口几何尺寸。矩形洞口为洞宽×洞高(b×h)，圆形洞口为洞口直径 D。

(3)洞口中心相对标高。洞口中心相对标高是相对于结构层楼(地)面标高的洞口中心高度。当其高于结构层楼面时为正值，当低于结构层楼面时为负值。

(4)洞口每边补强钢筋。

1)当矩形洞口的洞宽、洞高均不大于 800 mm 时，此项注写为洞口每边补强钢筋的具体数值(按标准构造详图设置补强钢筋时可不注)。当洞宽、洞高方向补强钢筋不一致时，分别注写洞宽方向、洞高方向补强钢筋，以“/”分隔。

2)当矩形或圆形洞口的洞宽或直径大于 800 mm 时，在洞口的上、下需设置补强暗梁，此项注写为洞口上、下每边暗梁的纵筋与箍筋的具体数值(在标准构造详图中，补强暗梁梁高一律定为 400 mm，施工时按标准构造详图取值，设计不注。当设计者采用与该构造详图不同的做法时，应另行注明），圆形洞口时还需注明环向加强钢筋的具体数值；当洞口上、下边为剪力墙连梁时，此项免注；洞口竖向两侧设置边缘构件时，也不在此项表达(当洞口两侧不设置边缘构件时，设计者应给出具体做法)。

3)当圆形洞口设置在连梁中部1/3范围(且圆洞直径不应大于1/3梁高)时，需注写在圆洞上、下水平设置的每边补强纵筋与箍筋。

4)当圆形洞口设置在墙身或暗梁、边框梁位置，且洞口直径不大于300 mm时，此项注写为洞口上、下、左、右每边布置的补强纵筋的具体数值。

5)当圆形洞口直径大于300 mm，但不大于800 mm时，此项注写为洞口上、下、左、右每边布置的补强纵筋的具体数值，以及环向加强钢筋的具体数值。

1.5 地下室外墙的表示方法

本书所述地下室外墙仅适用于起挡土作用的地下室外围护墙。

地下室外墙平面注写方式包括集中标注墙体编号、厚度、贯通筋、拉结筋等和原位标注附加非贯通筋等两部分内容。当仅设置贯通筋，未设置附加非贯通筋时，则仅做集中标注。

1. 地下室外墙的集中标注

地下室外墙的集中标注，规定如下：

(1)注写地下室外墙编号，包括代号、序号、墙身长度(注为××～××轴)。

(2)注写地下室外墙厚度 b_w=×××。

(3)注写地下室外墙的外侧、内侧贯通筋和拉结筋。

1)以OS代表外墙外侧贯通筋。其中，外侧水平贯通筋以H打头注写，外侧竖向贯通筋以V打头注写。

2)以IS代表外墙内侧贯通筋。其中，内侧水平贯通筋以H打头注写，内侧竖向贯通筋以V打头注写。

3)以tb打头注写拉结筋直径、强度等级及间距，并注明“矩形”或“梅花”。

例如：DWQ2(①～⑥)，b_w=300

OS：H⏀18@200，V⏀20@200

IS：H⏀16@200，V⏀18@200

tb　ϕ6@400@400 矩形

以上是某地下室外墙的集中标注，表示2号外墙，长度范围为①～⑥轴，墙厚为300 mm；外侧水平贯通筋为⏀18@200，竖向贯通筋为⏀20@200；内侧水平贯通筋为⏀16@200，竖向贯通筋为⏀18@200；拉结筋为ϕ6，矩形布置，水平间距为400 mm，竖向间距为400 mm。

2. 地下室外墙的原位标注

地下室外墙的原位标注主要表示在外墙外侧配置的水平非贯通筋或竖向非贯通筋。

当配置水平非贯通筋时，在地下室墙体平面图上原位标注。在地下室外墙外侧绘制粗实线段代表水平非贯通筋，在其上注写钢筋编号并以H打头注写钢筋强度等级、直径、分布间距，以及自支座中线向两边跨内的伸出长度值。当自支座中线向两侧对称伸出时，可仅在单侧标注跨内伸出长度值，另一侧不注，此种情况下非贯通筋总长度为标注长度的2倍。边支座处非贯通钢筋的伸出长度值从支座外边缘算起。

地下室外墙外侧非贯通筋通常采用“隔一布一”方式与集中标注的贯通筋间隔布置，其标注间距应与贯通筋相同，两者组合后的实际分布间距为各自标注间距的1/2。

当在地下室外墙外侧底部、顶部、中层楼板位置配置竖向非贯通筋时，应补充绘制地下室外墙竖向剖面图并在其上原位标注。其表示方法为在地下室外墙竖向剖面图外侧绘制粗实线段代表竖向非贯通筋，在其上注写钢筋编号并以V打头注写钢筋强度等级、直径、分布间距，以及向上(下)层的伸出长度值，并在外墙竖向剖面图名下注明分布范围(××～××轴)。

地下室外墙外侧水平、竖向非贯通筋配置相同者，可仅选择一处注写，其他可仅注写编号。当在地下室外墙顶部设置水平通长加强钢筋时应注明。

任务小结

在本任务中，认识了剪力墙的组成和平面布置图的内容，重点掌握了剪力墙的列表注写方式和截面注写方式。

课后任务及评定

1. 单项选择题

(1)某剪力墙上标有“JD2 400×300　+3.100　3⏀14”，表示此墙上开有洞口，洞口(　　)距本结构层楼面3 100 mm。

A. 中心　　B. 上边　　C. 下边　　D. 不一定

(2)当剪力墙上开有洞口宽度或直径大于(　　)mm时，在洞口(　　)需设置补强暗梁。

A. 800　上下　　B. 800　四角

C. 1 000　上下　　D. 1 000　四角

(3)某剪力墙上标有“YD5　1000　+1.800　6⏀20　⏀8@150　2⏀16”，表示(　　)。

A. 墙上开有圆形洞口，编号为5，直径1 000，洞口中心距本结构层楼面1 800 mm，洞口上下设补强暗梁，每边暗梁纵筋为6⏀20，箍筋为⏀8@150，环向加强钢筋2⏀16

B. 墙上开有圆形洞口，编号为5，直径1 000，洞口中心距本结构层楼面1 800 mm，洞口四周设补强暗梁，每边暗梁纵筋为6⏀20，环向加强钢筋2⏀16

C. 墙上开有圆形洞口，编号为5，直径1 000，洞口中心距本结构层楼面1 800 mm，洞口四周设6⏀20，环向加强钢筋2⏀16

D. 墙上开有圆形洞口，编号为5，直径1 000，洞口中心距本结构层楼面1 800 mm，洞口上下设补强暗梁，每边暗梁纵筋为6⏀20环向加强钢筋，四周每周另设2⏀16加强钢筋

(4)地下室外墙外侧非贯通筋通常采用“隔一布一”方式与集中标注的贯通筋间隔布置，其标注间距应与贯通筋相同，两者组合后的实际分布间距为各自标注间距的(　　)。

A. 1 倍　　B. 1/2　　C. 2 倍　　D. 1/4

(5)以下钢筋不是组成剪力墙墙身钢筋网片的是(　　)。

A. 水平分布筋　　B. 竖向分布筋

C. 拉筋　　D. 箍筋

2. 填空题

(1)剪力墙平法施工图在剪力墙平面布置图上采用__________或__________表达。

(2)为表达清楚、简便，剪力墙可视为由__________、__________和__________组成。

(3)剪力墙拉筋的两种布置方式为__________和__________。

(4)约束边缘构件包括__________、__________、__________、__________。

(5)地下室外墙集中标注中 OS 代表__________，IS 代表__________。其中水平贯通筋以__________打头注写，竖向贯通筋以__________打头注写。

(6)当圆形洞口设置在连梁中部__________范围时，需要注写在圆洞上下水平设置的每边补强纵筋和箍筋。

课后任务及评定参考答案

3. 简答题

(1)简述剪力墙洞口，要在其洞口中心位置引注的内容。

(2)简述抗震时，剪力墙中分布钢筋网的排数的规定的。

任务2　剪力墙施工图构造详图解读

工作任务

课件：剪力墙平法施工图构造详图解读

掌握剪力墙施工图的相关构造详图。具体任务如下：

(1)掌握剪力墙水平分布筋构造；

(2)掌握剪力墙竖向分布筋构造；

(3)熟悉地下室外墙 DWQ 钢筋构造；

(4)熟悉剪力墙梁 LL、AL、BKL 配筋构造。

工作途径

(1)《混凝土结构施工图平面整体表示方法制图规则和构造详图(现浇混凝土框架、剪力墙、梁、板)》(22G101—1)；

(2)《混凝土结构施工钢筋排布规则与构造详图(现浇混凝土框架、剪力墙、梁、板)》(18G901—1)。

成果检验

学习任务单

(1)扫描二维码阅读学习任务单，熟悉学习内容、目标和方法，完成规定学习任务。

(2)本任务采用学生习题自测及教师评价综合打分。

2.1　剪力墙水平分布钢筋构造

1. 剪力墙多排配筋规定

(1)如图 5.2-1 所示，剪力墙布置两排配筋、三排配筋和四排配筋的条件为：当墙厚 $b_w \leqslant 400$ mm 时，设置两排钢筋网；当 400 mm$<b_w \leqslant 700$ mm 时，设置三排钢筋网；当 $b_w > 700$ mm 时，设置四排钢筋网。

(2)剪力墙身的各排钢筋网设置水平分布钢筋和竖向分布钢筋。

(3)因为剪力墙身的水平分布钢筋放在最外面，所以拉结筋连接外侧钢筋网和内侧钢筋网，也就是拉结筋勾在水平分布钢筋的外侧。

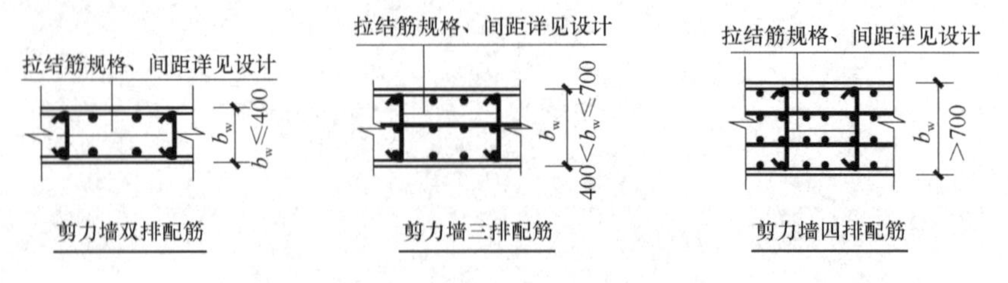

图 5.2-1　剪力墙身多排配筋示意

2. 剪力墙水平分布钢筋交错搭接构造

如图 5.2-2 所示，剪力墙水平分布钢筋的搭接长度不小于 $1.2l_{aE}$，按规定每隔一根错开搭接，相邻两个搭接区之间错开的净距离不小于 500 mm，且相邻上下层水平分布筋搭接接头也应错开。

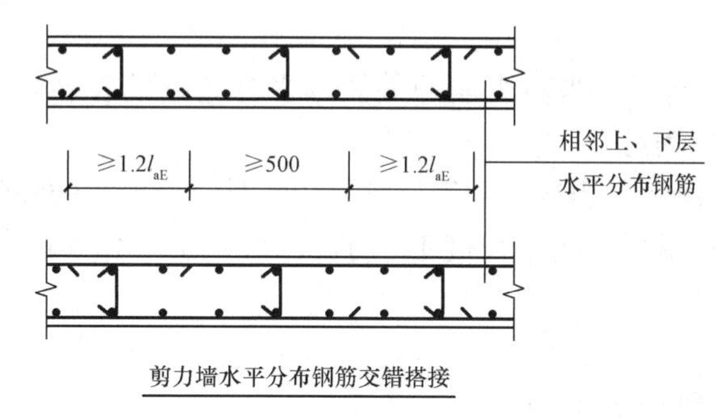

图 5.2-2　剪力墙水平分布钢筋交错搭接构造

3. 端部有暗柱时剪力墙水平分布钢筋的端部做法

(1)如图 5.2-3(a)所示，剪力墙端部为暗柱时，剪力墙的水平分布钢筋从暗柱纵筋的外侧插入暗柱，伸到暗柱端部纵筋的内侧，然后弯折 $10d$。

(2)如图 5.2-3(b)所示，剪力墙端部为 L 形暗柱时，墙身两侧水平分布钢筋紧贴角筋内侧弯折 $10d$。

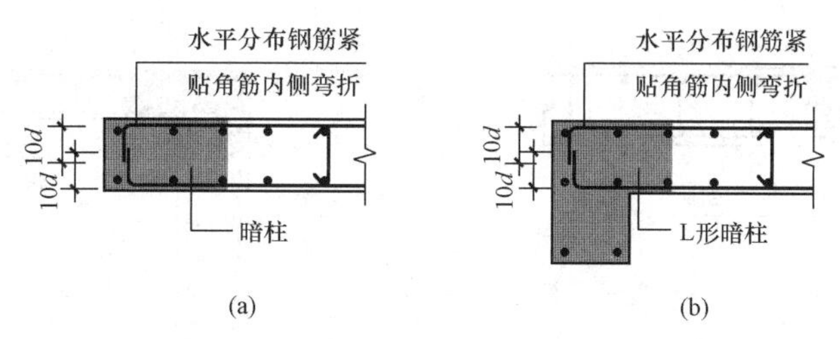

图 5.2-3　端部有暗柱时剪力墙水平分布钢筋的端部做法

4. 有翼墙时剪力墙水平分布钢筋的端部做法

(1)如图 5.2-4(a)所示，端墙两侧水平分布钢筋应伸至翼墙对边后弯折 $15d$。

(2)如图 5.2-4(b)所示，翼墙斜交处，墙身水平分布钢筋在斜交处应伸至对边并弯折 $15d$。

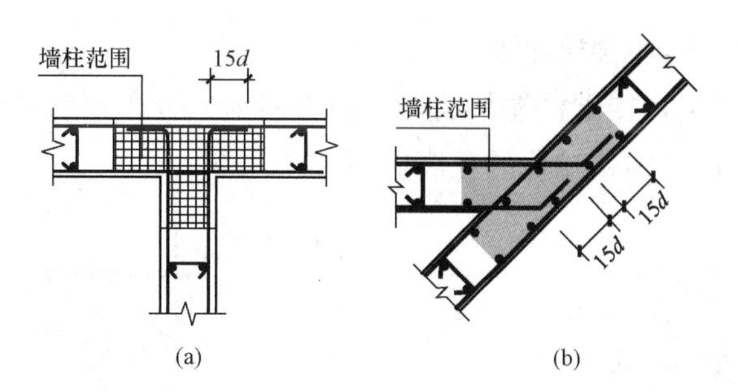

图 5.2-4　端部有暗柱时剪力墙水平分布钢筋的端部做法

(a)翼墙(一)；(b)斜交翼墙

5. 有转角墙时剪力墙水平分布钢筋的端部做法

(1)如图 5.2-5(a)所示，当转角墙右侧的墙体配筋量 A_{s1}≤转角墙左侧的墙体配筋量 A_{s2}时，剪力墙的外侧水平分布钢筋从转角墙柱的一侧绕到另一侧，与另一侧的水平分布钢筋搭接，搭接长度不小于 $1.2l_{aE}$；上下相邻两层水平分布钢筋应交错搭接，错开距离不小于 500 mm。

(2)如图 5.2-5(b)所示，当剪力墙的外侧水平分布钢筋在转角墙柱范围内搭接时，搭接长度要求单向弯折满足 $0.8l_{aE}$。

(3)如图 5.2-5(c)所示，当墙体配筋量 $A_{s1}=A_{s2}$时，剪力墙的外侧水平分布钢筋分别在转角墙柱的两侧进行搭接，搭接长度不小于 $1.2l_{aE}$；上下相邻两层水平分布钢筋交错搭接。

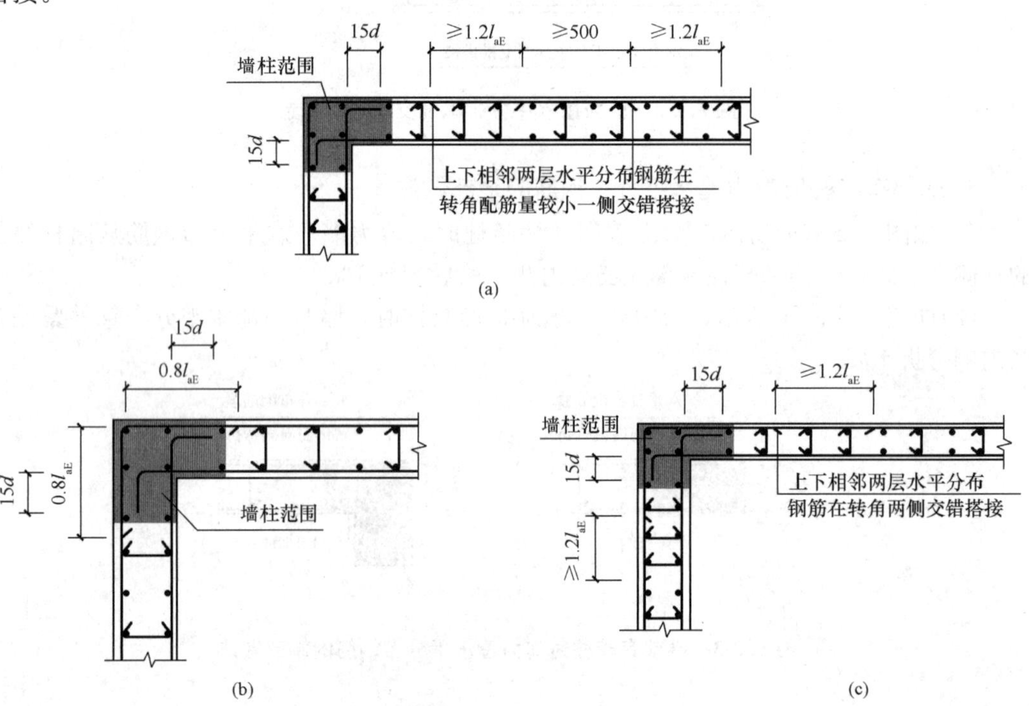

图 5.2-5　有转角墙时剪力墙水平分布钢筋的端部做法

(4)如图 5.2-5 所示，在转角墙处，剪力墙的内侧水平分布钢筋都是伸至对边并弯折 15d。

6. 水平分布钢筋在端柱端部做法

(1)如图 5.2-6 所示，在端柱端部墙处，剪力墙水平分布钢筋应伸至端柱对边，然后弯折 15d，水平分布钢筋伸入端柱的长度应不小于 $0.6l_{abE}$。

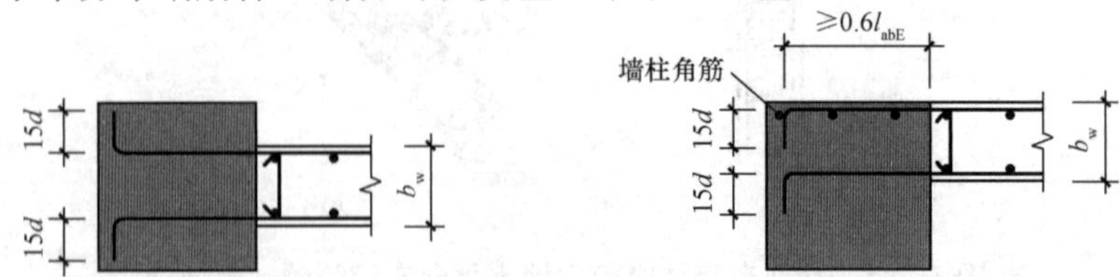

图 5.2-6　剪力墙水平分布钢筋在端柱端部墙处构造

(2)如图 5.2-7 所示，在端柱翼墙处，剪力墙水平分布钢筋应伸至端柱对边，然后弯折 $15d$，水平分布钢筋伸入端柱的长度应不小于 $0.6l_{abE}$。翼墙内位于端柱纵筋内侧的水平分布钢筋在端柱内可贯通或分别锚固于端柱内(直锚长度不小于 l_{aE})；翼墙内位于端柱纵筋外侧的水平分布钢筋，当钢筋相同时可贯通，不同时应伸至对边端柱角筋内侧后弯折 $15d$，伸入端柱长度应不小于 $0.6l_{abE}$。

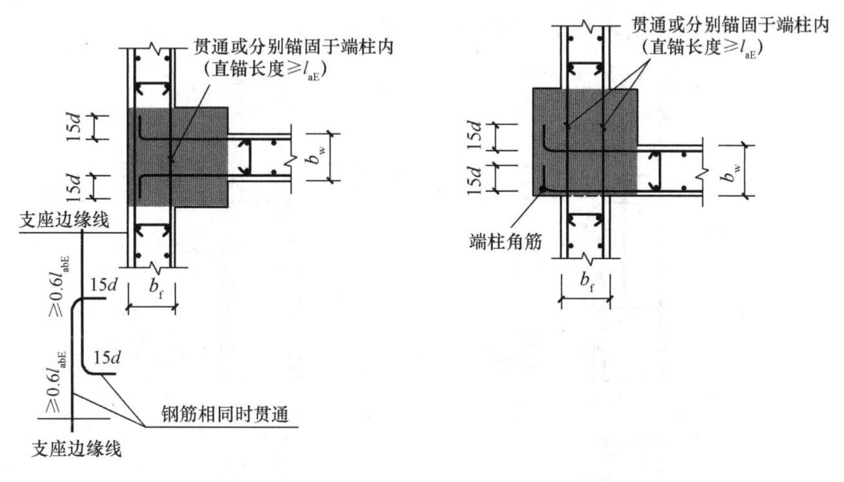

图 5.2-7　剪力墙水平分布钢筋在端柱翼墙处构造

(3)如图 5.2-8 所示，在端柱转角墙处，剪力墙水平分布钢筋应伸至端柱对边，然后弯折 $15d$，水平分布钢筋伸入端柱的长度应不小于 $0.6l_{abE}$。

(4)位于端柱纵向钢筋内侧的剪力墙水平分布钢筋，当伸入端柱的长度不小于 l_{aE}时，也可直锚。

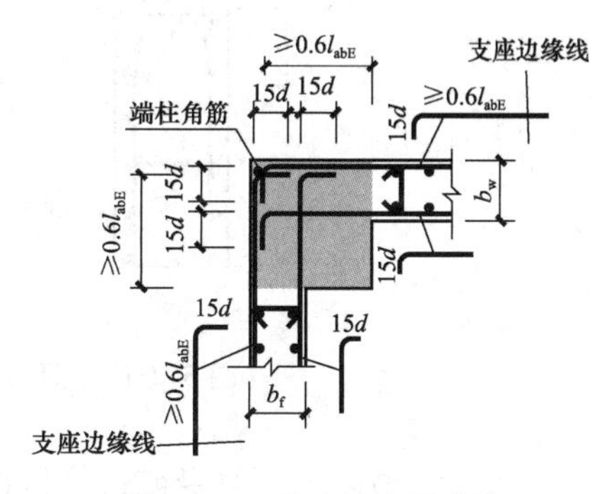

图 5.2-8　剪力墙水平分布钢筋在端柱转角墙处构造

2.2　剪力墙竖向分布钢筋构造

1. 剪力墙竖向分布钢筋顶部构造

如图 5.2-9 所示，墙身或边缘构件(不含端柱)的竖向钢筋，伸至顶部时，可分为以下两类情况：

(1)当顶部为屋面板或楼板时，竖向分布钢筋应从板底开始伸入屋面板或楼板顶部后弯折 $12d$。

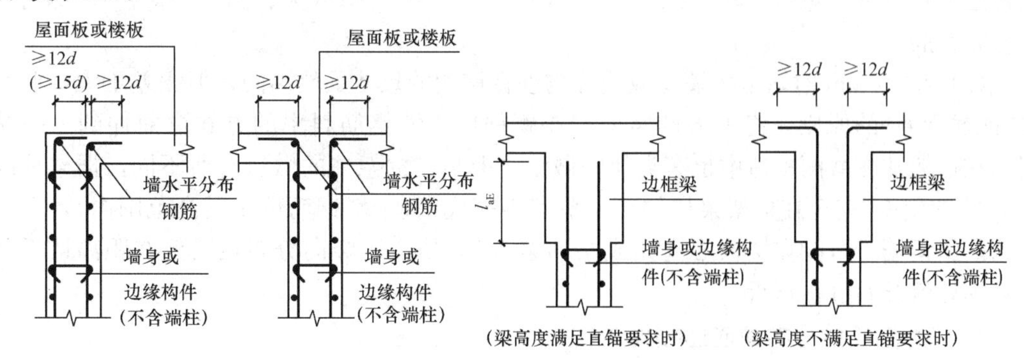

图 5.2-9　剪力墙竖向分布钢筋顶部构造

(2)当顶部为边框梁时，若梁高度满足直锚要求，竖向分布钢筋从梁底开始伸入边框梁内的长度为 l_{aE}；若梁高度不满足直锚要求，竖向分布钢筋从梁底开始伸至梁顶后弯折 $12d$。

2. 剪力墙变截面处竖向分布钢筋构造

图 5.2-10 所示为剪力墙在变截面处的竖向分布钢筋构造。根据上下墙身或边缘构件在某侧的尺寸差值 Δ 的数值不同，可分为以下情况：

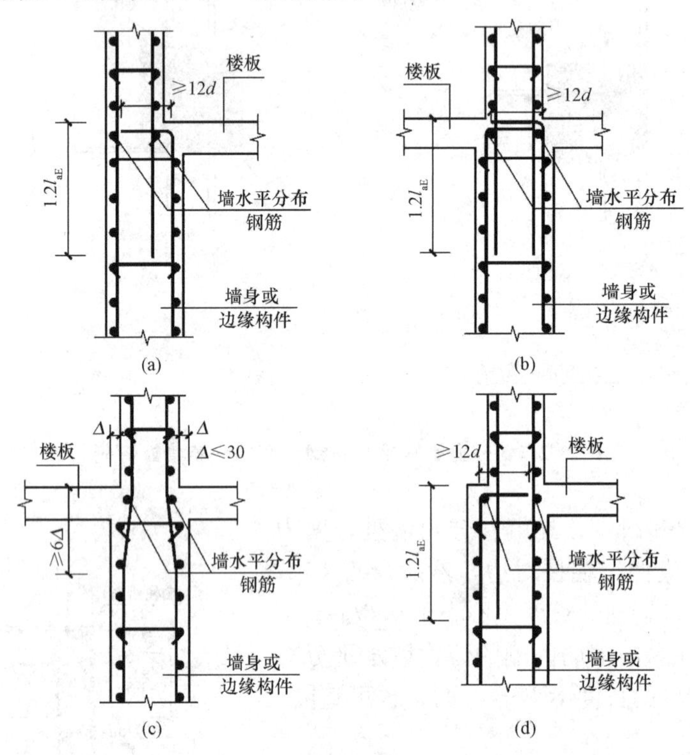

图 5.2-10　剪力墙在变截面处竖向分布钢筋构造

(1)Δ=0 时，上下墙身或边缘构件在该侧的尺寸对齐，此时位于该侧的竖向分布钢筋可贯通节点，如图 5.2-10(a)左侧、图 5.2-10(d)右侧的竖向分布钢筋。

(2)Δ>30 mm 时，上下墙身或边缘构件在该侧的尺寸不同，此时应按“能通则通”的原则进行处理，即位于该侧的竖向分布钢筋若可以直锚，则直锚 $1.2l_{aE}$；若不可以直锚，则伸至楼板顶部后弯折 $12d$，如图 5.2-10(a)右侧、图 5.2-10(b)、图 5.2-10(d)左侧的竖向分布钢筋。

(3)Δ≤30 mm 时，上下墙身或边缘构件在该侧的尺寸虽然不同，但相差不大，此时按“能通则通”的原则，将下方的竖向分布钢筋以 1/6 钢筋斜率的方式弯曲伸到上一楼层。在框架柱变截面构造中也有类似的做法，但是与框架柱的做法有所不同，框架柱纵筋的“1/6 斜率”完全在框架梁柱的交叉节点内完成(整个斜钢筋位于梁高范围内)，但剪力墙的斜钢筋不可能在楼板之内完成“1/6 斜率”，所以，竖向分布钢筋要在距离楼板下方较远处就开始进行弯折。

3. 剪力墙竖向分布钢筋连接构造

剪力墙竖向分布钢筋的连接构造如图 5.2-11 所示。

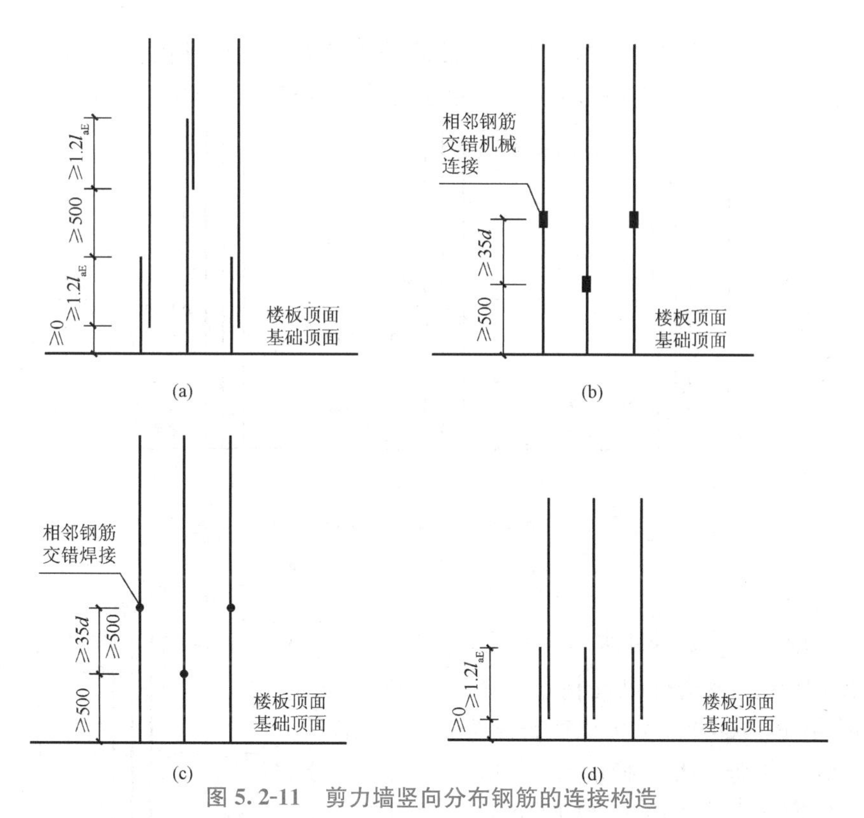

图 5.2-11　剪力墙竖向分布钢筋的连接构造

(a)一、二级抗震等级剪力墙底部加强部位竖向分布钢筋搭接构造；(b)各级抗震等级或非抗震剪力墙竖向分布筋机械连接构造；(c)各级抗震等级或非抗震剪力墙竖向分布筋焊接构造；(d)一、二级抗震等级剪力墙非底部加强部位或三、四级抗震等级或非抗震剪力墙竖向分布筋可在同一部位搭接

(1)图 5.2-11(a)、(d)用于竖向分布钢筋采用搭接连接的情况。图 5.2-11(a)用于一、二级抗震等级剪力墙底部加强部位的竖向分布钢筋搭接时的构造，此时剪力墙竖向分布钢筋的搭接长度不小于 $1.2l_{aE}$，相邻搭接接头错开的净距离不小于 500 mm；图 5.2-11(d)用于一、二级抗震等级剪力墙非底部加强部位或三、四级抗震等级剪力墙竖向分布钢筋搭接时的构造，此时竖向分布钢筋可在同一部位搭接，搭接长度不小于 $1.2l_{aE}$即可。

(2)图 5.2-11(b)用于竖向分布钢筋采用机械连接的情况，用于各级抗震等级剪力墙竖向分布钢筋机械连接时的构造，此时楼板顶面或基础顶面往上不小于 500 mm 的距离是非连接区，相邻钢筋应交错连接，相邻钢筋的接头错开距离应不小于 $35d$。

(3)图 5.2-11(c)用于竖向分布钢筋采用焊接连接的情况，用于各级抗震等级剪力墙竖向分布钢筋焊接连接时的构造，此时楼板顶面或基础顶面往上不小于 500 mm 的距离是非连接区，相邻钢筋交错焊接，错开距离不小于 max(500，$35d$)。

4. 剪力墙边缘构件纵向钢筋连接构造

剪力墙边缘构件纵向钢筋连接构造如图 5.2-12 所示。本图适用于约束边缘构件阴影部分和构造边缘构件的纵向钢筋。

(1)图 5.2-12(a)采用的是绑扎搭接，此时第一个连接点可从楼板顶面或基础顶面开始，相邻钢筋交错搭接，搭接长度为 l_{lE}，错开距离不小于 $0.3l_{lE}$。

(2)图 5.2-12(b)采用的是机械连接，此时楼板顶面或基础顶面往上不小于 500 mm 的距离是非连接区，相邻钢筋交错机械连接，错开距离不小于 $35d$。

(3)图 5.2-12(c)采用的是焊接连接，此时楼板顶面或基础顶面往上不小于 500 mm 的距离是非连接区，相邻钢筋交错焊接，错开距离不小于 max(500，35d)。

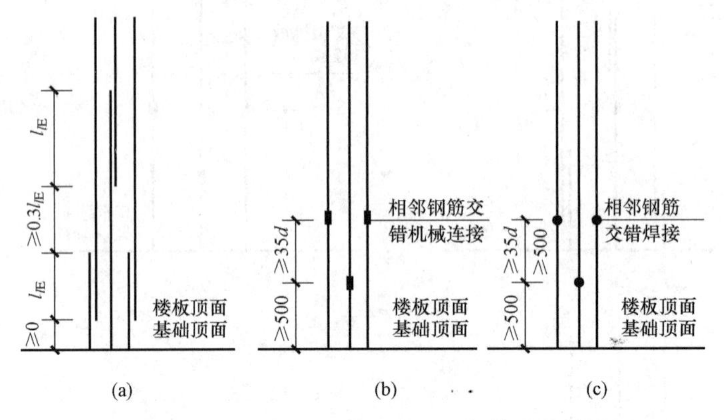

图 5.2-12 剪力墙边缘构件纵向钢筋连接构造

(a)绑扎搭接；(b)机械连接；(c)焊接连接

5. 剪力墙上起边缘构件纵筋构造

剪力墙上起边缘构件纵筋构造如图 5.2-13 所示。边缘构件从楼板顶部伸入剪力墙的长度为 1.2l_{aE}，箍筋直径应不小于纵筋最大直径的 0.25 倍，间距不大于 100 mm。错洞剪力墙洞边边缘构件做法需由设计人员指定。

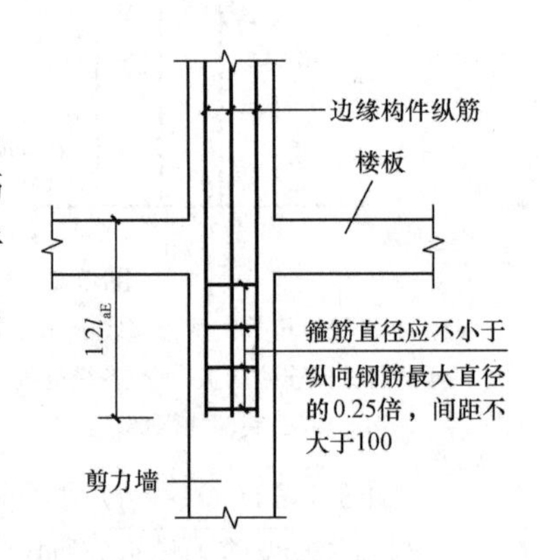

图 5.2-13 剪力墙上起边缘构件纵筋构造

2.3 地下室外墙 DWQ 钢筋构造

1. 地下室外墙水平钢筋构造

地下室外墙水平钢筋可分为外侧水平贯通筋、外侧水平非贯通筋和内侧水平贯通筋。其构造如图 5.2-14 所示。

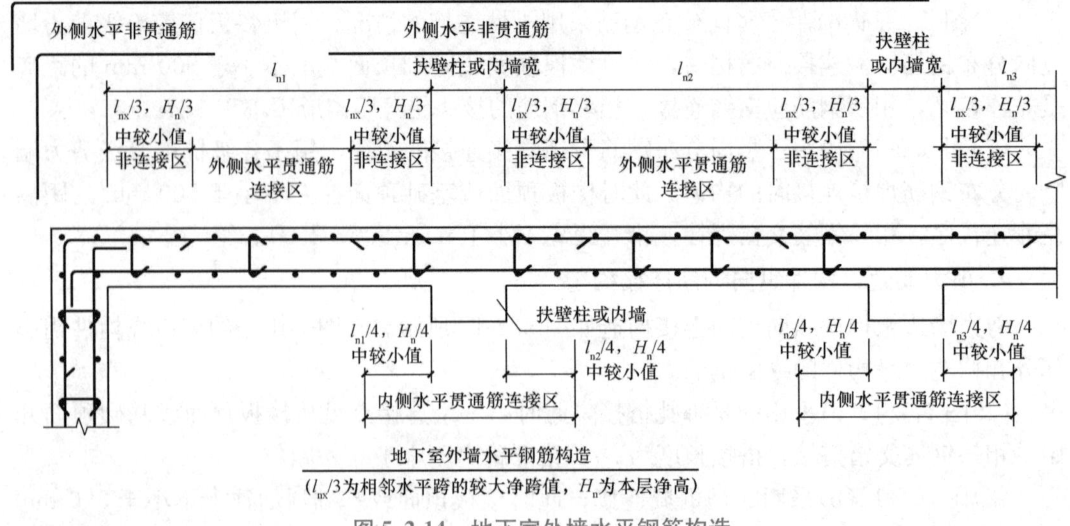

图 5.2-14 地下室外墙水平钢筋构造

地下室外墙外侧水平贯通筋非连接区的长度：对于端部节点为 $l_{n1}/3$ 和 $H_n/3$ 中的较小值，对于中间节点为 $l_{nx}/3$ 和 $H_n/3$ 中的较小值。外侧水平贯通筋连接区为相邻非连接区之间的部分。

地下室外墙转角配筋构造如图 5.2-15 所示。此时地下室外墙外侧水平筋在角部搭接，搭接长度为 $0.8l_{aE}$，当转角两边墙体外侧钢筋直径及间距相同时可连通设置；地下室外墙内侧水平贯通筋伸至对边后弯 $15d$ 直钩。

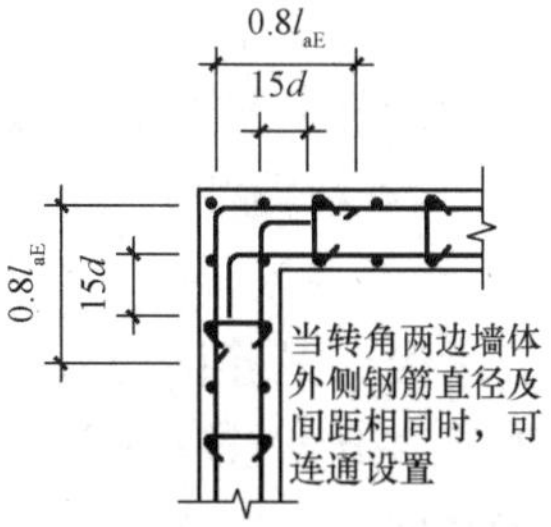

$0.8l_{aE}$

$15d$

当转角两边墙体外侧钢筋直径及间距相同时，可连通设置

图 5.2-15 地下室外墙转角配筋构造

2. 地下室外墙竖向分布钢筋构造

(1)地下室外墙竖向分布钢筋除外侧竖向贯通筋、外侧竖向非贯通筋和内侧竖向贯通筋外，还有墙顶通长加强筋(按设计)，竖向钢筋构造如图 5.2-16 所示。

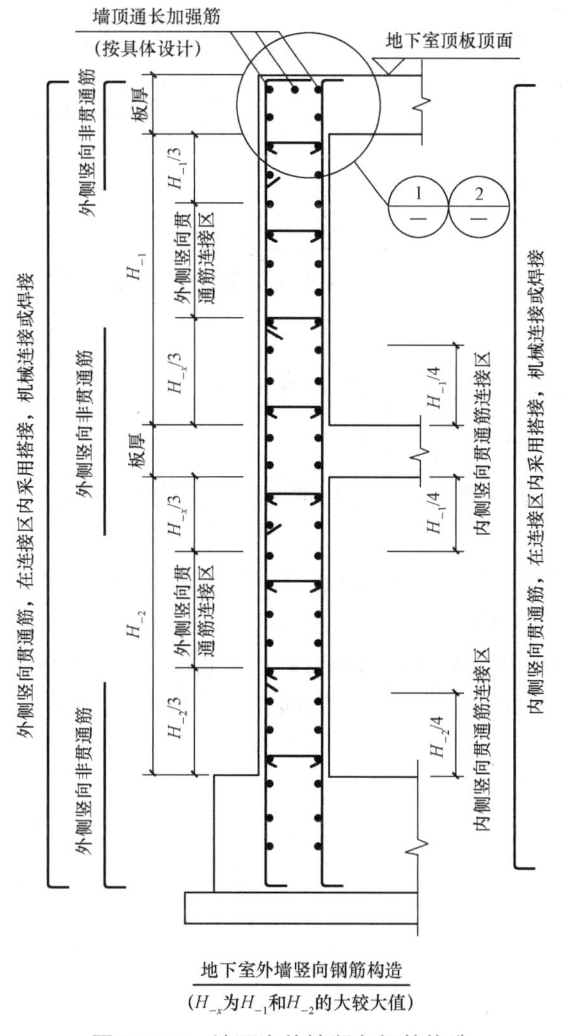

图 5.2-16 地下室外墙竖向钢筋构造

外侧竖向贯通筋非连接区的长度：对于底部节点为 $H_{-2}/3$，对于中间节点为两个 $H_{-x}/3$(H_{-x}为地下室外墙的净高，当为中间节点时取 H_{-1}和 H_{-2}的较大值)，对于顶部

节点为 $H_{-1}/3$。外侧竖向贯通筋连接区为相邻非连接区之间的部分。

内侧竖向贯通筋连接区的长度：对于底部节点为 $H_{-2}/4$，对于中间节点为楼板下部的 $H_{-2}/4$ 和楼板上部的 $H_{-1}/4$。

(2)地下室外墙与顶板连接配筋构造如图 5.2-17 所示。当地下室顶板作为外墙的简支支承时，其连接构造按节点①，此时地下室外墙外侧和内侧竖向分布钢筋伸至顶板上部弯折 $12d$。当地下室顶板与外墙连续传力时，其连接构造按节点②，此时地下室外墙外侧竖向分布钢筋与顶板上部纵筋搭接长度为 l_{lE}(l_l)；顶板下部纵筋伸至墙外侧后弯折 $15d$；地下室外墙内侧竖向分布钢筋伸至顶板上部弯折 $15d$。

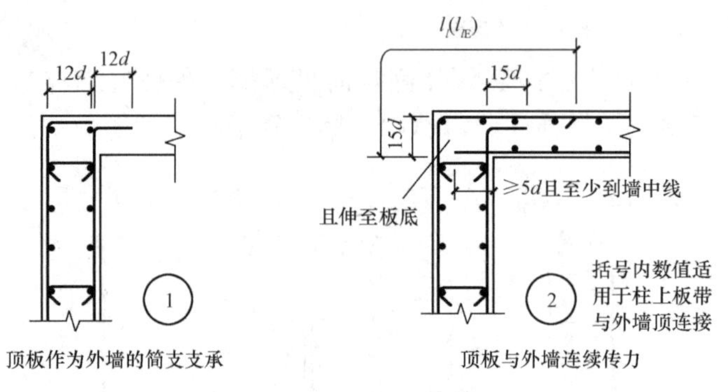

图 5.2-17　地下室外墙与顶板连接配筋构造

2.4　剪力墙梁 LL、AL、BKL 配筋构造

1. 剪力墙连梁 LL 配筋构造

剪力墙连梁 LL 配筋构造如图 5.2-18 所示，包括连梁纵筋锚固和连梁箍筋设置两个方面的构造要求。

(1)连梁纵筋的锚固方式和锚固长度。在单洞口连梁的端部支座处，连梁纵筋的锚固构造如图 5.2-18(a)左侧所示。此时，连梁端部长度较短，小于纵筋的直锚长度 l_{aE}或 600 mm，应将连梁纵筋伸至墙外侧纵筋内侧后弯折 $15d$，且伸入端部支座内的直段长度不小于 $0.4l_{abE}$；若端部洞口连梁的纵向钢筋在端支座的直锚长度不小于 l_{aE}和 600 mm，可不必往上(下)弯折，按直锚处理，直锚长度为 l_{aE}且不小于 600 mm。在中间支座处，连梁纵筋采用直锚，直锚长度不小于 l_{aE}和 600 mm。

在单洞口连梁的中间支座处，连梁纵筋采用直锚，直锚长度不小于 l_{aE}和 600 mm。在双洞口连梁处，在双洞口两端支座的直锚长度为 l_{aE}且不小于 600 mm，洞口之间连梁通长设置。

(2)连梁箍筋的设置。楼层连梁的箍筋仅在洞口范围内布置，第一个箍筋在距支座边缘 50 mm 处设置。墙顶连梁的箍筋在全梁范围内布置。洞口范围内的第一个箍筋在距支座边缘 50 mm 处设置，支座范围内的第一个箍筋在距支座边缘 100 mm 处设置。

(3)连梁拉结筋设置。当梁宽不大于 350 mm 时，拉结筋直径取 6 mm；当梁宽大于 350 mm 时，拉结筋直径取 8 mm；拉结筋间距为 2 倍的箍筋间距，竖向沿侧面水平筋“隔一拉一”。

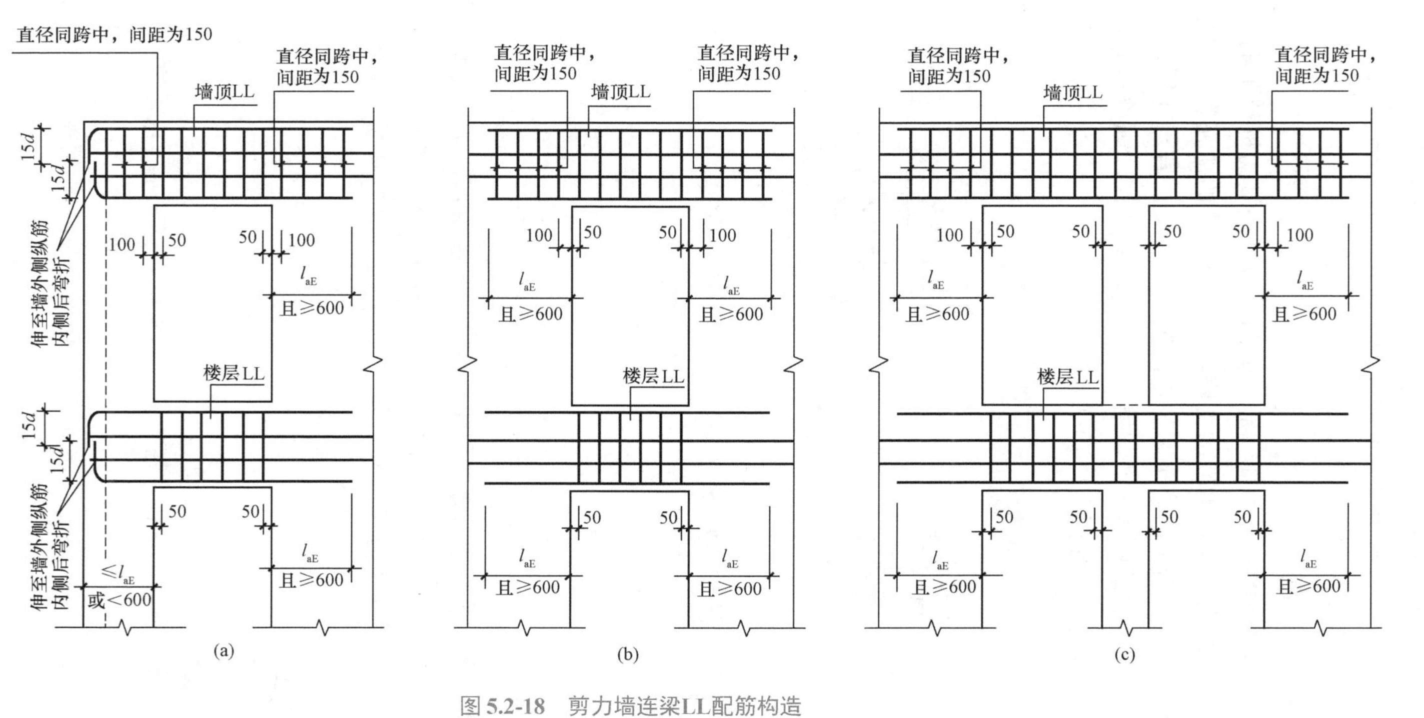

图 5.2-18　剪力墙连梁LL配筋构造

（a）小墙垛处洞口连梁（端部墙肢较短）；（b）单洞口连梁（单跨）；

（c）双洞口连梁（双跨）

2. 暗梁 AL 配筋构造

剪力墙暗梁的钢筋种类包括纵向钢筋、箍筋、拉结筋及暗梁侧面的水平分布钢筋。墙身水平分布钢筋按其间距在暗梁箍筋外侧布置，如图 5.2-19(a)所示。当设计未注写时，侧面构造纵筋同剪力墙水平分布钢筋。

3. 边框梁 BKL 配筋构造

剪力墙边框梁的钢筋种类包括纵向钢筋、箍筋、拉结筋及边框梁侧面的水平分布钢筋。应注意剪力墙的边框梁不是剪力墙的支座，而是剪力墙的加强带。因此，当剪力墙顶部设置有边框梁时，剪力墙竖向分布钢筋不能锚入边框梁；若当前层是中间层，则剪力墙竖向分布钢筋穿越边框梁直伸入上一层；若当前层是顶层，则剪力墙竖向分布钢筋应该穿越边框梁锚入现浇板，如图 5.2-19(b)所示。

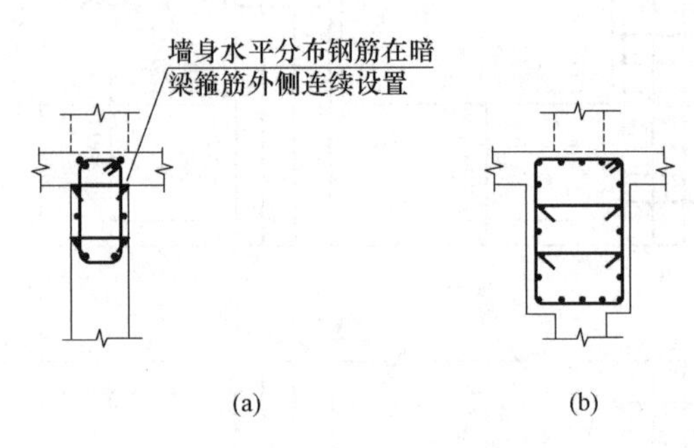

图 5.2-19 剪力墙暗梁、边框梁的配筋构造

(a)暗梁配筋；(b)边框梁配筋

任务小结

在本任务中，学习了剪力墙的相关标准构造要求，包括剪力墙水平分布筋构造、剪力墙竖向分布筋构造、地下室外墙 DWQ 钢筋构造、剪力墙梁 LL、AL、BKL 配筋构造，其中剪力墙水平分布筋和竖向分布筋构造应重点掌握。

课后任务及评定

1. 单项选择题

(1)顶层剪力墙连梁洞口范围内第 1 道箍筋距离支座边缘距离(　　)mm。

A. 100　　B. 200　　C. 50　　D. 150

(2)剪力墙水平分布筋在端部为暗柱时，伸至柱端后弯折，弯折长度为(　　)。

A. $10d$　　B. 10 cm　　C. $15d$　　D. 15 cm

(3)剪力墙竖向钢筋伸至屋面板顶后，水平弯折长度为(　　)。

A. $10d$　　B. 10 cm　　C. $12d$　　D. 15 cm

(4)剪力墙身第一根水平分布筋距基础顶面的距离为(　　)。

A. 50 mm　　B. 100 mm

C. 墙身水平分布筋间距　　D. 墙身水平分布筋间距/2

(5)剪力墙中间单洞口连梁锚固值为 l_{aE} 且不小于(　　)mm。

A. 500　　B. 600　　C. 750　　D. 800

2. 填空题

(1)剪力墙水平分布钢筋搭接长度不小于__________，相邻两个搭接区之间错开净距离不小于__________。

(2)剪力墙边缘构件纵向钢筋采用焊接，第一个连接点距楼板顶面不小于__________，相邻钢筋交错焊接，错开距离不小于__________。

(3)剪力墙上起边缘构件，其纵筋从楼板顶部伸入剪力墙的长度为__________。

课后任务及评定参考答案

任务3 剪力墙平法施工图识读实例训练

工作任务

通过实际工程图纸(局部)，完成剪力墙平法施工图的识读训练，提升剪力墙平法规则和构造详图的理解及实际运用能力。

工作途径

(1)《混凝土结构施工图平面整体表示方法制图规则和构造详图(现浇混凝土框架、剪力墙、梁、板)》(22G101—1)；

(2)《混凝土结构施工钢筋排布规则与构造详图(现浇混凝土框架、剪力墙、梁、板)》(18G901—1)。

成果检验

学习任务单

(1)扫描二维码阅读学习任务单，熟悉学习内容、目标和方法，完成规定学习任务。

(2)独立完成实例训练题。

(3)本任务采用学生习题自测及教师评价综合打分。

某工程的剪力墙结构施工图如图5.3-1所示，结构抗震等级四级，请根据给定的剪力墙平法施工图完成相应训练。

1. 单项选择题

(1)墙柱编号中GBZ的含义是(　　)。

A. 暗柱　　B. 扶壁柱

C. 约束边缘构件　　D. 构造边缘构件

(2)该剪力墙平法施工图采用(　　)注写方式。

A. 列表注写方式　　B. 平面注写方式

C. 截面注写方式　　D. 原位注写方式

(3)关于剪力墙Q1说法，下列错误的是(　　)。

A. 剪力墙身中水平与竖向分布钢筋的排数为2排

B. 墙厚300

C. 水平、竖向分布钢筋均为⌀6@250

D. 拉筋为⌀6@500，梅花形布置

(4)关于LL4说法，下列正确的是(　　)。

A. LL是指剪力墙墙梁中的暗梁　　B. 墙梁中上部纵筋为3⌀20

C. 墙梁中纵筋锚入支座中的长度为l_{aE}　　D. 墙梁中箍筋有加密区与非加密区

(5)关于GBZ3说法，下列正确的是(　　)。

A. 图中指构造边缘端柱

B. 纵筋共 12 根，每边均为 3 根

C. 箍筋为 ф10@100/200，均为双肢箍

D. 纵筋如采用焊接，第一个连接点距离楼面 l_{aE}

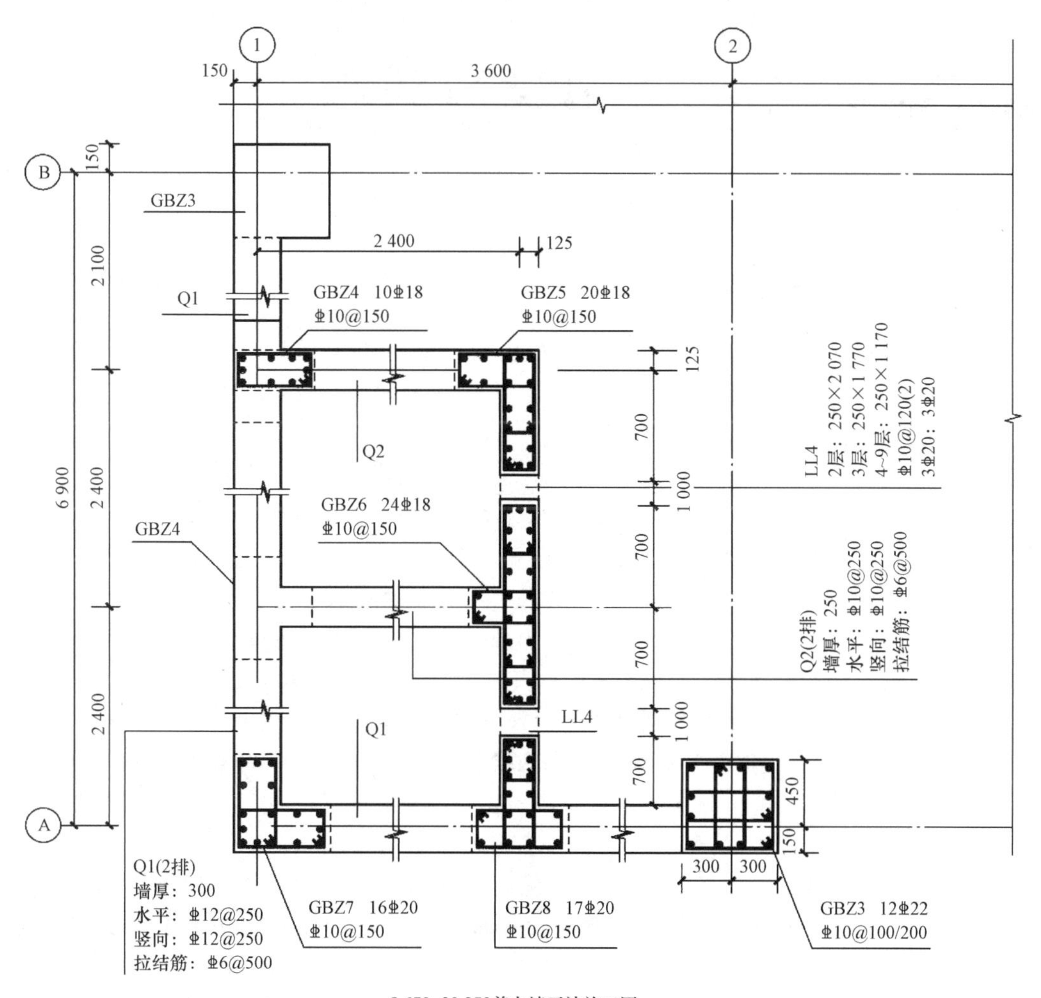

图 5.3-1 某工程剪力墙结构施工图

2. 绘图题

试绘制剪力墙身 Q2 的水平分布筋在边缘构件 GBZ5 中的锚固构造图，绘图比例为 1∶25。

实例训练参考答案

项目6　基础平法施工图识读方法与实例

项目导读

基础是指建筑底部与地基接触的承重构件，它的作用是将建筑上部的荷载传递给地基，对建筑物的安全和正常使用有着重要的作用。

基础按埋置深度可分为浅基础和深基础；基础按材料可分为砖基础、毛石基础、三合土基础、灰土基础、素混凝土基础、钢筋混凝土基础。钢筋混凝土基础根据其结构形式又可分为以下几种：

(1)独立基础，一般用于上部结构荷载不大，层数不多的建筑。

(2)条形基础，是指基础长度远大于其宽度的一种基础形式。当地基较弱而荷载较大，为了增强基础的整体刚度减小不均匀沉降，也可在柱网下纵横两方向设置钢筋混凝土条形基础。

(3)筏形基础。当地基较弱而荷载很大，采用条形基础不能满足要求或相邻基槽距离很小时，可用钢筋混凝土做成整块的筏形基础。

(4)箱形基础。箱形基础是由钢筋混凝土底板、顶板和纵横交叉的隔墙构成的。底板、顶板和隔墙共同工作具有很大的整体刚度。基础中空部分可作地下室，与实体基础相比可减小基底压力。其适用于地基较弱、平面形状简单的高层建筑物的基础。

(5)桩筏(桩箱)基础。当采用筏形基础或箱形基础还不能满足结构的承载能力和不均匀沉降时，可采用桩筏(桩箱)基础，即在原筏板(箱基)的基础上增加桩。

本项目围绕钢筋混凝土基础，分别介绍独立基础、条形基础、筏形基础、桩基础的施工图的识读方法，包括不同基础的编号和平面注写方式及主要配筋构造，最后通过基础平法施工图实例来实践和巩固所学知识。

学习目标

1. 掌握独立基础、条形基础、筏形基础、桩基础的分类和编号规定。

2. 掌握独立基础、条形基础、筏形基础、桩基础的平法施工图的表示方法。

3. 掌握独立基础、条形基础、筏形基础、桩基础的主要配筋构造。

任务1　独立基础平法施工图表示方法与构造详图解读

工作任务

掌握独立基础平法施工图平面注写、截面注写的具体要求及主要配筋构造。具体任务如下：

(1)掌握独立基础的分类和编号；

(2)掌握独立基础施工图的平面注写方式；

(3)掌握独立基础的主要配筋构造；

(4)通过实际工程图纸，完成独立基础平法施工图的识读训练。

课件：独立基础平法施工图的识读

工作途径

(1)《混凝土结构施工图平面整体表示方法制图规则和构造详图(独立基础、条形基础、筏形基础、桩基础)》(22G101—3)；

(2)《混凝土结构施工钢筋排布规则与构造详图(独立基础、条形基础、筏形基础、桩基础)》(18G901—3)。

成果检验

(1)扫描二维码阅读学习任务单，熟悉学习内容、目标和方法，完成规定学习任务。

(2)本任务采用学生习题自测及教师评价综合打分。

学习任务单

1.1　独立基础的编号

1. 独立基础的定义和分类

当建筑物上部结构采用框架结构或单层排架结构时，基础常采用方形、圆柱形和多边形等形式的基础，这类基础称为独立基础(图 6.1-1)。本书中的独立基础具体是指混凝土柱下单独基础，是柱基础的主要形式，可分为普通独立基础和杯口独立基础，如图 6.1-2 所示。

独立基础按基础底板的截面形状又可分为阶形独立基础和坡形独立基础，如图 6.1-3 所示。

2. 独立基础平面布置图

独立基础平面布置图的主要作用是表达独立基础的水平定位。当绘制独立基础平面布置图时，应将独立基础平面与基础所支承的柱一起绘制。当设置基础联系梁时，可根据图面的疏密情况，将基础联系梁与基础平面布置图一起绘制，或将基础联系梁布置图单独绘制。

(a) (b)

图 6.1-1　钢筋混凝土独立基础

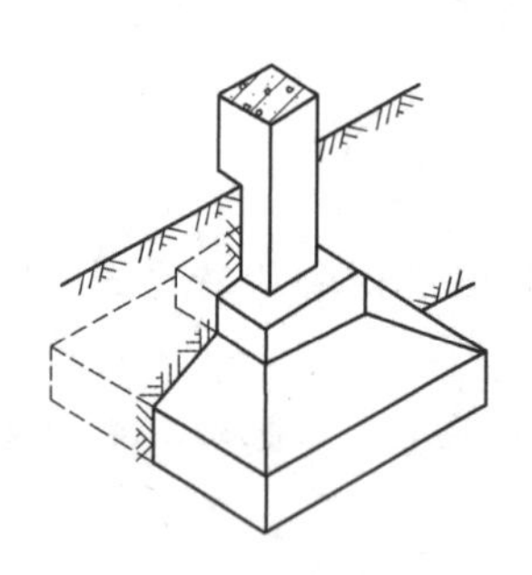
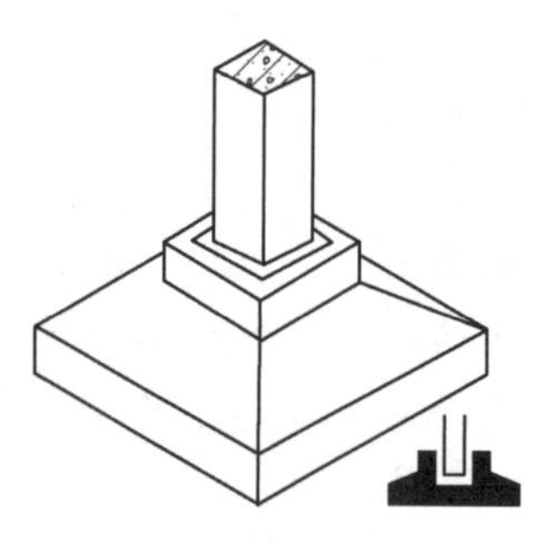

图 6.1-2　普通独立基础和杯口独立基础

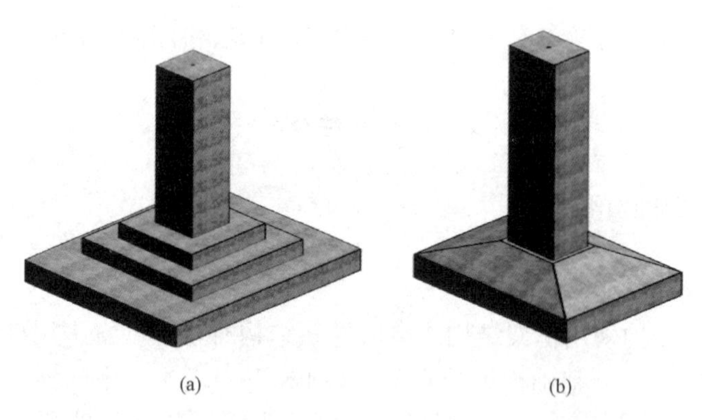

(a) (b)

图 6.1-3　独立基础

(a)普通阶形独立基础；(b)普通坡形独立基础

在独立基础平面布置图上应标注基础定位尺寸；当独立基础的柱中心线或杯口中心线与建筑轴线不重合时，应标注其定位尺寸。编号相同且定位尺寸相同的基础，可仅选择一个进行标注。

3. 独立基础的编号

在独立基础平法施工图中，所有独立基础均应编号。独立基础编号由代号和序号组成，具体规定见表 6.1-1。

表 6.1-1　独立基础的编号

类型	基础底板截面形状	代号	序号
普通独立基础	阶形	DJj	××(阿拉伯数字)
	锥形	DJz	××(阿拉伯数字)
杯口独立基础	阶形	BJj	××(阿拉伯数字)
	锥形	BJz	××(阿拉伯数字)

1.2　独立基础的平面注写方式

独立基础平法施工图有平面注写和截面注写两种表达方式，一般使用平面注写方式。本书主要介绍普通独立基础的平面注写方式。

独立基础的平面注写方式是指直接在独立基础平面布置图上进行数据项的标注。其可分为集中标注和原位标注两部分，如图 6.1-4 所示。

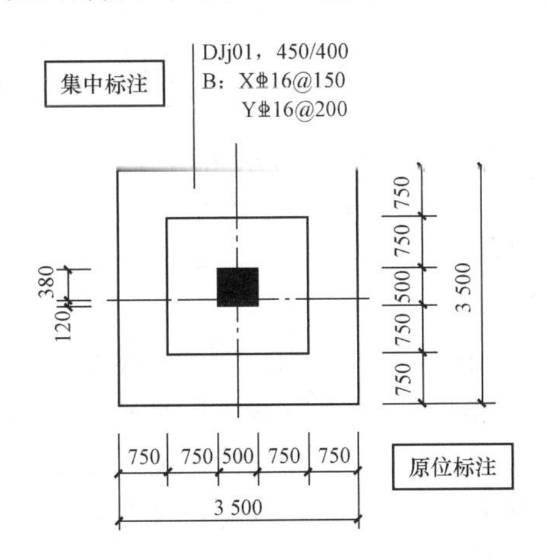

图 6.1-4　普通独立基础平面注写示例

1. 普通独立基础的集中标注

集中标注是在基础平面布置图上集中引注基础编号、截面竖向尺寸和配筋三项必注内容，以及基础底面标高(与基础底面基准标高不同时)和必要的文字注解两项选注内容。

普通独立基础集中标注的具体内容规定如下：

(1)独立基础编号(必注内容)。

例如，DJj××表示××号阶形普通独立基础。

(2)独立基础截面竖向尺寸(必注内容)。普通独立基础的截面竖向尺寸注写为 $h_1/h_2/\cdots\cdots$，要求从下往上表示每个台阶的高度。

例如，当阶形截面普通独立基础 DJj××的竖向尺寸注写为 400/300/300 时，表示 $h_1=400$ mm、$h_2=300$ mm、$h_3=300$ mm，基础底板总厚度为 1 000 mm，该三阶普通独立基础的截面示意如图 6.1-5(a)所示。

例如，当锥形截面普通独立基础 DJz××的竖向尺寸注写为 350/300 时，表示 $h_1=350$ mm、$h_2=300$ mm，基础底板总厚度为 650 mm，该锥形普通独立的基础截面示意如图 6.1-5(b)所示。

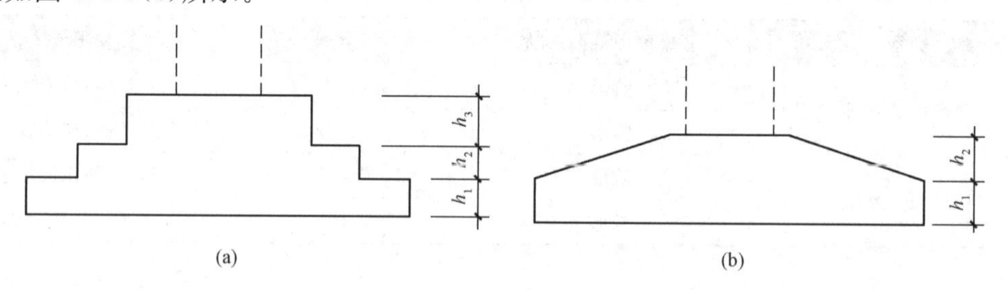

图 6.1-5　普通独立基础集中标注中竖向尺寸的注写

(a)三阶普通独立基础；(b)锥形截面普通独立基础

(3)独立基础配筋(必注内容)。

1)独立基础底板配筋。普通独立基础和杯口独立基础的底部双向配筋注写规定如下：

以 B 代表各种独立基础底板的底部配筋；x 向配筋以 X 打头注写，y 向配筋以 Y 打头注写；当两向配筋相同时，则以 X&Y 打头注写。

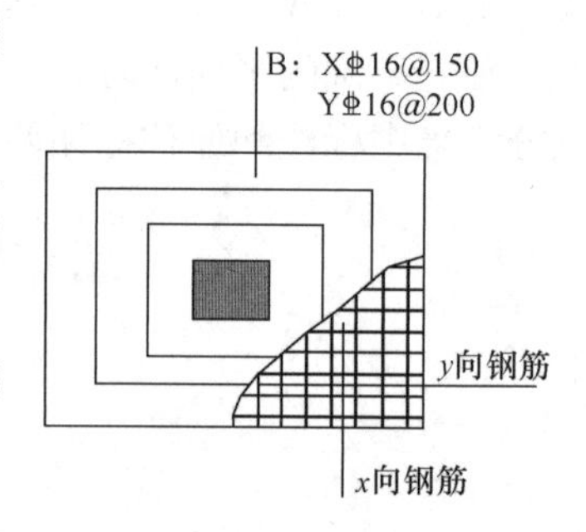

图 6.1-6　独立基础底板配筋标注

例如，图 6.1-6 中的独立基础底板配筋标注，表示基础底板底部配置 HRB400 级钢筋，x 向钢筋的直径为 16 mm，分布间距为 150 mm；y 向钢筋的直径为 16 mm，分布间距为 200 mm。

2)普通独立基础带短柱竖向尺寸及钢筋。当独立基础埋深较大，设置短柱时，短柱配筋应注写在独立基础中。具体注写规定如下：

以 DZ 代表普通独立基础短柱。先注写短柱纵筋，再注写箍筋，最后注写短柱标高范围，注写为：角筋/x 边中部筋/y 边中部筋，箍筋，短柱标高范围。

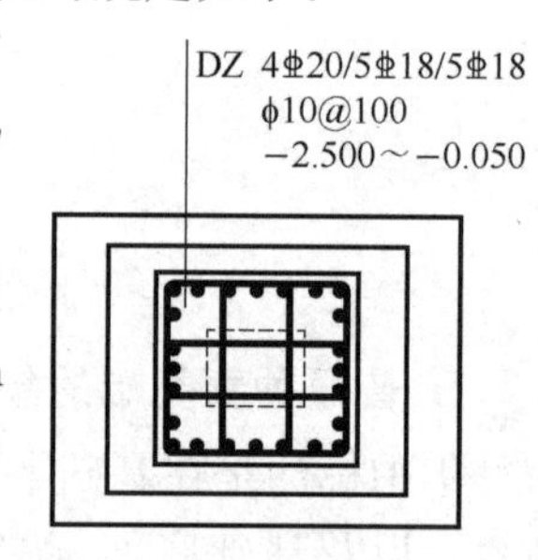

图 6.1-7　普通独立基础短柱的注写

例如，图 6.1-7 中的独立基础短柱，纵筋的角筋为 4 根直径为 20 mm 的 HRB400 级钢筋；x 边中部筋为 5 根直径为 18 mm 的 HRB400 级钢筋；y 边中部筋为 5 根直径为 18 mm 的 HRB400 级钢筋；短柱箍筋的级别为 HPB300，直径为 10 mm，间距为 100 mm；短柱设置在－2.500～－0.050 高度范围内。

(4)基础底面标高(选注内容)。当独立基础的底面标高与基础底面基准标高不同时，应将独立基础底面标高直接注写在“(　　)”内。

(5)必要的文字注解(选注内容)。当独立基础的设计有特殊要求时，宜增加必要的文字注解。例如，基础底板配筋长度是否采用减短方式等，可在该项内注明。

2. 普通独立基础的原位标注

普通独立基础的原位标注是在基础平面布置图上标注独立基础的平面尺寸。对相同编号的基础，可选择一个进行原位标注；当平面图形较小时，可将所选定进行原位标注的基础按比例适当放大；其他相同编号者仅注编号。

独立基础原位标注中常用的尺寸符号包括：用 x、y 表示普通独立基础两向边长，用 x_c、y_c 表示矩形柱截面尺寸，用 d_c 表示圆柱直径，用 x_i、y_i 为阶宽或坡形平面尺寸，当设置短柱时尚应标注短柱的截面尺寸。

对称阶形截面普通独立基础的原位标注如图 6.1-8(a)所示；非对称阶形截面普通独立基础的原位标注如图 6.1-8(b)所示；带短柱独立基础的原位标注如图 6.1-8(c)所示。

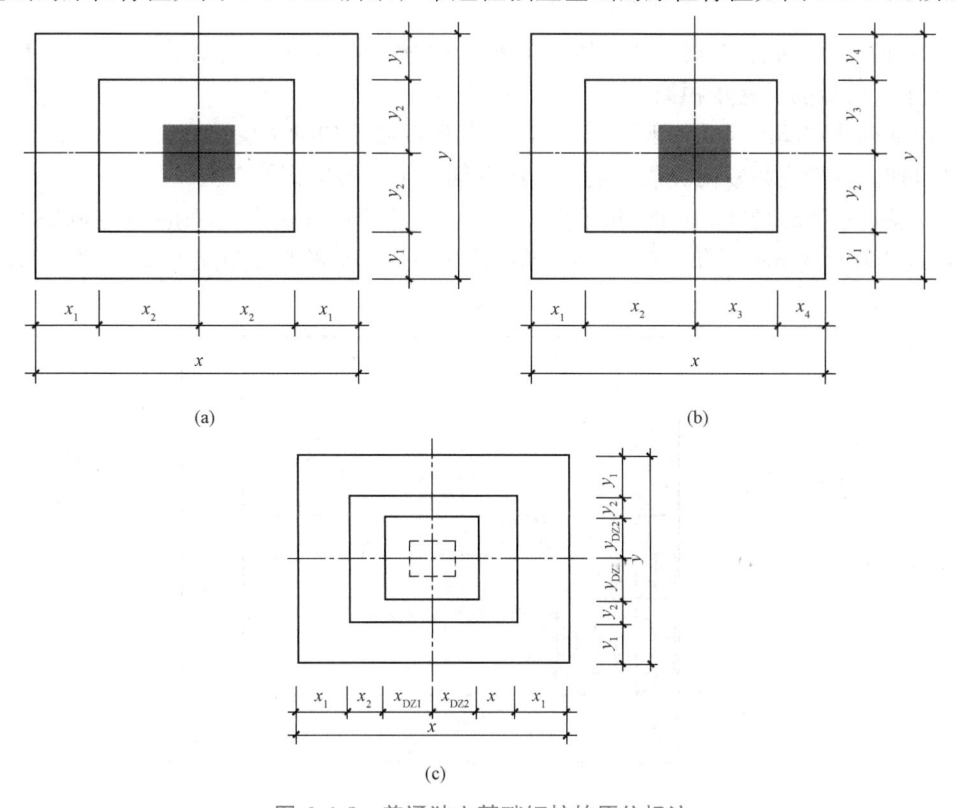

图 6.1-8　普通独立基础短柱的原位标注

3. 普通独立基础的平面注写示例

如图 6.1-9(a)所示为普通独立基础平面注写示例，图 6.1-9(b)所示为带短柱普通独立基础平面注写示例。

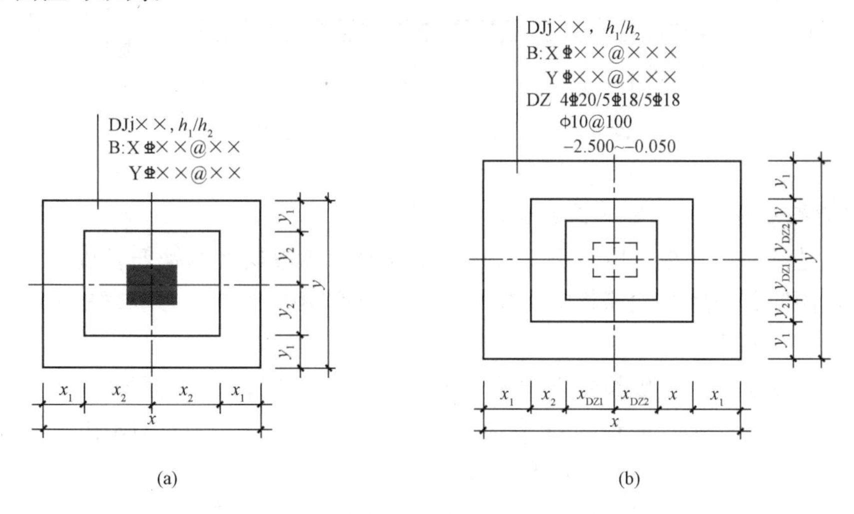

图 6.1-9　普通独立基础平面注写示例

1.3　独立基础的构造详图解读

1. 普通独立基础底板配筋构造

普通独立基础底板配筋排布构造如图 6.1-10 所示，应注意基础垫层尺寸、底板筋的摆放顺序、底板筋的起步距离。

(1)基础垫层厚度尺寸一般为 100 mm，基础厚度不包括垫层厚度。

(2)独立基础底板双向交叉配筋，长向钢筋在下，短向钢筋在上。

(3)设独立基础底板 x 向钢筋的间距为 s'，y 向钢筋的间距为 s，则独立基础底板 x 向钢筋的起步距离为 min(s'/2、75)，独立基础底板 y 向钢筋的起步距离为 min(s/2、75)。

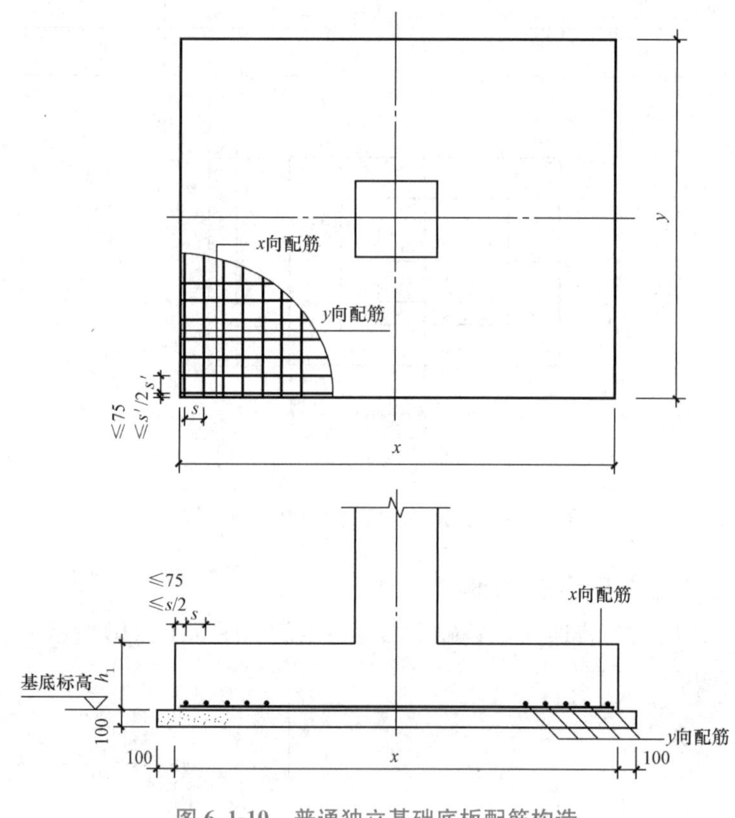

图 6.1-10　普通独立基础底板配筋构造

2. 普通独立基础底板配筋长度缩减 10%构造

对称独立基础，底板长度不小于 2 500 mm 时，各边最外侧钢筋长度不缩减；除外侧钢筋外，两向其他底板配筋长度可缩减 10%，即取相应方向底板长度的 0.9 倍，交错放置，如图 6.1-11 所示。

非对称独立基础，底板长度不小于 2 500 mm 时，各边最外侧钢筋长度不缩减；对称方向(图中 y 向)中部钢筋长度缩减 10%，交错放置；非对称方向(图中 x 向)，当基础某侧从柱中心至基础底板边缘的距离小于 1 250 mm 时，该侧钢筋长度不缩减；当基础某侧从柱中心至基础底板边缘的距离大于或等于 1 250 mm 时，该侧钢筋长度间隔缩减 10%，如图 6.1-12 所示。

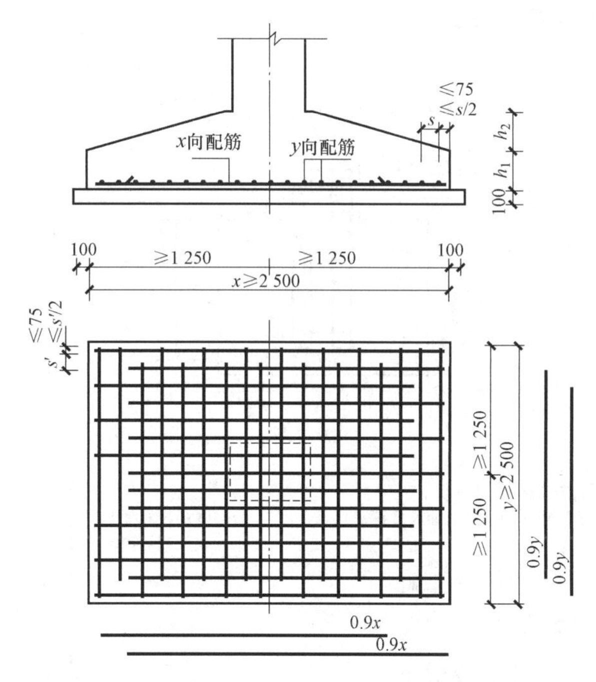

图 6.1-11　对称独立基础底板配筋长度缩减 10%的构造

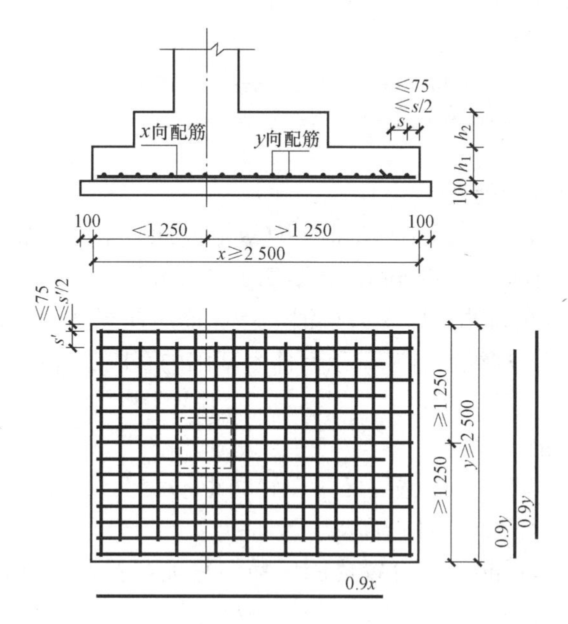

图 6.1-12　非对称独立基础底板配筋长度缩减 10%的构造

3. 柱下独立基础的插筋构造

柱的纵筋应伸入独立基础中锚固，其具体要求如图 6.1-13 所示。其中，h_j 为基础底面至基础顶面的高度（对于带基础梁的基础，h_j 为基础梁顶面至基础梁底面的高度，当柱两侧基础梁标高不同时，取较低标高）；d 为插筋（柱纵筋）直径。根据基础高度是否满足直锚，可确定锚固区内柱纵筋的要求；根据柱筋在基础中的侧面保护层厚度是否大于

5d，可确定锚固区内箍筋的要求。

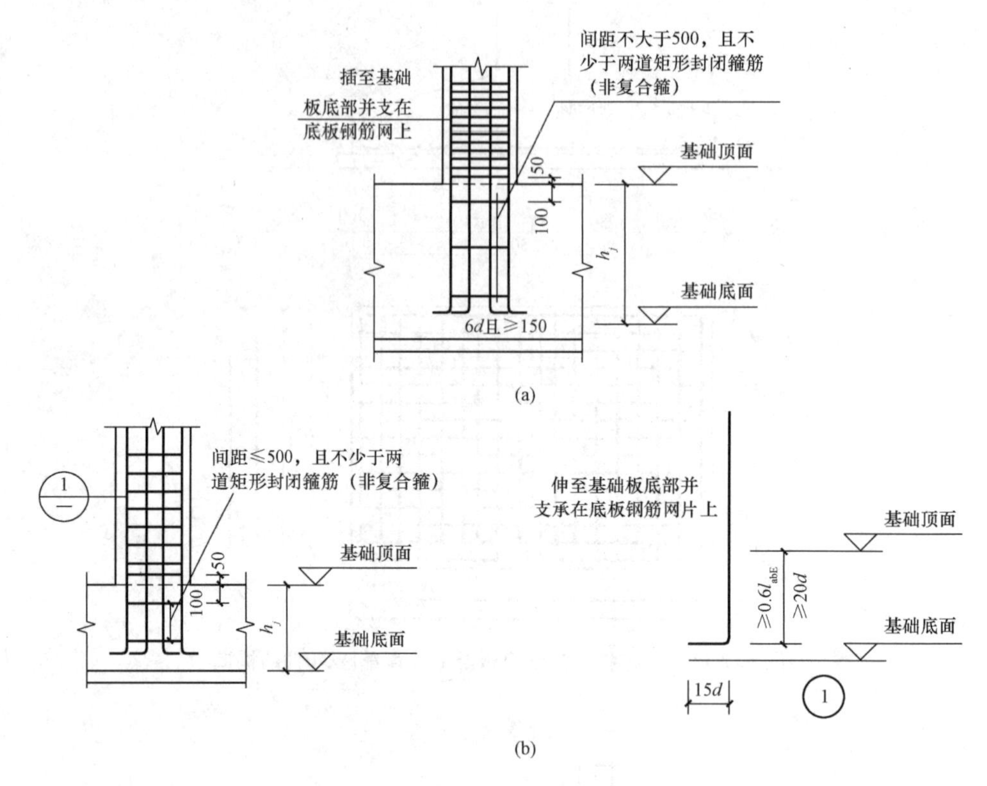

图 6.1-13 柱下独立基础的插筋构造

(a)基础高度满足直锚，保护层厚度>5d；(b)基础高度不满足直锚，保护层厚度>5d

(1)锚固区内柱纵筋的处理：

1)当基础高度满足直锚，即 $h_j \geqslant l_{aE}$时，柱纵筋应伸至基础底板底部并支承在底板钢筋网片上，弯折 6d 且不小于 150 mm，如图 6.1-13(a)所示；

2)当基础高度不满足直锚，即 $h_j < l_{aE}$时，柱纵筋应伸至基础底板底部并支承在底板钢筋网片上，弯折 15d，柱纵筋自基础顶面伸入基础的直段长度应≥0.6l_{abE}且≥20d，如图 6.1-13(b)所示。

(2)锚固区内箍筋的处理：

1)当保护层厚度>5d 时，在锚固区内设置间距不大于 500 mm，且不少于两道矩形封闭箍筋(非复合箍)，如图 6.1-13 所示；

2)当保护层厚度≤5d 时，需设置锚固区横向箍筋，箍筋应满足直径不小于 d/4(d 为插筋最大直径)，间距不大于 10d(d 为插筋最小直径)且不大于 100 mm 的要求。

(3)在插筋部分保护层厚度不一致的情况下(如部分位于基础底板中，部分位于基础梁内)，在保护层厚度≤5d 的部位应设置锚固区横向箍筋。

(4)当柱为轴心受压或小偏心受压，独立基础、条形基础的高度不小于 1 200 mm 时，或当柱为大偏心受压，独立基础、条形基础的高度不小于 1 400 mm 时，可仅将柱四角插筋伸至底板钢筋网上(伸至底板钢筋网上的柱插筋之间的间距不应大于 1 000 mm)，其他钢筋满足锚固长度 l_{aE}即可。

任务小结

在本任务中，学习了独立基础的分类和编号规则，独立基础平面注写集中标注、原位标注的注写内容和注写要求，以及独立基础底板配筋构造和基础中的柱插筋构造。在识读独立基础平法施工图时，必须在熟悉主要制图规则，掌握对应的注写方式，并结合主要钢筋构造要求的前提下进行理解，同时应注意结合结构设计说明中与基础有关的部分内容进行识读。

课后任务及评定

1. 单项选择题

(1)关于基础图的图示方法及内容基本规定的说法中，下列错误的是(　　)。

A. 基础平面图是假想用一个水平剖切平面在室内地面去剖切建筑，并移去基础周围的土层，向下投影所得到的图样

B. 在基础平面图中，只画出基础墙、柱及基础底面的轮廓线，基础的细部轮廓可省略不画

C. 基础详图中标注基础各部分的详细尺寸即可

D. 基础详图若是断面图，断面内应画出材料图例

(2)从(　　)标高可了解基础的埋置深度。

A. 垫层底部　　B. 垫层底部　　C. 基础底面　　D. 地梁底部

(3)对称独立基础底板的尺寸(　　)mm 时，其相应方向的底板钢筋可缩减 10%。

A. ≥2 500　　B. ≥2 000　　C. ≥1 500　　D. ≥1 000

(4)柱插筋在基础范围内的第一根箍筋距离基础顶面的距离为(　　)。

A. 50 mm　　B. 100 mm

C. 5 倍的箍筋直径　　D. 6 倍的箍筋直径

(5)某阶形截面普通独立基础 DJj3 的竖向尺寸注写为 400/250/150，则关于 DJj3 的竖向尺寸，下列说法正确的是(　　)。

A. 独立基础由下至上，分三阶，最下一阶的基础高度为 400 mm

B. 独立基础由下至上，分两阶，最下一阶的基础高度为 250 mm

C. 独立基础由下至上，分两阶，最上方是高度 150 mm 的短柱

D. 基础总高度为 400 mm

2. 填空题

(1)独立基础按基础底板的截面形状又可分为__________和__________。

(2)独立基础平法施工图有__________和__________两种表达方式。

课后任务及评定参考答案

(3)独立基础的平面注写方式是指直接在独立基础平面布置图上进行数据项的标注，其可分为__________和__________两部分。

3. 简答题

(1)简述独立基础集中标注的内容。

(2)简述普通独立基础带短柱时短柱的注写要求。

任务2　条形基础平法施工图表示方法与构造详图解读

工作任务

课件：条形基础平法施工图的识读

掌握条形基础平法施工图平面注写、截面注写的具体要求及主要配筋构造。具体任务如下：

(1)掌握条形基础的分类和编号；

(2)掌握条形基础的平面注写方式；

(3)掌握条形基础的主要配筋构造；

(4)通过实际工程图纸，完成条形基础平法施工图的识读训练。

工作途径

(1)《混凝土结构施工图平面整体表示方法制图规则和构造详图(独立基础、条形基础、筏形基板、桩基础)》(22G101—3)；

(2)《混凝土结构施工钢筋排布规则与构造详图(独立基础、条形基础、筏形基板、桩基础)》(18G901—3)。

成果检验

学习任务单

(1)扫描二维码阅读学习任务单，熟悉学习内容、目标和方法，完成规定学习任务。

(2)本任务采用学生习题自测及教师评价综合打分。

2.1　条形基础的编号

1. 条形基础的定义和分类

条形基础也称为带形基础，一般其基础长度比基础宽度大10倍以上，如图6.2-1所示。条形基础一般布置在轴线上，可分为以下两类：

图6.2-1　钢筋混凝土条形基础

(1)梁板式条形基础。梁板式条形基础适用于钢筋混凝土框架结构、框架-剪力墙结构、部分框支剪力墙结构和钢结构。平法施工图将梁板式条形基础分解为基础梁和条形基础底板分别进行表达。

(2)板式条形基础。板式条形基础适用于钢筋混凝土剪力墙结构和砌体结构。平法施工图仅表达条形基础底板。

2. 条形基础平面布置图

条形基础平法施工图有平面注写和列表注写两种表达方式，一般常用平面注写。当绘制条形基础平面布置图时，应将条形基础平面与基础所支承的上部结构的柱、墙一起绘制。

当具体工程的全部基础底面标高相同时，基础底面基准标高即基础底面标高。当基础底面标高不同时，应取多数相同的底面标高为基础底面基准标高，对其他少数不同标高者应标明范围并注明标高。

当梁板式基础梁中心或板式条形基础板中心与建筑定位轴线不重合时，应标注其定位尺寸；对于编号相同的条形基础，可仅选择一个进行标注。

3. 条形基础的编号

条形基础的编号可分为基础梁编号和条形基础底板编号，规定见表 6.2-1。

表 6.2-1　条形基础的编号

类型		代号	序号	跨数及有无外伸
基础梁		JL	××(阿拉伯数字)	(××)端部无外伸 (××A)一端有外伸 (××B)两端有外伸
条形基础底板	坡形	TJBp	××(阿拉伯数字)	
	阶形	TJBj	××(阿拉伯数字)	

2.2　条形基础梁的平面注写方式

条形基础梁的平面注写方式可分为集中标注和原位标注两部分内容，识读方法基本同框架梁，但应注意条形基础梁的受力状态和框架梁不同，如条形基础梁在支座处一般是下侧受拉，所以，对于条形基础梁其非通长筋一般布置在支座下侧；另外，条形基础梁的箍筋注写也与框架梁不同。

1. 条形基础梁的集中标注

条形基础梁的集中标注内容包括基础梁编号、截面尺寸、配筋三项必注内容，以及基础梁底面标高(与基础底面基准标高不同时)和必要的文字注解两项选注内容。

(1)基础梁编号。基础梁编号为必注内容。例如，JL01(3)表示 1 号基础梁，三跨，端部无延伸。

(2)基础梁截面尺寸。基础梁截面尺寸为必注内容。基础梁截面尺寸的注写方式为 $b \times h$，表示梁截面宽度与高度。当为竖向加腋梁时，注写方式为 $b \times h$ Y$c_1 \times c_2$，其中 c_1 为腋长，c_2 为腋高。

(3)基础梁配筋。基础梁配筋为必注内容。

1)注写基础梁箍筋。

①当具体设计仅采用一种箍筋间距时，注写钢筋级别、直径、间距与肢数(箍筋肢

数写在括号内，下同）。

②当具体设计采用两种箍筋时，用“/”分隔不同箍筋，按照从基础梁两端向跨中的顺序注写。先注写第1段箍筋（在前面加注箍筋道数），在斜线后再注写第2段箍筋（不再加注箍筋道数）。

2）注写基础梁底部、顶部及侧面纵向钢筋。

①以B打头，注写梁底部贯通纵筋（不应少于梁底部受力钢筋总截面面积的1/3）。当跨中所注根数少于箍筋肢数时，需要在跨中增设梁底部架立筋以固定箍筋，采用“+”将贯通纵筋与架立筋相连，架立筋注写在加号后面的括号内。

②以T打头，注写梁顶部贯通纵筋。注写时用分号“;”将底部与顶部贯通纵筋分隔开，如有个别跨与其不同者按基础梁原位标注的规定处理。

③当梁底部或顶部贯通纵筋多于一排时，用“/”将各排纵筋自上而下分开。

④以大写字母G打头注写梁两侧面对称设置的纵向构造钢筋的总配筋值（当梁腹板净高$h_w \geqslant 450$ mm时，根据需要配置）。

（4）注写基础梁底面标高。基础梁底面标高为选注内容。当条形基础的底面标高与基础底面基准标高不同时，将条形基础底面标高注写在“(　　)”内。

（5）必要的文字注解。必要的文字注解为选注内容。当基础梁的设计有特殊要求时，宜增加必要的文字注解。

2. 条形基础梁的原位标注

（1）基础梁支座的底部全部纵筋。基础梁支座的底部全部纵筋包括底部非贯通纵筋和已集中注写的底部贯通纵筋。

1）当梁端或梁在柱下区域的底部纵筋多于一排时，用“/”将各排纵筋自上而下分开。

2）当同排纵筋有两种直径时，用“+”将两种直径的纵筋相连，注写时角筋写在前面。

3）当梁支座两边的底部纵筋配置不同时，需在支座两边分别标注；当梁支座两边的底部纵筋相同时，可仅在支座的一边标注。

4）当梁支座底部全部纵筋与集中注写过的底部贯通纵筋相同时，可不再重复做原位标注。

注意：当底部贯通纵筋经原位注写修正，出现两种不同配置的底部贯通纵筋时，应在两毗邻跨中配置较小一跨的跨中连接区域进行连接，即将配置较大一跨的底部贯通纵筋伸出至毗邻跨的跨中连接区域。一般在设计说明中会有详图。

5）竖向加腋梁加腋部位钢筋，需在设置加腋的支座处以Y打头注写在括号内。

（2）基础梁的附加箍筋或（反扣）吊筋。当两向基础梁十字交叉，但交叉位置无柱时，应根据需要设置附加箍筋或（反扣）吊筋。

将附加箍筋或（反扣）吊筋直接画在平面图十字交叉梁中刚度较大的条形基础主梁上，原位直接引注总配筋值（附加箍筋的肢数注在括号内）。

当多数附加箍筋或（反扣）吊筋相同时，可在条形基础平法施工图上统一注明。少数与统一注明值不同时，在原位直接引注。

注意：附加箍筋或（反扣）吊筋的几何尺寸应按照标准构造详图，结合其所在位置的主梁和次梁的截面尺寸确定。

（3）基础梁外伸部位的变截面高度尺寸。当基础梁外伸部位采用变截面高度时，在

该部位原位注写 $b \times h_1/h_2$，h_1 为根部截面高度，h_2 为尽端截面高度。

(4)原位注写修正内容。当在基础梁上集中标注的某项内容(如截面尺寸、箍筋、底部与顶部贯通纵筋或架立筋、梁侧面纵向构造钢筋、梁底面标高等)不适用于某跨或某外伸部位时，将其修正内容原位标注在该跨或该外伸部位，施工时原位标注取值优先。

当在多跨基础梁的集中标注中已注明竖向加腋，而该梁某跨根部不需要加腋时，则应在该跨原位标注截面尺寸 $b \times h$，以修正集中标注中的竖向加腋要求。

2.3 条形基础底板的平面注写方式

条形基础底板 TJBp、TJBj 的平面注写方式可分为集中标注和原位标注两部分内容，如图 6.2-2 所示。

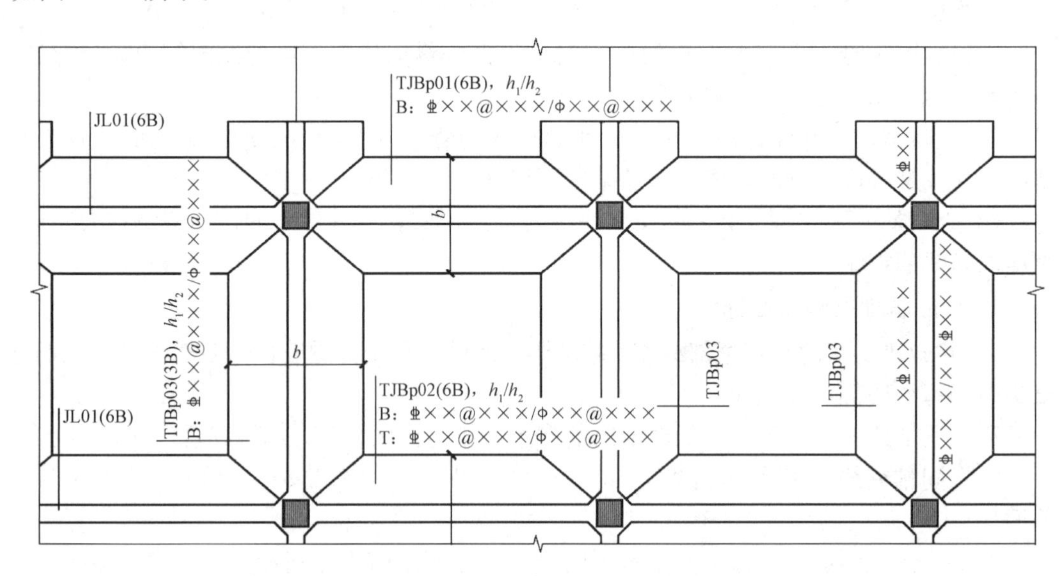

图 6.2-2　条形基础底板的平面注写

1. 条形基础底板的集中标注

条形基础底板的集中标注内容包括条形基础底板编号、截面竖向尺寸、配筋三项必注内容，以及条形基础底板底面标高(与基础底面基准标高不同时)和必要的文字注解两项选注内容。

(1)条形基础底板编号。条形基础底板编号为必注内容。例如，TJBj01(2A)表示 1 号阶形条形基础底板，两跨，一端有延伸。例如，TJBp02(3B)表示 2 号坡形条形基础底板，三跨，两端有延伸。

(2)条形基础底板截面竖向尺寸。

1)当条形基础底板为坡形截面时，注写为 h_1/h_2。

例如，条形基础底板 TJBp1 的截面竖向尺寸注写为 300/250，表示 $h_1=300$ mm，$h_2=250$ mm，基础底板的总高度为 550 mm，如图 6.2-3(a)所示。

2)当条形基础底板为单阶阶形截面时，注写为 h_1；若为多阶时，各阶竖向尺寸应自下而上以“/”间隔注写。

例如，条形基础底板截面竖向尺寸注写为 300，表示 $h_1=300$ mm，即为基础底板的总高度，如图 6. 2-3(b)所示。

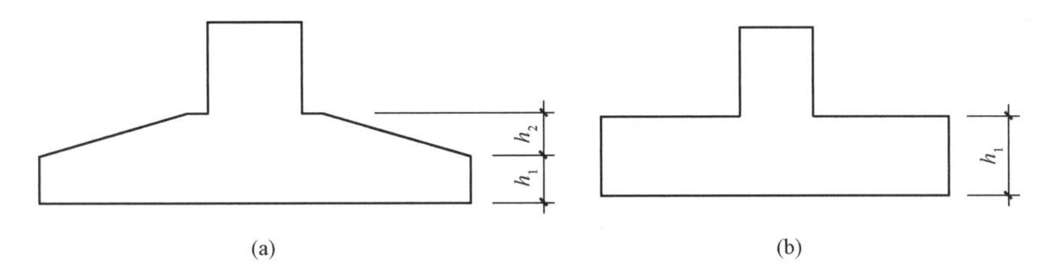

图 6. 2-3　条形基础底板竖向尺寸注写

(3)条形基础底板底部及顶部配筋。条形基础底板底部及顶部配筋为必注内容。

以 B 打头，注写条形基础底板底部的横向受力钢筋；以 T 打头，注写条形基础底板顶部的横向受力钢筋。注写时，用“/”分隔条形基础底板的横向受力钢筋与纵向分布钢筋。

如图 6. 2-4 (a) 所示，条形基础底板的配筋标注，表示条形基础底板底部配置 HRB400 级底部横向受力钢筋，直径为 14 mm，分布间距为 150 mm；同时配置 HPB300 级底部分布钢筋，直径为 8 mm，分布间距为 250 mm。

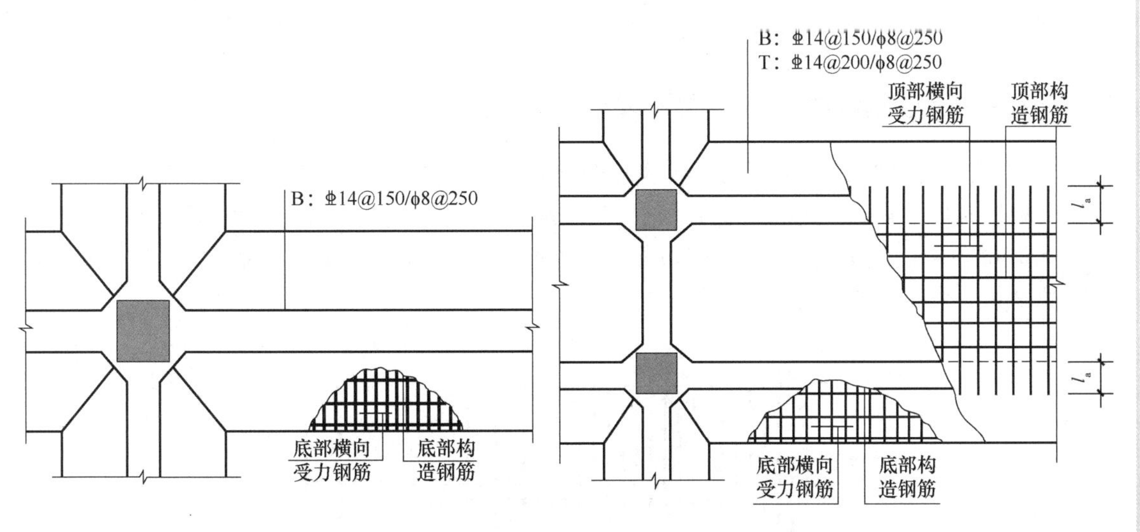

图 6. 2-4　条形基础底板底部及顶部配筋注写

当为双梁(或双墙)条形基础底板时，除在底板底部配置钢筋外，一般还需在两根梁或两道墙之间的底板顶部配置钢筋，其中横向受力钢筋的锚固长度从梁的内边缘(或墙内边缘)起算。如图 6. 2-4(b)所示，底板配筋与图 6. 2-4(a)相同，另外，在两根梁之间的底板顶部配置 HRB400 级顶部横向受力钢筋，直径为 14 mm，分布间距为 200 mm；同时配置 HPB300 级顶部分布钢筋，直径为 8 mm，分布间距为 250 mm。

(4)条形基础底板底面标高。条形基础底板底面标高为选注内容。当条形基础底板的底面标高与条形基础底面基准标高不同时，应将条形基础底板底面标高注写在括号内。

(5)必要的文字注解。必要的文字注解为选注内容。当条形基础底板有特殊要求时，应增加必要的文字注解。

2. 条形基础底板的原位标注

(1)条形基础底板的平面尺寸。条形基础底板的原位标注注写条基板的平面尺寸，原位标注 b、b_i，$i=1$，2，…。其中，b 为基础底板总宽度，b_i 为基础底板台阶的宽度。当基础底板采用对称于基础梁的坡形截面或单阶形截面时，b_i 可不注，如图 6.2-5 所示。

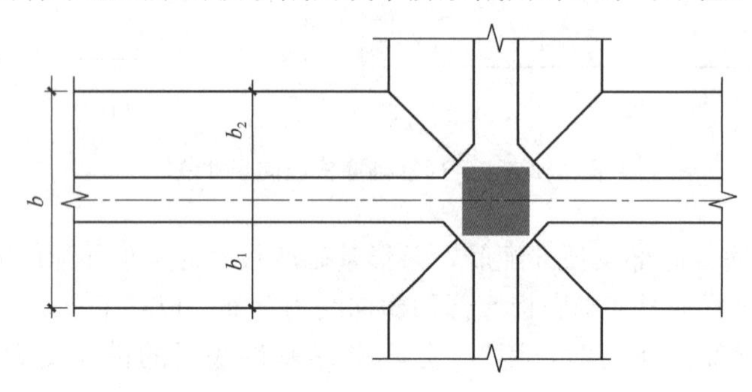

图 6.2-5　条形基础底板的原位标注

(2)原位标注修正内容。当在条形基础底板上集中标注的某项内容，如底板截面竖向尺寸、底板配筋、底板底面标高等，不适用于条形基础底板的某跨或某外伸部分时，可将其修正内容原位标注在该跨或该外伸部位，施工时原位标注取值优先。

2.4　条形基础的构造详图解读

1. 条形基础底板配筋长度缩减 10%构造

对于条形基础，当底板宽度不小于 2500 mm 时，除底板交接区的受力钢筋和无交接底板端部的第一根钢筋，其他底板配筋长度可缩减 10%，即取相应方向底板长度的 0.9 倍，交错放置，如图 6.2-6 所示。

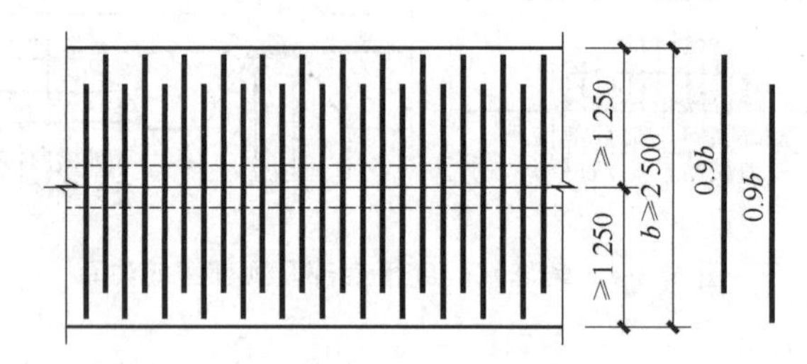

图 6.2-6　条形基础底板的原位标注

2. 条形基础底板在交界处的配筋构造

图 6.2-7 所示为剪力墙下条形基础和砌体墙下条形基础底板在交接处的三种配筋构造。

(1)图 6.2-7(a)用于条形基础两向底板十字交接处的钢筋构造，此时在交接处，对于底板横向受力筋，基础宽度为 b 的底板横向受力筋贯通(应选择底板宽度大、钢筋直径大、间距小的底板作为贯通方向)，另一方向底板横向受力筋往交接区域延伸布置 $b/4$；对于底板分布筋，除墙宽范围内和墙宽两侧的第一根分布筋贯通外，其余分布筋在交接处与同向的受力筋搭接，搭接长度取 150 mm。

(2)图 6.2-7(b)用于条形基础两向底板丁字交接处的钢筋构造，此时在交接处，对于底板横向受力筋，基础宽度为 b(直行方向的底板)的底板横向受力筋贯通，另一方向底板横向受力筋往交接区域延伸布置 $b/4$；对于底板分布筋，除墙宽范围内、非底板交接一侧及交接一侧墙宽外的第一根分布筋贯通外，其余分布筋在交接处与同向的受力筋搭接，搭接长度取 150 mm。

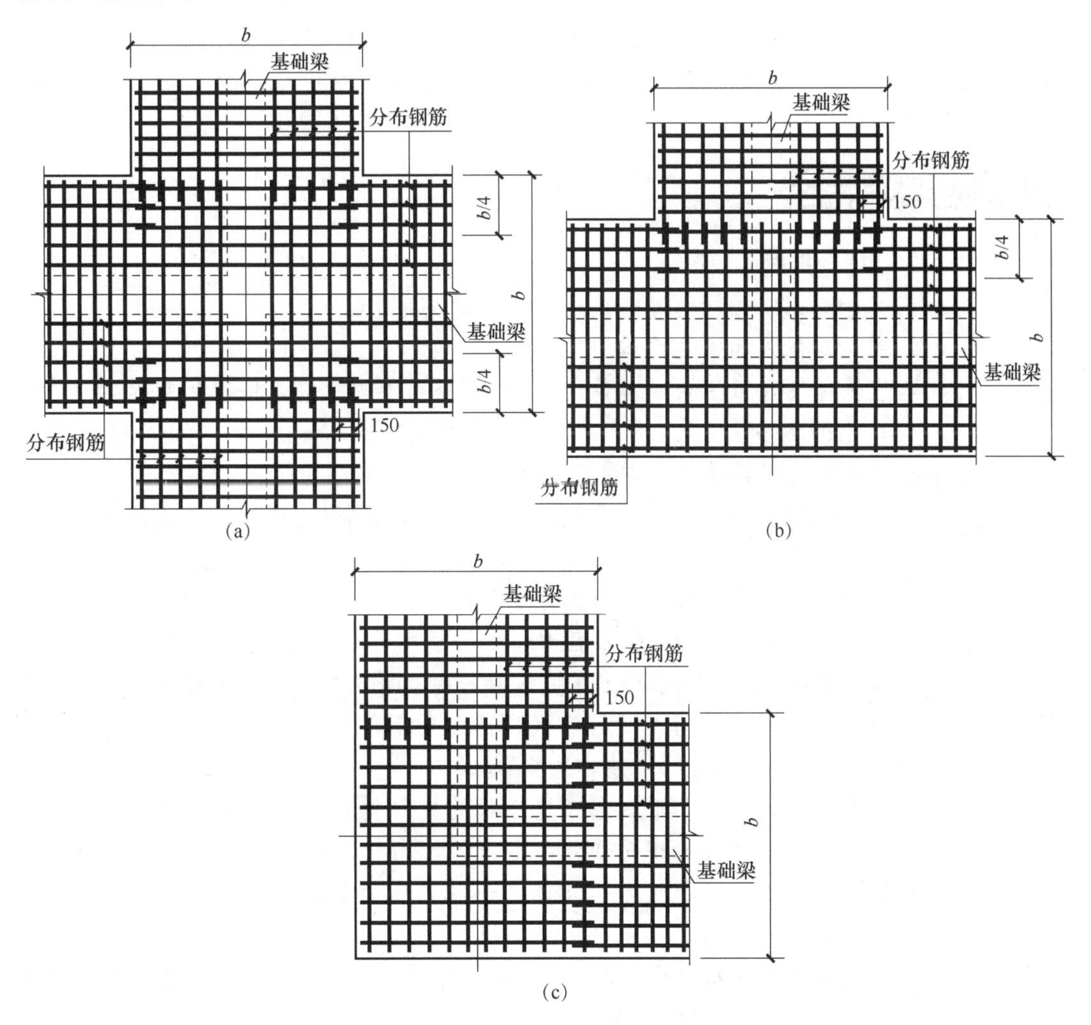

图 6.2-7　条形基础底板在交接处的配筋构造

(a)十字交接基础底板；(b)丁字交接基础底板；(c)转角梁板端部无纵向延伸

(3)图 6.2-7(c)用于条形基础两向底板转角处的钢筋构造，此时在交接处，两向底板横向受力筋均贯通，两向底板的分布筋在交接处与同向的受力筋搭接，搭接长度取 150 mm。

当条形基础有基础梁时，在交接处的钢筋构造与上面类似，但应注意在梁宽范围内不应设置基础底板的分布筋。

任务小结

在本任务中，学习了条形基础的分类和编号规则，条形基础的平面注写方式，条形基础的主要配筋构造。在识读条形基础平法施工图时，必须在熟悉主要制图规则，掌握对应的注写方式，并结合主要钢筋构造要求的前提下进行理解，同时应注意结合结构设计说明中与基础有关的部分内容进行识读。

课后任务及评定

1. 单项选择题

(1)关于条形基础梁的配筋说法，下列错误的是(　　)。

A. 基础梁配筋为必注内容

B. 当具体设计采用两种箍筋时，用"/"分隔不同箍筋，按照从基础梁两端向跨中的顺序注写

C. 条形基础梁箍筋注写方式同框架梁

D. 以T打头，注写梁顶部贯通纵筋。注写时用分号";"将底部与顶部贯通纵筋分隔开

(2)关于条形基础底板的平面注写规则说法，下列错误的是(　　)。

A. 当条形基础底板为多阶截面时，各阶竖向尺寸应自下而上以"/"间隔注写

B. 当为双梁(或双墙)条形基础底板时，除在底板底部配置钢筋外，一般还需在两根梁或两道墙之间的底板顶部配置钢筋，其中横向受力钢筋的锚固长度从梁的内边缘(或墙内边缘)起算

C. 以B打头，注写条形基础底板底部的横向受力钢筋；以T打头，注写条形基础底板顶部的横向受力钢筋

D. 当条形基础底板的底面标高与条形基础底面基准标高不同时，应将高差值注写在括号内

(3)当条形基础底板宽度不小于(　　)mm时，除底板交接区的受力钢筋和无交接底板端部的第一根钢筋，其他底板配筋长度可缩减10%。

A. 2 500　　B. 2 000　　C. 1 500　　D. 1 000

(4)条形基础两向底板在丁字交接处，若某方向的横向受力筋不贯通交接区域的基础底板，则该方向的横向受力筋应往交接区域延伸布置(　　)。定义贯通交接区域的横向受力筋对应的条形基础底板的宽度为b。

A. $b/3$　　B. $b/2$　　C. $b/4$　　D. $b/5$

2. 填空题

(1)条形基础梁的集中标注内容包括基础梁编号、__________、__________三项必注内容，以及__________和必要的文字注解两项选注内容。

(2)当跨中所注根数少于箍筋肢数时，需要在跨中增设__________以固定箍筋，采用"__________"将贯通纵筋与架立筋相连。

(3)以__________打头，注写条形基础底板底部的横向受力钢筋；以__________打头，注写条形基础底板顶部的横向受力钢筋。

课后任务及评定参考答案

3. 简答题

(1)简述条形基础底板的集中标注内容。

(2)简述条形基础两向底板十字交接处的钢筋构造。

任务3 筏形基础平法施工图表示方法与构造详图解读

工作任务

课件：筏形基础平法施工图的识读

掌握筏形基础平法施工图平面注写的具体要求及主要配筋构造。具体任务如下：

(1)掌握筏形基础的分类和编号；

(2)掌握筏形基础的平面注写方式；

(3)掌握筏形基础的主要配筋构造；

(4)通过实际工程图纸，完成筏形基础平法施工图的识读训练。

工作途径

(1)《混凝土结构施工图平面整体表示方法制图规则和构造详图(独立基础、条形基础、筏形基础、桩基础)》(22G101—3)；

(2)《混凝土结构施工钢筋排布规则与构造详图(独立基础、条形基础、筏形基础、桩基础)》(18G901—3)。

成果检验

学习任务单

(1)扫描二维码阅读学习任务单，熟悉学习内容、目标和方法，完成规定学习任务。

(2)本任务采用学生习题自测及教师评价综合打分。

3.1 筏形基础的编号

1. 筏形基础的定义和分类

当建筑物上部荷载较大而地基承受能力又比较弱时，用简单的独立基础或条形基础已经不能适应地基变形的需要，这个时候常将墙或柱下基础连成一片，形成满堂式的板式或梁板式基础，这种基础称为筏形基础。如图 6.3-1 所示为钢筋混凝土筏形基础。

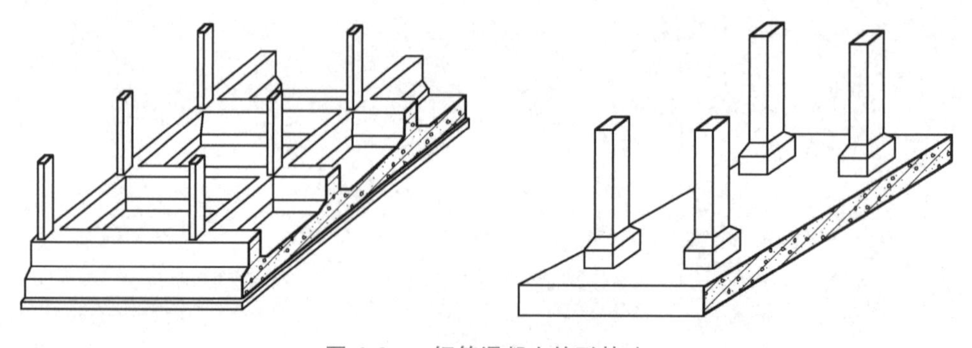

图 6.3-1 钢筋混凝土筏形基础

2. 筏形基础平面布置图

当绘制基础平面布置图时，应将筏形基础与其所支承的柱、墙一起绘制。筏形基础以多数相同的基础平板底面标高作为基础底面基准标高。当基础底面标高不同时，需要注明与基础底面基准标高不同之处的范围和标高。

对于轴线未居中的基础梁，应标注其定位尺寸。

3. 筏形基础的编号

梁板式筏形基础由基础主梁、基础次梁、基础平板等构成，平板式筏形基础主要由基础平板构成。其编号规定见表 6.3-1。

表 6.3-1　筏形基础的编号

构件类型	代号	序号	跨数及有无外伸
基础主梁(柱下)	JL	××(阿拉伯数字)	(××)或(××A)或(××B)
基础次梁	JCL	××(阿拉伯数字)	(××)或(××A)或(××B)
梁板式筏形基础平板	LPB	××(阿拉伯数字)	

注：1. (××A)为一端有外伸，(××B)为两端有外伸，外伸不计入跨数。例如，JZL7(5B)表示第 7 号基础主梁，5 跨，两端有外伸。

2. 梁板式筏形基础平板跨数及是否有外伸分别在 x、y 两向的贯通纵筋之后表达。图面从左至右为 x 向，从下至上为 y 向。

3. 梁板式筏形基础主梁与条形基础梁编号与标准构造详图一致。

3.2　筏形基础梁的平面注写方式

筏形基础梁包括基础主梁和基础次梁。与框架梁的平法标注类似，基础主梁与基础次梁的平面注写方式也分集中标注和原位标注两部分内容，其注写方式如图 6.3-2 所示。

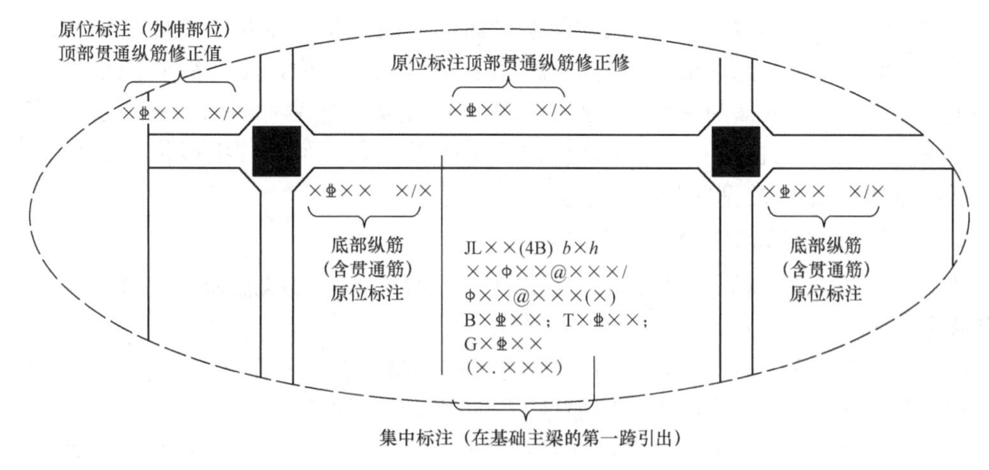

图 6.3-2　筏形基础梁的平面注写

1. 筏形基础主梁和次梁的集中标注

基础主梁和基础次梁的集中标注内容包括基础梁编号、截面尺寸、配筋三项必注内容，以及基础梁底面标高高差(相对于筏形基础平板底面标高)一项选注内容。具体规定如下：

(1)注写基础梁编号。

(2)注写基础梁截面尺寸。以 $b\times h$ 表示梁截面宽度与高度；当为竖向加腋梁时，用 $b\times h\mathrm{Y}c_1\times c_2$ 表示，其中 c_1 为腋长，c_2 为腋高。

(3)注写基础梁的配筋。

1)注写基础梁箍筋。

①当采用一种箍筋间距时，注写钢筋种类、直径、间距与肢数(写在括号内)。

②当采用两种箍筋时，用“/”分隔不同箍筋，按照从基础梁两端向跨中的顺序注写。先注写第 1 段箍筋(在前面加注箍数)，在斜线后再注写第 2 段箍筋(不再加注箍数)。

例如，9Φ16@100/Φ16@200(6)，表示配置 HRB400 级、直径为 16 mm 的箍筋。间距为两种，从梁两端起向跨内按箍筋间距为 100 mm 每端各设置 9 道，梁其余部位的箍筋间距为 200 mm，均为 6 肢箍。

在两向基础主梁相交的柱下区域，应有一向截面较高的基础主梁箍筋贯通设置；当两向基础主梁高度相同时，任选一向基础主梁箍筋贯通设置。

2)注写基础梁的底部、顶部及侧面纵向钢筋。

①以 B 开头，先注写梁底部贯通纵筋(不应少于底部受力钢筋总截面面积的 1/3)。当跨中所注根数少于箍筋肢数时，需要在跨中加设架立筋以固定箍筋，注写时，用加号“+”将贯通纵筋与架立筋相连，架立筋注写在加号后面的括号内。

②以 T 开头，注写梁顶部贯通纵筋。注写时用分号“;”将底部纵筋与顶部纵筋分隔开，如个别跨与其不同，则在该跨进行原位标注。

③当梁底部或顶部的贯通纵筋多于一排时，用斜线“/”将各排纵筋自上而下分开。

④以大写字母 G 打头注写基础梁两侧面对称设置的纵向构造钢筋的总配筋值(当梁腹板高度 $h_w\geqslant 450$ mm 时，根据需要配置)。

当需要配置抗扭纵向钢筋时，梁两个侧面设置的抗扭纵向钢筋以 N 打头。

(4)注写基础梁底面标高高差。基础梁底面标高高差是指相对于筏形基础平板底面标高的高差值。该项为选注值，有高差时需将高差写入括号内，无高差时不注。

通过选注基础梁底面与基础平板底面的标高高差来表达两者间的位置关系，可以明确其“高板位”(梁顶与板顶一平)、“低板位”(梁底与板底一平)及“中板位”(板在梁的中部)三种不同位置组合的筏形基础，方便设计表达。

2. 筏形基础主梁和次梁的原位标注

(1)梁支座的底部纵筋。梁支座的底部纵筋是指包含贯通纵筋和非贯通纵筋在内的所有纵筋。

1)当底部纵筋多于一排时，用斜线“/”将各排纵筋自上而下分开。

2)当同排纵筋有两种直径时，用加号“+”将两种直径的纵筋相连。

3)当梁中间支座两边的底部纵筋配置不同时，需在支座两边分别标注；当梁中间支座两边的底部纵筋相同时，可仅在支座的一边标注配筋值。

4)当梁端(支座)区域的底部全部纵筋与集中注写过的贯通纵筋相同时，可不再重复做原位标注。

5)竖向加腋梁加腋部位钢筋，需要在设置加腋的支座处以 Y 打头注写在括号内。

(2)注写基础梁附加箍筋或(反扣)吊筋。将其直接画在平面图中的主梁上，用线引注总配筋值(附加箍筋的肢数注写在括号内)，当多数附加箍筋或(反扣)吊筋相同时，可在基础梁平法施工图上统一注明；当少数与统一注明值不同时，再原位引注。

(3)当基础梁外伸部位变截面高度时，在该部位原位注写 $b\times h_1/h_2$，h_1 为根部截面高度，h_2 为尽端截面高度。

(4)注写修正内容。当在基础梁上集中标注的某项内容不适用于某跨或某外伸部分时，应将其修正内容原位标注在该跨或该外伸部位，施工时原位标注取值优先。

当在多跨基础梁的集中标注中已注明竖向加腋，而该梁某跨根部不需要竖向加腋时，应在该跨原位标注等截面的 $b\times h$，以修正集中标注中的加腋信息。

3.3 梁板式筏形基础平板的平面注写方式

梁板式筏形基础平板 LPB 的平面注写，分为板底部与板顶部贯通纵筋的集中标注和板底部附加非贯通纵筋的原位标注两部分内容。当仅设置贯通纵筋而未设置附加非贯通纵筋时仅做集中标注，如图 6.3-3 所示。

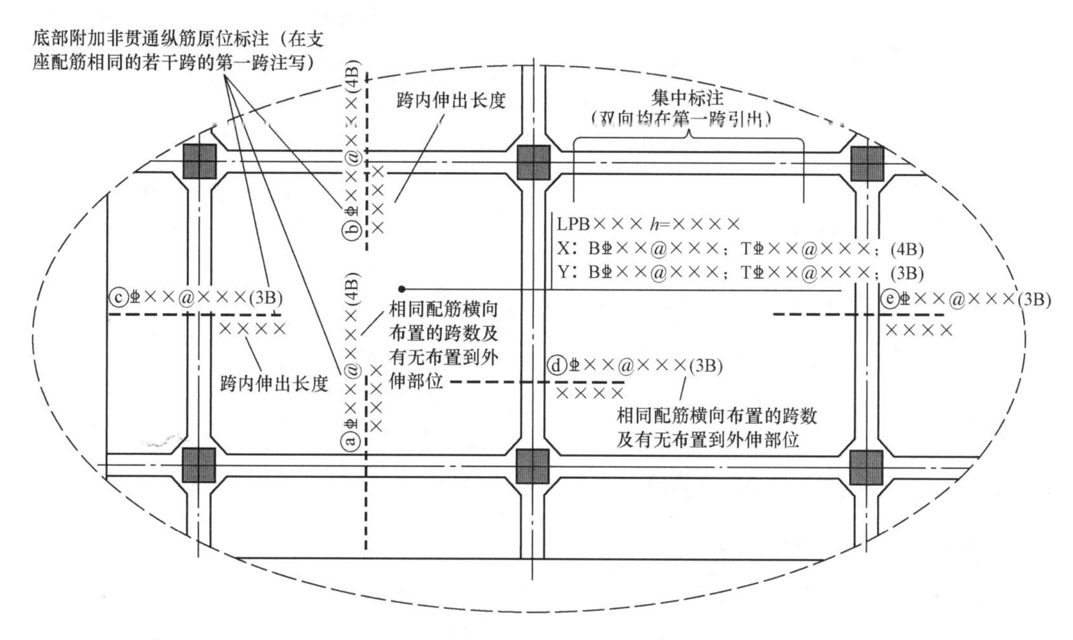

图 6.3-3　筏形基础平板的平面注写方式

1. 梁板式筏形基础平板的集中标注

梁板式筏形基础平板 LPB 的集中标注主要注写平板的编号、尺寸、贯通纵筋等信息。

(1)注写基础平板的编号。

(2)注写基础平板的截面尺寸。注写 $h=$×××表示板厚。

(3)注写基础平板的底部与顶部贯通纵筋及其跨数和外伸情况。先注写 x 向底部(B 打头)贯通纵筋与顶部(T 打头)贯通纵筋及纵向长度范围，再注写 y 向底部(B 打头)贯通纵筋与顶部(T 打头)贯通纵筋及其跨数和外伸情况。

贯通纵筋的跨数及外伸情况注写在括号中，注写方式为“跨数及有无外伸”。其表达形式为(××)为无外伸，(××A)为一端有外伸，(××B)为两端有外伸。

2. 梁板式筏形基础平板的原位标注

梁板式筏形基础平板 LPB 的原位标注主要表达板底部附加非贯通纵筋。

(1)原位注写位置及内容。板底部原位标注的附加非贯通纵筋，应在配置相同跨的第一跨表达(当在基础梁悬挑部位单独配置时则在原位表示)。

在配置相同跨的第一跨(或基础梁外伸部位)，垂直于基础梁绘制一段中粗虚线(当该筋通长设置在外伸部位或短跨板下部时，应画至对边或贯通短跨)，在虚线上注写编号(如①、②等)、配筋值、横向布置的跨数及是否布置到外伸部位。

注意：(××)为横向布置的跨数，(××A)为横向布置的跨数及一端基础梁的外伸部位，(××B)为横向布置的跨数及两端基础梁的外伸部位。

板底部附加非贯通纵筋自支座中线向两边跨内的伸出长度值注写在线段的下方位置。当该筋向两侧对称伸出时，可仅在一侧标注，另一侧不注；当布置在边梁下方时，向基础平板外伸部位一侧的伸出长度与方式按标准构造，设计不注。底部附加非贯通筋相同者，可仅注写一处，其他只注写编号。

横向连续布置的跨数及是否布置到外伸部位，不受集中标注贯通纵筋的板区限制。

(2)注写修正内容。当集中标注的某些内容不适用于梁板式筏形基础平板某板区的某一板跨时，应由设计者在该板跨内注明，施工时应按注明内容取用。

(3)当若干基础梁下基础平板的底部附加非贯通纵筋配置相同时(其底部、顶部的贯通纵筋可以不同)，可仅在一根基础梁下做原位注写，并在其他梁上注明“该梁下基础平板底部附加非贯通纵筋同××基础梁”。

3.4 平板式筏形基础平板的平面注写方式

平板式筏形基础平板 BPB 的平面注写也可分为集中标注和原位标注两部分。其识读方法与梁板式筏形基础平板 LPB 的识读方法基本相同。

3.5 筏形基础的构造详图解读

1. 基础梁纵筋与箍筋构造

基础梁纵筋与箍筋构造如图 6.3-4 所示。具体要求如下：

(1)与上部结构梁的受力状态相反，基础梁纵筋的连接区也不同于上部结构梁。基础梁的顶部贯通纵筋的连接区，位于支座宽度及其支座两侧 $l_n/4$ 的范围内；基础梁的底部贯通纵筋的连接区，位于跨中 $l_n/3$ 的范围内。

基础梁纵筋在其连接区内可采用搭接、机械连接或焊接。同一连接区段内接头面积百分率不宜大于 50%。当钢筋长度可穿过一连接区到下一连接区并满足连接要求时，宜穿越设置。

(2)基础梁底部的非贯通纵筋，应自支座边缘向跨内伸入 $l_n/3$ 长度。当底部纵筋多于两排时，从第三排起非贯通纵筋向跨内的伸出长度值按设计标注。

(3)基础梁节点区内箍筋按梁端箍筋设置。梁相互交叉宽度内的箍筋按截面高度较大的基础梁设置。同跨箍筋有两种时，各自设置范围按具体设计注写。

(4)基础梁相交处位于同一层面的交叉纵筋，何梁纵筋在下，何梁纵筋在上，应查看设计说明。

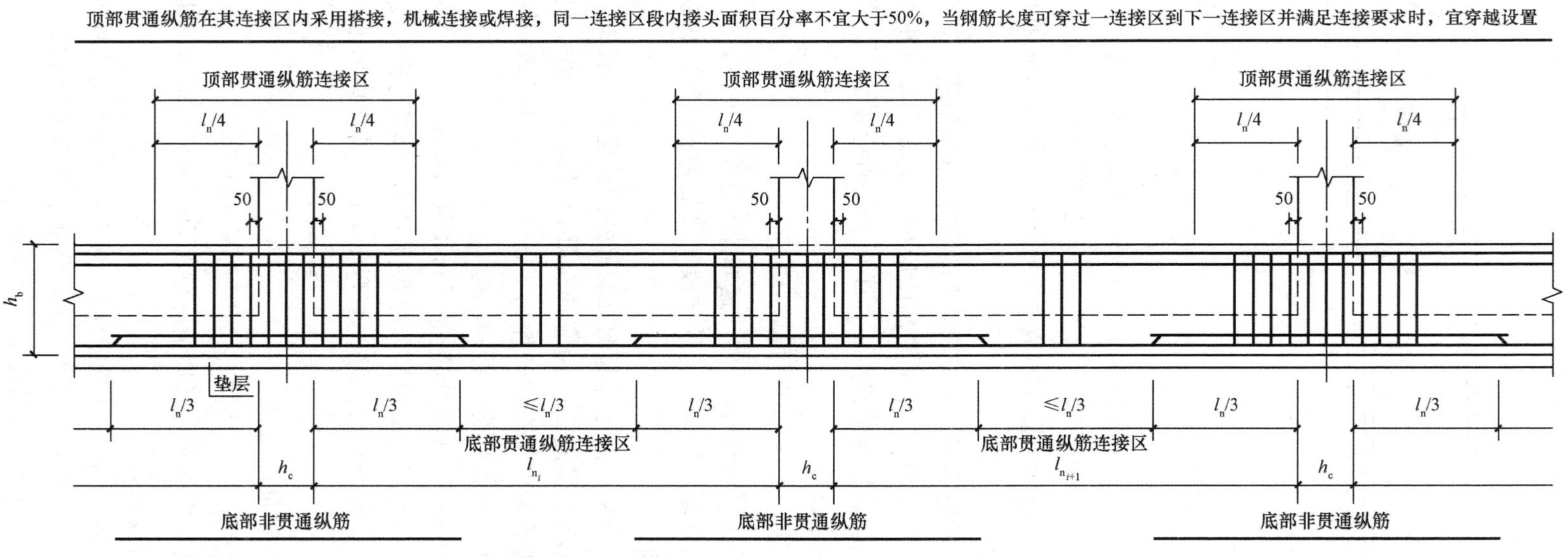

图 6.3-4　基础梁纵筋与箍筋构造

2. 基础梁的附加箍筋和附加(反扣)吊筋构造

基础主次梁相交处，在基础主梁上需要设置附加箍筋或(反扣)吊筋，如图 6.3-5 所示。

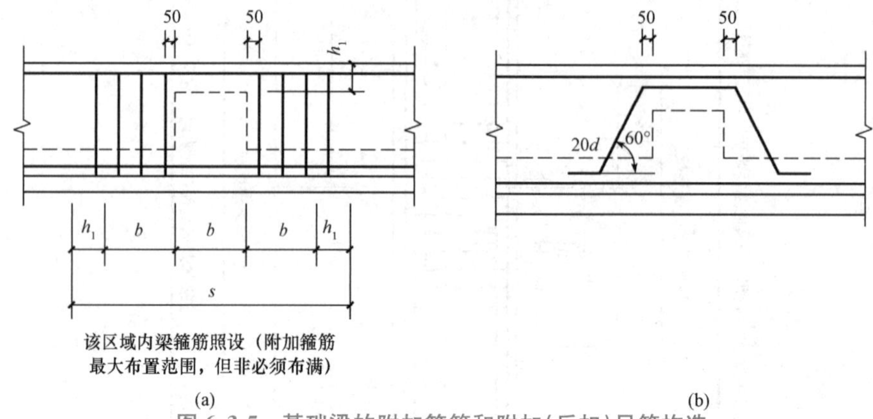

图 6.3-5　基础梁的附加箍筋和附加(反扣)吊筋构造

(a)附加箍筋构造；(b)附加(反扣)吊筋构造

图 6.3-5(a)中标注的 s 为附加箍筋的最大布置范围，但不是必须布满，且在该范围内基础梁箍筋应照常设置。

与上部结构梁的附加吊筋不同，基础梁内的附加(反扣)吊筋，其上部为受拉区，下部为受压区；斜段的弯起角度为 60°；吊筋高度应根据基础梁高度推算；吊筋顶部平直段与基础梁顶部纵筋净距应满足规范要求，当净距不足时应置于下一排；吊筋顶部平直段长度为基础次梁宽度两边各加 50。

3. 梁板式筏形基础梁端部与外伸部位钢筋构造

(1)梁板式筏形基础梁端部等截面外伸构造如图 6.3-6(a)所示。

1)基础梁上部纵筋，外侧钢筋应伸至外伸段端部后弯折 $12d$，内侧钢筋只需要伸入边柱或角柱至少 l_a 长度即可。

2)基础梁下部纵筋，当从柱内边算起的梁端部外伸长度 $l_n' \geq l_a$ 时，外侧钢筋应伸至外伸端部后弯折 $12d$，内侧非贯通筋一侧应伸至外伸段端部，另一侧向跨内伸入 $l_n/3$ 且 $\geq l_n'$ 即可。当从柱内边算起的梁端部外伸长度 $l_n' < l_a$ 时，基础梁下部钢筋应伸至端部后弯折 $15d$，且从柱内边算起水平段长度 $\geq 0.6l_{ab}$。

(2)梁板式筏形基础梁端部无外伸构造如图 6.3-6(b)所示。

1)基础梁上部纵筋，应伸至尽端钢筋内侧弯折 $15d$，但当直段长度 $\geq l_a$ 时可不弯折。

2)基础梁下部纵筋，应伸至尽端钢筋内侧弯折 $15d$，其中内侧非贯通筋向跨内的伸入长度为 $l_n/3$。

4. 基础梁变截面部位钢筋构造

(1)基础梁梁顶、梁底有高差时的构造如图 6.3-7(a)所示。

1)基础梁底高差坡度 α 根据实际场地情况可取 30°、45°、60°角。基础下部纵筋在有高差处，应顺着钢筋方向直锚 l_a。

2)基础梁上部纵筋，能直锚的一侧钢筋应直锚 l_a，且应伸至支座对边。不能直锚的一侧钢筋，外侧钢筋应伸至支座对边后弯折 l_a，弯折长度从低梁顶起算；内侧钢筋应伸至尽端钢筋内侧弯折 $15d$，但当直段长度 $\geq l_a$ 时可不弯折。

(2)基础梁支座两边梁宽不同时的构造如图 6.3-7(b)所示。

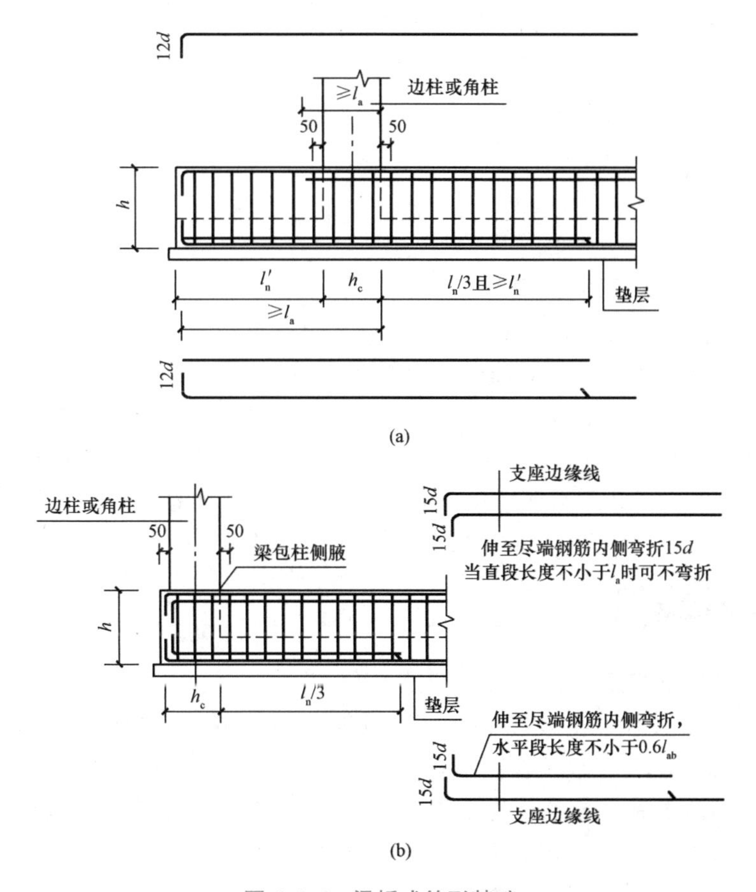

图 6.3-6 梁板式筏形基础

(a)梁板式筏形基础梁端部等截面外伸构造；(b)梁板式筏形基础梁端部无外伸构造

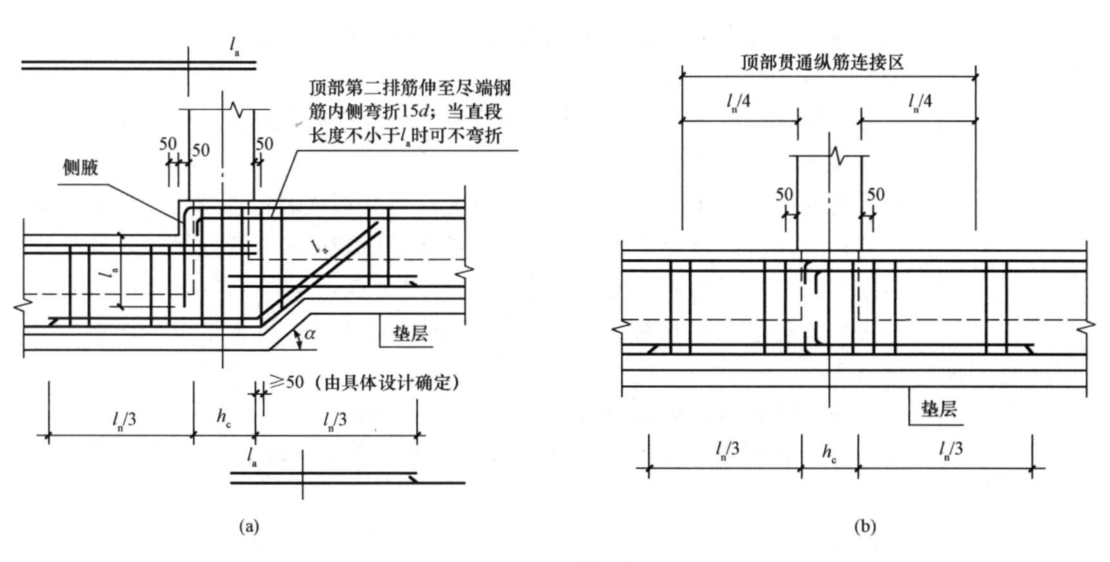

图 6.3-7 基础梁

(a) 基础梁梁顶、梁底有高差时构造；(b) 基础梁支座两边梁宽不同时构造

1)基础下部纵筋遇支座两边梁宽不同时，不能直通的钢筋，应伸至支座对边后弯折 $15d$，且从支座边缘线算起水平段长度≥$0.6l_{ab}$。

2)基础上部纵筋遇支座两边梁宽不同时，不能直通的钢筋，应伸至支座对边后弯折 $15d$，且从支座边缘线算起水平段长度≥$0.6l_{ab}$，但当直段长度≥l_a 时可不弯折。

任务小结

在本任务中，学习了筏形基础的分类和编号规则，筏形基础梁的平面注写方式，梁板式筏形基础平板 LPB 的平面注写方式，平板式筏形基础平板 BPB 的平面注写方式，以及筏形基础的主要配筋构造。在识读筏形基础平法施工图时，必须在熟悉主要制图规则，掌握对应的注写方式，并结合主要钢筋构造要求的前提下进行理解，同时应注意结合结构设计说明中与基础有关的部分内容进行识读。

课后任务及评定

1. 单项选择题

(1)关于梁板式筏形基础中的“低位板”，下列说法正确的是(　　)。

A. 梁顶标高与板顶标高相同　　B. 梁底标高与板顶标高相同

C. 梁顶标高与板底标高相同　　D. 梁底标高与板底标高相同

(2)梁板式筏形基础的构件不包括(　　)。

A. 柱下板带和跨中板带　　B. 基础主梁

C. 基础次梁　　D. 梁板式筏形基础平板

(3)关于筏形基础梁的注写规则，下列说法错误的是(　　)。

A. 筏形基础梁包括基础主梁和基础次梁，其平面注写方式也分集中标注和原位标注两部分内容

B. 当基础梁底面标高不同于筏形基础平板底面标高时，应在集中标注中注写基础梁底面标高值

C. 在两向基础主梁相交的柱下区域，应有一向截面较高的基础主梁箍筋贯通设置；当两向基础主梁高度相同时，任选一向基础主梁箍筋贯通设置

D. 当在多跨基础梁的集中标注中已注明竖向加腋，而该梁某跨根部不需要竖向加腋时，应在该跨原位标注等截面的 $b \times h$，以修正集中标注中的加腋信息

(4)关于筏形基础梁的配筋构造，下列说法错误的是(　　)。

A. 基础梁的顶部贯通纵筋的连接区，位于支座宽度及其支座两侧 $l_n/3$ 的范围内

B. 基础梁的底部贯通纵筋的连接区，位于跨中 $l_n/3$ 的范围内。

C. 基础梁底部的非贯通纵筋，应自支座边缘向跨内伸入 $l_n/3$ 长度

D. 基础梁节点区内箍筋按梁端箍筋设置

(5)梁板式筏形基础梁端部等截面外伸构造中，基础梁上部纵筋的外侧钢筋应伸至外伸段端部后弯折(　　)。

A. 12d　　　B. 15d　　　C. 5d　　　D. 10d

2. 填空题

(1)注写基础梁箍筋时，当有两种箍筋时，则用“/”分隔不同箍筋，按照从基础梁两端向__________的顺序注写。

(2)通过选注基础梁底面与基础平板底面的标高高差来表达两者间的位置关系，可以明确“__________”“低板位”及“__________”三种不同位置组合的筏形基础，方便设计表达。

课后任务及评定参考答案

(3)当在基础梁上集中标注的某项内容不适用于某跨或某外伸部分时，应将其修正内容原位标注在该跨或该外伸部位，施工时__________取值优先。

3. 简答题

(1)简述筏形基础梁集中标注的内容。

(2)简述筏形基础主梁和次梁支座处底部纵筋的注写要求。

任务4　桩基础平法施工图表示方法与构造详图解读

工作任务

熟悉桩基础平法施工图注写的具体要求及主要配筋构造。具体任务如下：

(1)熟悉灌注桩的列表注写和平面注写；

(2)熟悉桩基承台的平面注写和截面注写；

(3)熟悉桩基础的主要配筋构造。

课件：桩基础平法施工图的识读

工作途径

(1)《混凝土结构施工图平面整体表示方法制图规则和构造详图(独立基础、条形基础、筏形基础、桩基础)》(22G101—3)；

(2)《混凝土结构施工钢筋排布规则与构造详图(独立基础、条形基础、筏形基础、桩基础)》(18G901—3)。

成果检验

(1)扫描二维码阅读学习任务单，熟悉学习内容、目标和方法，完成规定学习任务。

(2)本任务采用学生习题自测及教师评价综合打分。

学习任务单

4.1　桩基础的概念和分类

1. 桩基础的概念和分类

桩基础是一种承载能力高、适用范围广、历史久远的基础形式。我国在浙江余姚河姆渡村出土了占地 4 000 m^2 的大量木结构遗存，其中有木桩数百根，经专家研究认为其距今约 7 000 年。随着生产水平的提高和科学技术的发展，桩基的类型、工艺、设计理论、计算方法和应用范围都有了很大的发展，被广泛应用于高层建筑、港口、桥梁等工程中。

桩基础由基桩和连接于桩顶的承台共同组成。若桩身全部埋于土中，承台底面与土体接触，则称为低承台桩基；若桩身上部露出地面而承台底位于地面以上，则称为高承台桩基。建筑桩基通常为低承台桩基。

2. 钢筋混凝土桩基础的分类

钢筋混凝土桩基础按照施工方式可分为预制桩和灌注桩。预制桩一般在工厂集中生产或在施工现场附近预制，单节长约为 10 m，采用锤击法、振动法、静力压桩法进行沉桩。灌注桩一般要先用成孔设备在施工现场挖孔或人工挖孔，在孔内放置钢筋笼后，浇筑混凝土并养护。

4.2 灌注桩平法施工图识读

1. 灌注桩施工图的表达方式和编号

灌注桩平法施工图是在灌注桩平面布置图上采用列表注写方式或平面注写方式进行表达。灌注桩平面布置图可采用适当比例单独绘制，并标注其定位尺寸。

灌注桩编号由类型、序号组成。具体要求见表 6.4-1。

表 6.4-1 桩基础的编号

类型	代号	序号
灌注桩	GZH	××(阿拉伯数字)
扩底灌注桩	GZHk	××(阿拉伯数字)

2. 灌注桩的列表注写方式

灌注桩的列表注写方式是指在灌注桩平面布置图上，分别标注定位尺寸；在桩表中注写桩编号、桩尺寸、纵筋、螺旋箍筋、桩顶标高、单桩竖向承载力特征值。具体注写内容如下：

(1)注写桩编号。

(2)注写桩尺寸，包括桩径 D 和桩长 L(当为扩底灌注桩时，还应在括号内注写扩底端尺寸 $D_0/h_b/h_c$，其中 D_0 表示扩底端直径，h_b 表示扩底端锅底形矢高，h_c 表示扩底端高度)。

(3)注写桩纵筋，主要表达桩周均布的纵筋根数、钢筋强度级别、从桩顶起算的纵筋配置长度。

1)当为通长等截面配筋灌注桩时，将全部纵筋注写为：××⌀××。

2)当为部分长度配筋灌注桩时，将桩纵筋注写为：××⌀××/L_1，其中 L_1 表示从桩顶起算的入桩长度。

3)当为通长变截面配筋灌注桩时，将桩纵筋注写为：通长纵筋××⌀××；非通长纵筋××⌀××/L_1，其中，L_1 表示从桩顶起算的入桩长度。通长纵筋与非通长纵筋沿桩周间隔均匀布置。

例如，桩纵筋注写为 15⌀20；15⌀18/6 000。表示桩通长纵筋为 15⌀20，桩非通长纵筋为 15⌀18，非通长纵筋从桩顶起算的入桩长度为 6 000 mm。通长纵筋与非通长纵筋间隔均匀布置于桩周。

(4)以大写字母 L 打头，注写桩螺旋箍筋，包括钢筋强度级别、直径与间距。用斜线“/”区分桩顶箍筋加密区与桩身箍筋非加密区长度范围内箍筋的间距。无特殊说明时，箍筋加密区为桩顶以下 5D(D 为桩身直径)。当桩身位于液化土层范围内时，箍筋加密区长度应查看说明或箍筋全长加密。

(5)注写桩顶标高，单位为 m。

(6)注写单桩竖向承载力特征值，单位为 kN。

(7)无特殊说明时，应注意当钢筋笼长度超过 4 m 时，应每隔 2 m 设置一道直径为 12 mm 的焊接加劲箍。桩顶进入承台高度 h，桩径<800 时取 50，桩径≥800 时取 100。

(8)灌注桩列表注写实例见表 6.4-2。

表 6.4-2　灌注桩列表注写实例

桩号	桩径 D /mm	桩径 L/m	通长纵筋	非通长纵筋	箍筋	桩顶标高/m	单桩竖向承载力特征值/kN
GZH1	800	16.700	16⌀18	—	L⌀8@100/200	−3.400	2 400
GZH2	800	16.700	—	16⌀18/6000	L⌀8@100/200	−3.400	2 400
GZH3	800	16.700	10⌀18	10⌀20/6 000	L⌀8@100/200	−3.400	2 400

3. 灌注桩的平面注写方式

灌注桩的平面注写方式的规则与列表注写方式基本相同，仅将列表注写中除单桩竖向承载力特征值外的内容集中标注在灌注桩上。

4.3　桩基承台平法施工图的识读

1. 桩基承台施工图的表达方式和编号

(1)桩基承台平法施工图有平面注写与截面注写两种表达方式。

(2)当绘制桩基承台平面布置图时，应将承台下的桩位和承台所支承的柱、墙一起绘制。当设置基础联系梁时，可根据图面的疏密情况，将基础联系梁与基础平面布置图一起绘制，或将基础联系梁布置图单独绘制。

当桩基承台的柱中心线或墙中心线与建筑定位轴线不重合时，应标注其定位尺寸；编号相同的桩基承台，可仅选择一个进行标注。

(3)桩基承台可分为独立承台、承台梁，具体编号要求见表 6.4-3 和表 6.4-4。

表 6.4-3　独立承台编号

类型	独立承台截面形状	代号	序号	说明
独立承台	阶形	CTj	××(阿拉伯数字)	单阶截面即为平板式独立承台
	锥形	CTz	××(阿拉伯数字)	

表 6.4-4　承台梁编号

类型	代号	序号	跨数及有无外伸
承台梁	CTL	××(阿拉伯数字)	(××)端部无外伸 (××A)一端有外伸 (××B)两端有外伸

2. 独立承台的平面注写方式

独立承台的平面注写方式可分为集中标注和原位标注两部分内容。

(1)独立承台的集中标注。

1)注写独立承台编号(必注内容)；

2)注写独立承台的截面竖向尺寸(必注内容)，应按自下而上的顺序用“/”分隔顺写；

3)注写独立承台的配筋(必注内容)。

①底部与顶部双向配筋应分别注写，以 B 打头注写底部配筋，以 T 打头注写顶部配

筋。顶部配筋仅用于双柱或四柱等独立承台，当独立承台顶部无配筋时则不注顶部。

②当为矩形承台时，x 向配筋以 X 打头，y 向配筋以 Y 打头；当两向配筋相同时，则以 X&Y 打头。

③当为等边三桩承台时，以“△”打头，注写三角布置的各边受力钢筋(注明根数并在配筋值后注写“×3”)。例如，△6Φ20@150×3，表示等边三桩承台每边各配置 6 根直径为 25 mm 的 HRB400 级钢筋，间距为 150 mm。

④当为等腰三桩承台时，以“△”打头注写等腰三角形底边的受力钢筋＋两对称斜边的受力钢筋(注明根数并在两对称配筋值后注写“×2”)。例如，△5Φ22@150＋6Φ22@150×2，表示等腰三桩承台底边配置 5 根直径为 22 mm 的 HRB400 级钢筋，间距为 150 mm；两对称斜边各配置 6 根直径为 22 mm 的 HRB400 级钢筋，间距为 150 mm。

⑤当为多边形(五边形或六边形)承台或异形独立承台，且采用 x 向和 y 向正交配筋时，注写方式与矩形独立承台相同。

⑥两桩承台可按承台梁进行标注。

4)注写基础底面标高(选注内容)。当独立承台的底面标高与桩基承台底面基准标高不同时，应将独立承台底面标高注写在括号内。

5)必要的文字注解(选注内容)。

(2)独立承台的原位标注。独立承台的原位标注主要是在桩基承台平面布置图上标注独立承台的平面尺寸。相同编号的独立承台可仅选择一个进行标注，其他仅注编号。

4.4 承台梁的平面注写方式

承台梁的平面注写方式可分为集中标注和原位标注两部分内容。其识读方法和基础梁基本类似。

承台梁的集中标注包括承台梁编号、截面尺寸、配筋三项必注内容，以及承台梁底面标高(与承台底面基准标高不同时)、必要的文字注解两项选注内容。

承台梁的原位标注内容包括承台梁的附加箍筋或(反扣)吊筋；原位注写的修正内容。

4.5 桩基础的构造详图解读

1. 矩形承台配筋构造

矩形承台配筋构造如图 6.4-1 所示。

(1)矩形承台底部采用双向配筋，底部纵筋应伸至端部，根据自边缘桩内侧起至钢筋末端的距离 l_1 的长度，底部纵筋在端部有直锚和弯锚两种做法。

1)当 $l_1 \geqslant 35d$(方桩)或 $\geqslant 35d+0.1D$(圆桩)时，底部纵筋在端部直锚，即伸至端部后无须弯折；

2)当不满足以上条件时，底部纵筋在端部弯锚，即伸至端部后需再弯折 $10d$，同时要求弯折前的水平段长度 $l_1 \geqslant 25d$(方桩)或 $\geqslant 25d+0.1D$(圆桩)。

(2)桩顶应嵌入承台的长度 l_2，应根据桩身尺寸选择，当桩直径或桩截面边长＜800 时，桩顶嵌入承台 50；当桩直径或桩截面边长≥800 时，桩顶嵌入承台 100。

2. 等边三桩承台配筋构造

等边三桩承台配筋构造如图 6.4-2 所示。

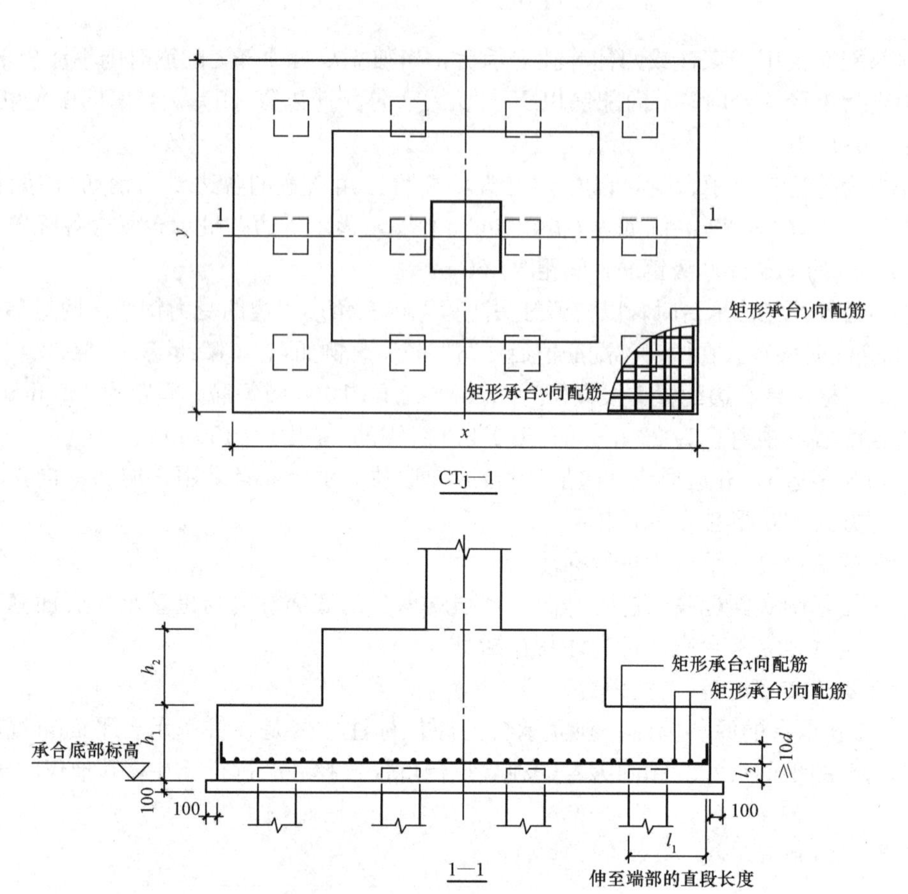

图 6.4-1　矩形承台配筋构造

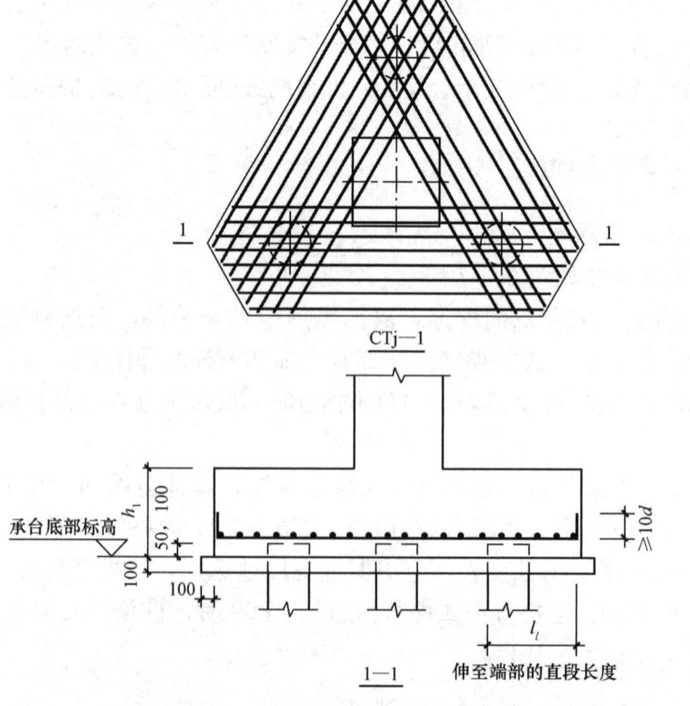

图 6.4-2　等边三桩承台配筋构造

(1)三桩承台的底部受力钢筋应按三向板带均匀布置，且最里面的三根钢筋围成的三角形应在柱截面范围内。板带上与受力筋垂直方向宜布置分布筋。

(2)承台底部纵筋伸至端部后的做法同矩形承台。

(3)桩顶嵌入承台的长度同矩形承台。

3. 灌注桩桩顶与承台连接构造

灌注桩桩顶与承台连接构造如图 6.4-3 所示。

(1)当承台高度满足灌注桩纵筋的直锚要求时，灌注桩纵筋应伸入承台直锚，直锚长度应满足$\geqslant l_a$且$\geqslant 35d$的要求。

(2)当承台高度不满足灌注桩纵筋的直锚要求，但相差不大时，可将灌注桩纵筋稍微弯折后直锚(纵筋弯折后与桩顶平面的夹角$\geqslant 75°$)，直锚长度也应满足$\geqslant l_a$且$\geqslant 35d$的要求。

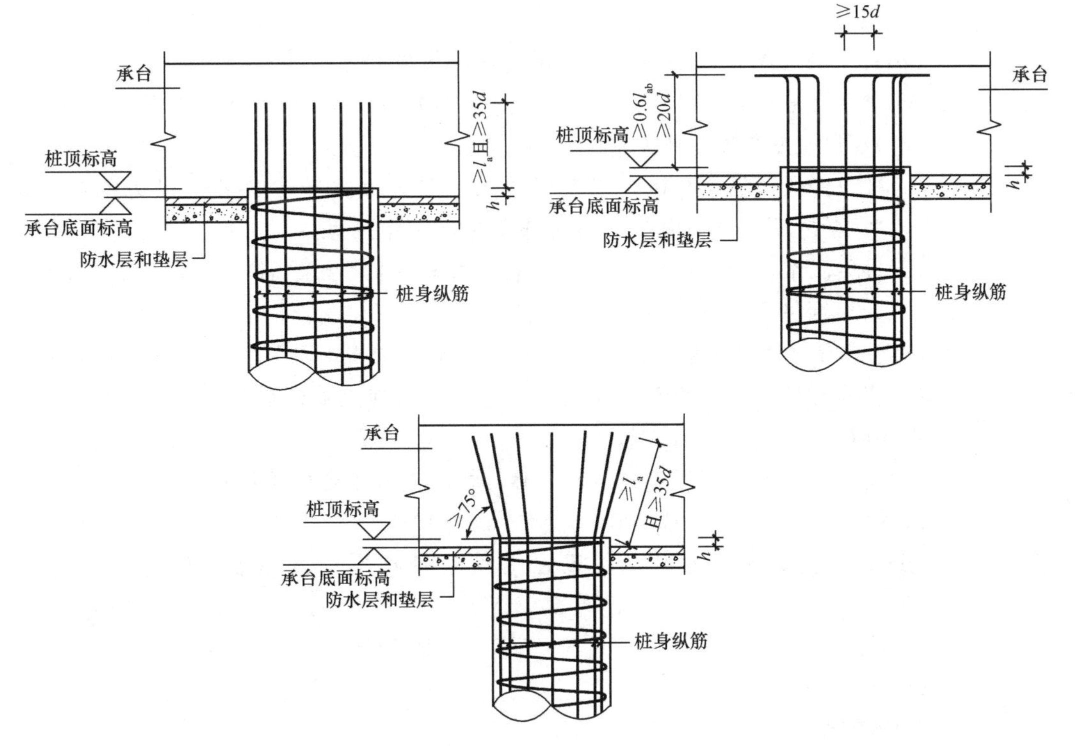

图 6.4-3　灌注桩桩顶与承台连接构造

(3)当灌注桩纵筋稍微弯折后，承台高度也不能满足灌注桩纵筋的直锚要求时，应将灌注桩纵筋伸至承台顶后弯折 $15d$，弯折前的直段长度应满足$\geqslant 0.6l_{ab}$且$\geqslant 20d$的要求。

任务小结

在本任务中，学习了桩基础的概念和分类，灌注桩的编号和列表注写规则，桩基承台的编号和平面注写方式，矩形承台、等边三桩承台的配筋构造，以及灌注桩桩顶与承台连接构造。在识读桩基础平法施工图时，必须在熟悉主要制图规则，掌握对应的注写方式，并结合主要钢筋构造要求的前提下进行理解，同时应注意结合结构设计说明中与基础有关的部分内容进行识读。

课后任务及评定

1. 单项选择题

(1)关于灌注桩的列表注写，下列说法错误的是(　　)。

A. 灌注桩的桩身尺寸只需要注写桩径 D 和桩长 L

B. 桩纵筋，主要表达桩周均布的纵筋根数、钢筋强度级别、从桩顶起算的纵筋配置长度

C. 以大写字母 L 打头，注写桩螺旋箍筋，包括钢筋强度级别、直径与间距

D. 当桩身位于液化土层范围内时，箍筋加密区长度应查看说明或者箍筋全长加密

(2)关于独立承台的平面注写，下列说法错误的是(　　)。

A. 独立承台的底部与顶部双向配筋应分别注写，以 B 打头注写底部配筋，以 T 打头注写顶部配筋

B. 当为等边三桩承台时，以"△"打头，注写三角布置的各边受力钢筋，在"/"后注写分布钢筋，不设分布钢筋时可不注写

C. 当独立承台的底面标高与桩基承台底面基准标高不同时，应将独立承台底面标高注写在括号内

D. 独立承台的截面竖向尺寸，是必注内容，应按自上而下的顺序用"/"分隔顺写

(3)当矩形承台底部纵筋伸至端部弯锚时，应伸至端部后需再弯折(　　)。

A. $10d$　　B. $15d$　　C. $12d$　　D. $20d$

(4)当桩直径或桩截面边长≥800 时，桩顶嵌入承台的长度应为(　　)。

A. 50　　B. 100　　C. 150　　D. 200

(5)灌注桩纵筋直径为 d，灌注桩纵筋自桩顶锚入承台的直锚长度应为(　　)。

A. $\geqslant l_a$　　B. $\geqslant 35d$

C. $\geqslant l_a$ 且 $\geqslant 35d$　　D. $\geqslant l_a$ 或 $\geqslant 35d$

2. 填空题

(1) 某灌注桩纵筋注写为 16⏀22；15⏀20/8000，表示桩通长纵筋为__________，桩非通长纵筋为__________，非通长纵筋从桩顶起算的入桩长度为__________。

(2)独立矩形承台配筋，x 向配筋以__________打头，y 向配筋以__________打头；当两向配筋相同时，则以__________打头。

(3)当独立承台的底面标高与桩基承台底面基准标高不同时，应将__________注写在括号内。

课后任务及评定参考答案

3. 简答题

(1)简述灌注桩列表注写的内容。

(2)简述等腰三桩承台的配筋注写要求。

任务5　基础平法施工图识读实例训练

工作任务

通过实际工程图纸，完成基础平法施工图的识读训练，提升基础平法规则和构造详图的理解及实际运用能力。

工作途径

(1)《混凝土结构施工图平面整体表示方法制图规则和构造详图(独立基础、条形基础、筏形基础、桩基础)》(22G101—3)；

(2)《混凝土结构施工钢筋排布规则与构造详图(独立基础、条形基础、筏形基础、桩基础)》(18G901—3)。

成果检验

(1)扫描二维码阅读学习任务单，熟悉学习内容、目标和方法，完成规定学习任务。

(2)独立完成实例训练题。

(3)本任务采用学生习题自测及教师评价综合打分。

学习任务单

图纸文件

1. 单项选择题

(1)基础平面布置图中 JL1(1B)标注的“T4⌀20”是基础梁的(　　)。

A. 支座贯通筋　　　　B. 梁面纵筋

C. 梁底纵筋　　　　D. 构造筋

(2)基础平面布置图中标注的 DJp01 是(　　)基础。

A. 框架柱　　　　B. 楼梯柱

C. 设备　　　　D. 剪力墙

(3)基础平面布置图中基础表达存在问题的是(　　)。

A. DJp01　　　　B. DJp10

C. DJp11　　　　D. DJp13

(4)基础 DJp09 的底板 y 向钢筋长度示意正确的是(　　)。

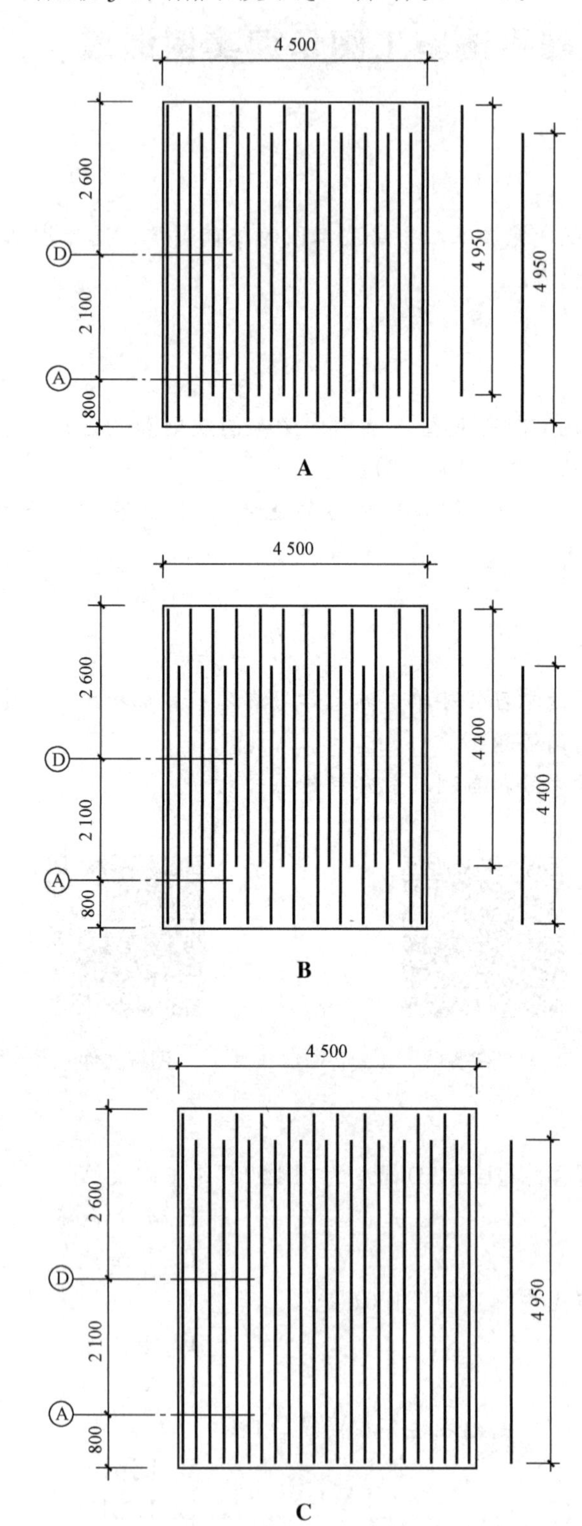

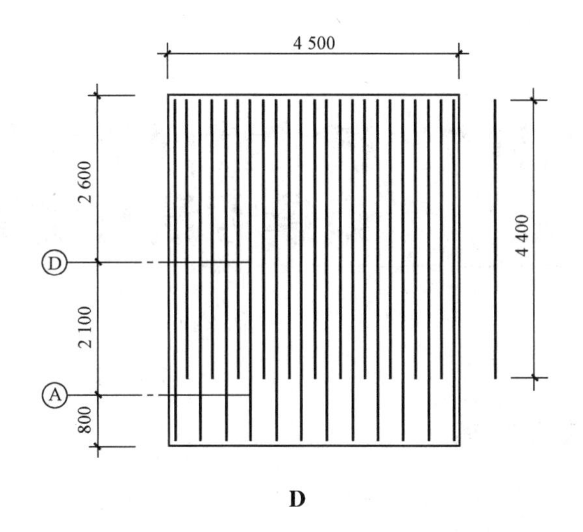

D

(5)对于轴线②和轴线Ⓔ相交处的基础，下列说法错误的是(　　)。

A. 基础端部高度 300 mm　　B. 基础为阶梯形独立基础

C. 基础根部高度 700 mm　　D. 基础底筋为双向

2. 填空题

(1)基础 DJp09 的底板纵筋的起步距离应取为__________。

(2)本工程基础底板钢筋的保护层厚度不应小于__________。

(3)本工程 JL1 的箍筋肢数为__________肢。

3. 判断题

(1)本工程独立基础的编号自 DJp01 至 DJp13，共有 13 个独立基础。(　　)

(2)基础 DJp02 的总高度为 650 mm。(　　)

(3)基础 DJp03 的底部纵筋的起步距离为 60 mm。(　　)

(4)基础高度应包含 100 厚的素混凝土垫层厚度。(　　)

(5)基础 DJp12 的基础顶部纵向受力钢筋的根数为 6 根。(　　)

4. 分析绘图题

绘制②轴交Ⓜ轴处的 DJp06 的剖切配筋详图，剖切平面为铅垂面，剖切方向沿Ⓜ轴线。基础上部框架柱的尺寸为 500 mm×500 mm(柱左侧边缘距离②轴线的距离为 100 mm，柱上侧边缘距离Ⓜ轴线的距离为 100 mm)。

实例训练参考答案

项目 7 板式楼梯平法施工图识读方法与实例

项目导读

本项目从板式楼梯的种类和适用条件开始，以AT型和BT型现浇混凝土板式楼梯为主，由浅入深逐步介绍现浇混凝土板式楼梯的平面注写方式、剖面注写方式，以及梯板的配筋构造，最后通过板式楼梯平法施工图实例来实践和巩固所学知识。

学习目标

1. 掌握现浇混凝土板式楼梯的分类和适用条件。
2. 掌握AT型和BT型现浇混凝土板式楼梯的平面注写和剖面注写方式。
3. 掌握AT型和BT型现浇混凝土板式楼梯梯板的配筋构造。
4. 熟悉ATa型现浇混凝土板式楼梯梯板的配筋构造。

任务1　楼梯平法施工图表示方法

工作任务

课件：楼梯平法施工图的表示方法

掌握现浇混凝土板式楼梯平法施工图平面注写和剖面注写的具体要求。具体任务如下：

(1)熟悉混凝土板式楼梯的组成、分类和适用条件；

(2)掌握混凝土板式楼梯的平面注写方式；

(3)掌握混凝土板式楼梯的剖面注写方式。

工作途径

(1)《混凝土结构施工图平面整体表示方法制图规则和构造详图(现浇混凝土板式楼梯)》(22G101—2)；

(2)《混凝土结构施工钢筋排布规则与构造详图(现浇混凝土板式楼梯)》(18G901—2)。

成果检验

学习任务单

(1)扫描二维码阅读学习任务单，熟悉学习内容、目标和方法，完成规定学习任务。

(2)本任务采用学生习题自测及教师评价综合打分。

1.1　混凝土板式楼梯的组成、分类

1. 现浇混凝土板式楼梯的组成

现浇混凝土楼梯具有布置灵活、容易满足不同建筑要求等优点，是多层及高层房屋建筑的重要组成部分，所以，在建筑工程中的应用颇为广泛。

从结构上划分，现浇混凝土楼梯可分为板式楼梯、梁式楼梯、悬挑楼梯和旋转楼梯。本书只讲解板式楼梯。

现浇混凝土板式楼梯一般由踏步段、层间平板、层间梯梁、楼层梯梁和楼层平板等构件组成，如图 7.1-1 所示。

(1)踏步段。任何楼梯都包括踏步段。每个踏步的高度和宽度之比决定了整个踏步段斜板的斜率。

(2)层间平板。楼梯的层间平板就是人们常说的休息平台。

(3)层间梯梁。楼梯的层间梯梁起到支承层间平板和踏步段的作用。

(4)楼层梯梁。楼层梯梁起到支撑楼层平板和踏步段的作用。

(5)楼层平板。楼层平板就是每个楼层中连接楼层梯梁或踏步段的平板，但是并不是所有楼梯间都包含楼层平板。

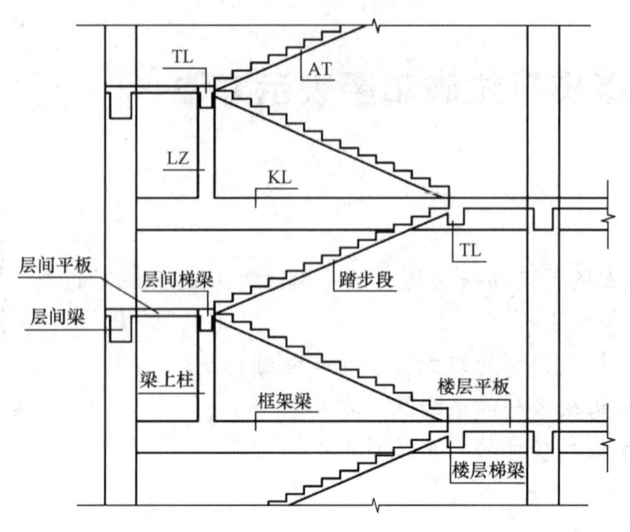

图 7.1-1　现浇混凝土板式楼梯的组成

2. 现浇混凝土板式楼梯的分类

现浇混凝土板式楼梯根据梯板的截面形状和支座位置的不同，可分为 12 种类型，详见表 7.1-1。表中除 ATc 型楼梯参与结构整体抗震计算外，其余类型楼梯均不参与结构整体抗震计算。

表 7.1-1　现浇混凝土板式楼梯的分类

<table>
<tr><th rowspan="2">梯板代号</th><th colspan="2">适用范围</th><th rowspan="2">梯板构成方式</th><th rowspan="2">梯板支承方式</th></tr>
<tr><th>抗震构造措施</th><th>适用结构</th></tr>
<tr><td>AT</td><td rowspan="7">无</td><td rowspan="7">剪力墙和砌体结构</td><td>踏步段</td><td rowspan="5">梯板的两端分别以低端和高端梯梁为支座</td></tr>
<tr><td>BT</td><td>低端平板、踏步段</td></tr>
<tr><td>CT</td><td>踏步段、高端平板</td></tr>
<tr><td>DT</td><td>低端平板、踏步段、高端平板</td></tr>
<tr><td>ET</td><td>低端踏步段、中位平板、高端踏步段</td></tr>
<tr><td>FT</td><td>层间平板、踏步段、楼层平板</td><td>层间和楼层平板为三边支承</td></tr>
<tr><td>GT</td><td>层间平板、踏步段</td><td>层间平板为三边支承，踏步段端支承在梯梁上</td></tr>
<tr><td>ATa</td><td rowspan="7">有</td><td rowspan="7">框架结构和框架-剪力墙结构中框架部分</td><td rowspan="3">踏步段</td><td>梯板高端支承在梯梁上，低端带滑动支座支承在梯梁上</td></tr>
<tr><td>ATb</td><td>梯板高端支承在梯梁上，低端带滑动支座支承在挑板上</td></tr>
<tr><td>ATc</td><td>梯板的两端分别以低端和高端梯梁为支座</td></tr>
<tr><td>BTb</td><td>低端平板、踏步段</td><td>同 ATb</td></tr>
<tr><td>CTa</td><td rowspan="2">踏步段、高端平板</td><td>同 ATa</td></tr>
<tr><td>CTb</td><td>同 ATb</td></tr>
<tr><td>DTb</td><td>低端平板、踏步段、高端平板</td><td>同 ATb</td></tr>
</table>

需要说明的是，本书中所列的现浇混凝土板式楼梯仅来源于22G101－2图集中的部分标准楼梯，在实际工程设计中，板式楼梯的类型会更多，即使楼梯的代号一样，但图纸要求也可能与标准楼梯的规定不同。所以，在识读实际工程图纸时，楼梯的具体要求需要查阅对应的结构施工图，以实际施工图纸为准，不能直接套用本书所讲内容。

1.2 各类现浇混凝土板式楼梯的特征

1. AT～ET型板式楼梯的特征

(1)AT～ET代号代表一段无滑动支座的梯板。梯板的主体为踏步段，除踏步段外，梯板还可包括低端平板、高端平板和中位平板。

(2)AT～ET型梯板的构成：AT型梯板全部由踏步段构成，BT型梯板由低端平板和踏步段构成，CT型梯板由踏步段和高端平板构成，DT型梯板由低端平板、踏步板和高端平板构成，ET型梯板由低端踏步段、中位平板和高端踏步段构成。

(3)AT～ET型梯板的两端分别以(低端和高端)梯梁为支座。

(4)AT～ET型梯板的型号、板厚、上下部纵向钢筋及分布钢筋等内容由设计者在平法施工图中注明。梯板上部纵向钢筋向跨内伸出的水平投影长度见相应的标准构造详图，设计不注，但设计者应予以校核；当标准构造详图规定的水平投影长度不满足具体工程要求时，应由设计者另行注明。

2. FT～GT型板式楼梯的特征

(1)FT、GT代号代表两跑踏步段和连接它们的楼层平板及层间平板的板式楼梯。

(2)FT、GT型梯板的构成：FT型梯板由层间平板、踏步段和楼层平板构成。GT型梯板由层间平板和踏步段构成。

(3)FT型梯板的层间平板和楼层平板均为三边支承；GT型梯板的层间平板为三边支承，踏步段端支承在梯梁上。

(4)FT、GT型梯板的型号、板厚、上下部纵向钢筋及分布钢筋等内容由设计者在平法施工图中注明。FT、GT型平台上部横向钢筋及其外伸长度，在平面图中原位标注。梯板上部纵向钢筋向跨内伸出的水平投影长度见相应的标准构造详图，设计不注；当标准构造详图规定的水平投影长度不满足具体工程要求时，应见具体设计说明。

3. ATa、ATb型板式楼梯的特征

(1)ATa、ATb型为带滑动支座的板式楼梯。梯板全部由踏步段构成，其支承方式为梯板高端均支承在梯梁上，ATa型梯板低端带滑动支座支承在梯梁上，ATb型梯板低端带滑动支座支承在挑板上。

(2)滑动支座采用何种做法，应查看设计说明。滑动支座垫板可选用聚四氟乙烯垫板、钢板和厚度大于或等于0.5 mm的塑料片，也可选用其他能保证有效滑动的材料，其连接方式由设计者另行处理。

(3)ATa、ATb型梯板采用双层双向配筋。

4. ATc型板式楼梯的特征

(1)梯板全部由踏步段构成，其支承方式为梯板两端均支承在梯梁上。

(2)楼梯休息平台与主体结构可连接，也可脱开。

(3)梯板厚度应按计算确定；梯板采用双层双向配筋。平台板按双层双向配筋。

(4)梯板两侧设置边缘构件(暗梁)，边缘构件的宽度取 1.5 倍板厚；边缘构件纵筋数量，当抗震等级为一、二级时不少于 6 根，当抗震等级为三、四级时不少于 4 根；纵筋直径不小于 12 mm 且不小于梯板纵向受力钢筋的直径；箍筋直径不小于 6 mm，间距不大于 200 mm。

(5)ATc 型楼梯作为斜撑构件，钢筋均采用符合抗震性能要求的热轧钢筋，钢筋的抗拉强度实测值与屈服强度实测值的比值不应小于 1.25；钢筋的屈服强度实测值与屈服强度标准值的比值不应大于 1.3，且钢筋在最大拉力下的总伸长率实测值不应小于 9%。

5. BTb、CTa、CTb、DTb 型板式楼梯的特征

(1)BTb 型梯板由低端平板和踏步段构成，其支承方式为梯板高端支承在梯梁上，梯板低端带滑动支座支承在挑板上。

(2)CTa、CTb 型梯板由踏步段和高端平板构成，其支承方式为梯板高端均支承在梯梁上，CTa 型梯板低端带滑动支座支承在梯梁上，CTb 型梯板低端带滑动支座支承在挑板上。

(3)DTb 型梯板由低端平板、踏步段和高端平板构成，其支承方式为梯板高端平板支承在梯梁上，梯板低端带滑动支座支承在挑板上。

(4)BTb、CTa、CTb、DTb 型梯板均采用双层双向配筋。

(5)滑动支座，采用何种做法应由设计指定。滑动支座垫板可选用聚四氟乙烯板、钢板和厚度不小于 5 mm 的塑料片，也可选用其他能保证有效滑动的材料，其连接方式由设计者另行处理。

1.3 现浇混凝土板式楼梯的平面注写方式

平面注写方式是以在楼梯平面布置图上注写截面尺寸和配筋具体数值的方式来表达楼梯施工图。平面注写方式包括集中标注和外围标注。

1. 楼梯的集中标注

楼梯集中标注的内容有五项，具体规定如下：

(1)梯板类型代号与序号，如 AT××。

(2)梯板厚度，注写为 h =×××。当为带平板的梯板且梯段板厚度和平板厚度不同时，可在梯段板厚度后面括号内以字母 P 开头注写平板厚度。

例如，h=130(P150)，130 表示梯段板厚度，150 表示梯板平板段的厚度。

(3)踏步段总高度 H_s 和踏步级数(m+1)，之间以“/”分隔。

(4)梯板支座上部纵筋和下部纵筋，之间以“;”分隔。

(5)梯板分布筋，以 F 开头注写分布钢筋具体值，该项也可以在图中统一说明。

(6)对于 ATc 型楼梯，还应注明梯板两侧边缘构件纵向钢筋及箍筋。

2. 楼梯的外围标注

楼梯外围标注的内容包括楼梯间的平面尺寸、楼层结构标高、层间结构标高、楼梯的上下方向、梯板的平面几何尺寸、平台板配筋、梯梁及梯楼梯配筋等。

3. AT 型板式楼梯的平面注写示例

AT 型板式楼梯的平面注写示例如图 7.1-2 所示。

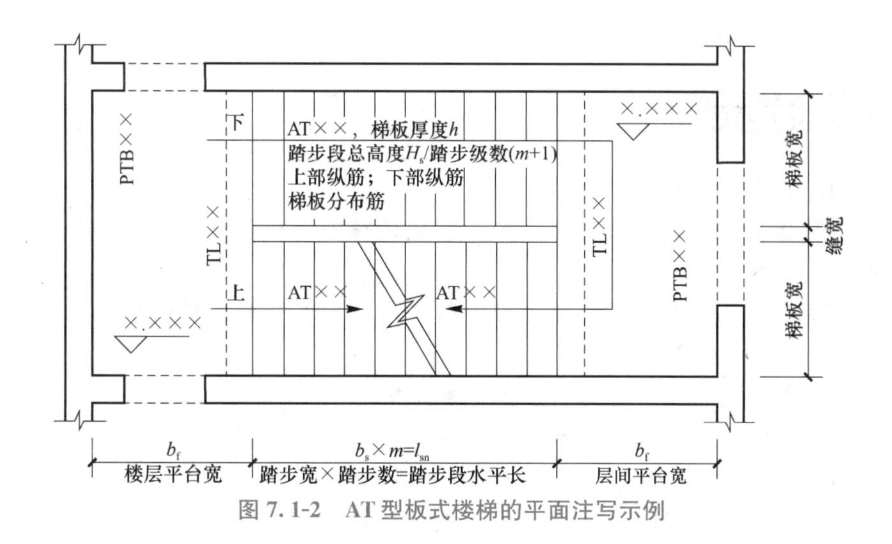

图 7.1-2　AT 型板式楼梯的平面注写示例

1.4　现浇混凝土板式楼梯的剖面注写方式

剖面注写方式需在楼梯平法施工图中绘制楼梯平面布置图和楼梯剖面图，注写方式可分为平面注写和剖面注写两部分。

楼梯平面布置图注写内容包括楼梯间的平面尺寸、楼层结构标高、层间结构标高、楼梯的上下方向、梯板的平面几何尺寸、梯板类型及编号、平台板配筋、梯梁及楼梯配筋等。

楼梯剖面图注写内容包括梯板集中标注、梯梁和梯柱编号、梯板水平及竖向尺寸、楼层结构标高、层间结构标高等。

梯板集中标注的内容有四项，具体如下：

(1)梯板类型及编号，如 AT××。

(2)梯板厚度，注写为 h=×××。当梯板由踏步段和平板构成，且梯板踏步段厚度和平板厚度不同时，可在梯板厚度后面括号内以字母 P 打头注写平板厚度。

(3)梯板配筋。注明梯板上部纵筋和下部纵筋，用分号“;”将上部纵筋与下部纵筋的配筋值分隔开。

(4)梯板分布筋。以 F 开头注写分布钢筋具体值，该项也可以在图中统一说明。

(5)对于 ATc 型楼梯还应注明梯板两侧边缘构件纵向钢筋及箍筋。

1.5　现浇混凝土板式楼梯的列表注写方式

列表注写方式是用列表方式注写梯板截面尺寸和配筋具体数值的方式来表达楼梯施工图。列表注写方式的具体要求同剖面注写方式，仅将剖面注写方式中的梯板配筋集中标注项改为列表注写项即可。

任务小结

在本任务中，学习了混凝土板式楼梯的组成、分类和适用条件，掌握了混凝土板式楼梯的平面注写方式，掌握了混凝土板式楼梯的剖面注写方式。

课后任务及评定

1. 单项选择题

(1)根据22G101—2图集，关于板式楼梯的组成和适用范围，下列说法错误的是(　　)。

A. 现浇混凝土板式楼梯一般由踏步段、层间平板、层间梯梁、楼层梯梁和楼层平板等构件组成

B. ATc型楼梯参与结构整体抗震计算

C. ATa型楼梯需有抗震构造措施

D. AT型楼梯适用于框剪结构中的框架部分

(2)根据22G101—2图集，关于板式楼梯的梯板支承方式，下列说法错误的是(　　)。

A. CT型楼梯的梯板，两端分别以低端和高端梯梁为支座

B. FT型楼梯，层间和楼层平板为三边支承

C. ATc型楼梯，梯板高端支承在梯梁上，低端带滑动支座支承在梯梁上

D. ATb型楼梯，梯板高端支承在梯梁上，低端带滑动支座支承在挑板上

(3)关于现浇混凝土板式楼梯的平面注写方式，下列说法错误的是(　　)。

A. 平面注写方式是以在楼梯平面布置图上注写截面尺寸和配筋具体数值的方式来表达楼梯施工图

B. 平面注写方式包括集中标注和外围标注

C. 对于ATa型楼梯尚应注明梯板两侧边缘构件纵向钢筋及箍筋

D. 梯板支座上部纵筋和下部纵筋之间以“;”分隔

2. 填空题

(1)剖面注写方式需在楼梯平法施工图中绘制__________图和__________图，注写方式可分为平面注写和剖面注写两部分。

(2)ATc型板式楼梯，梯板厚度应按计算确定，且不宜小于__________mm。

课后任务及评定参考答案

3. 简答题

(1)简述楼梯的外围标注的内容。

(2)现浇混凝土板式楼梯的剖面注写方式中，梯板集中标注的内容包括哪些?

任务2　板式楼梯平法施工图构造详图解读

 工作任务

课件：楼梯平法施工图构造详图解读

掌握板式楼梯相关构造的具体要求。具体任务如下：

(1)掌握 AT 型楼梯板的配筋构造；

(2)掌握 BT 型楼梯板的配筋构造；

(3)熟悉 CT 型楼梯板的配筋构造；

(4)熟悉 ATa 型楼梯板的配筋构造。

 工作途径

(1)《混凝土结构施工图平面整体表示方法制图规则和构造详图(现浇混凝土板式楼梯)》(22G101—2)；

(2)《混凝土结构施工钢筋排布规则与构造详图(现浇混凝土板式楼梯)》(18G901—2)。

成果检验

学习任务单

(1)扫描二维码阅读学习任务单，熟悉学习内容、目标和方法，完成规定学习任务。

(2)本任务采用学生习题自测及教师评价综合打分。

2.1　AT 型楼梯板的配筋构造

AT 型楼梯的适用条件为：两梯梁之间的矩形梯板全部由踏步段构成，即踏步段两端均以梯梁为支座。AT 型楼梯的配筋包括梯板上部纵筋、下部纵筋，梯板分布筋。其中分布筋与纵筋垂直，并位于相应受力筋的内侧。其配筋构造如图 7.2-1 所示。

1. 梯板纵筋的锚固

上部纵筋在高端梯梁、低端梯梁处，应伸至支座对边再向下弯折 15d，且伸入梯梁内的长度应≥0.35l_{ab}(图中上部纵筋锚固长度 0.35l_{ab}用于设计按铰接的情况，括号内数据 0.6l_{ab}用于设计考虑充分发挥钢筋抗拉强度的情况，在具体工程中设计应指明采用何种情况)。在高端梯梁处，上部纵筋有条件时可直接伸入平台板内锚固，从支座内边算起总锚固长度不小于 l_a。

下部纵筋在高端梯梁、低端梯梁处，应伸入梯梁直锚，直锚长度≥15d 且至少伸过梯梁中线。

2. 梯板上部纵筋的截断

梯板上部纵筋伸入跨内的长度，应自梯梁内侧边算起，取为 $l_n/4$，l_n 为梯板跨度。

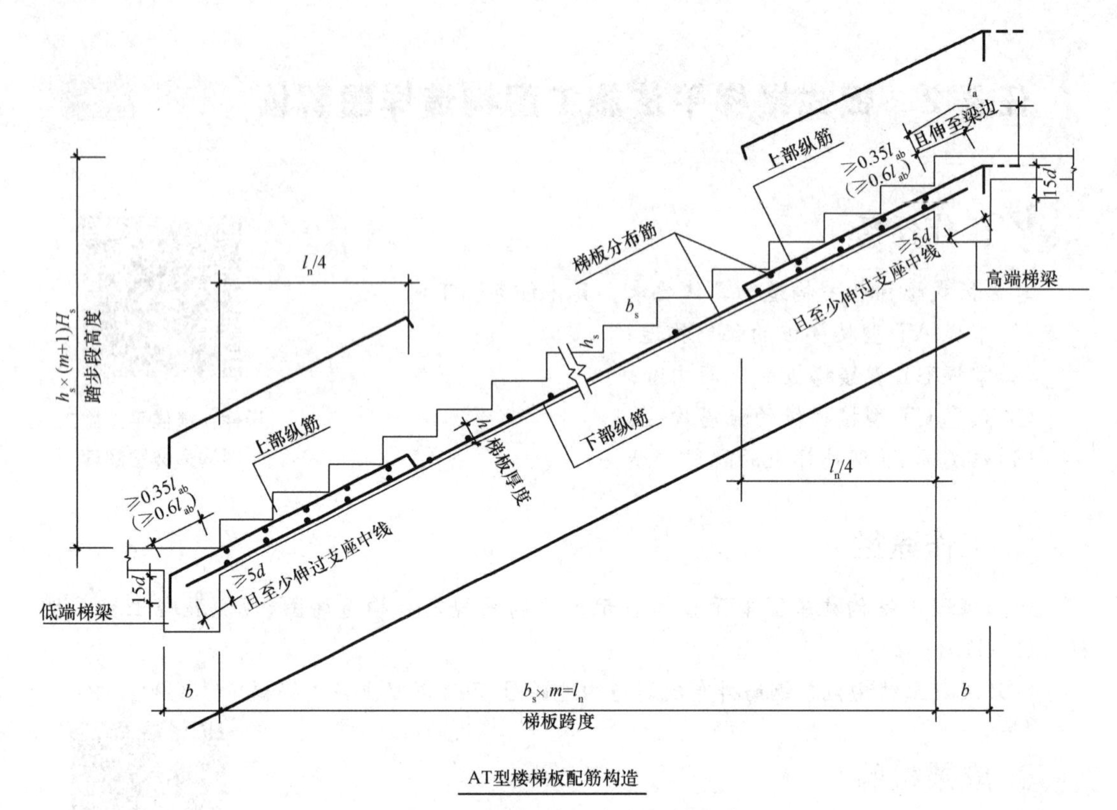

图 7.2-1　AT 型楼梯板的配筋构造

2.2　BT 型楼梯板的配筋构造

BT 型楼梯的适用条件为：两梯梁之间的梯板由低端平板和踏步段构成，两部分的一端各自以梯梁为支座。

BT 型楼梯的配筋也包括梯板上部纵筋、下部纵筋，梯板分布筋。其中分布筋与纵筋垂直，并位于相应受力筋的内侧。其配筋构造如图 7.2-2 所示。

1. 梯板纵筋的锚固

上部纵筋在高端梯梁、低端梯梁处，应伸至支座对边再向下弯折 $15d$，且伸入梯梁内的长度应 $\geqslant 0.35l_{ab}$。下部纵筋在高端梯梁、低端梯梁处，应伸入梯梁直锚，直锚长度 $\geqslant 15d$ 且至少伸过梯梁中线。

纵筋有条件时可直接伸入平台板内锚固，从支座内边算起总锚固长度不小于 l_a。

2. 梯板上部纵筋的截断

梯板上部纵筋伸入跨内的长度，应自梯梁内侧边算起，取为 $l_n/4$。l_n 为梯板跨度，由低端平板长 l_{ln} 和踏步段水平长 l_{sn} 组成。

2.3　CT 型楼梯板的配筋构造

CT 型楼梯的适用条件为：两梯梁之间的梯板由踏步段和高端平板构成，两部分的一端各自以梯梁为支座。

CT 型楼梯的配筋构造与 BT 型楼梯基本类似，仅将 BT 型楼梯的低端平板变为高端平板，具体如图 7.2-3 所示。

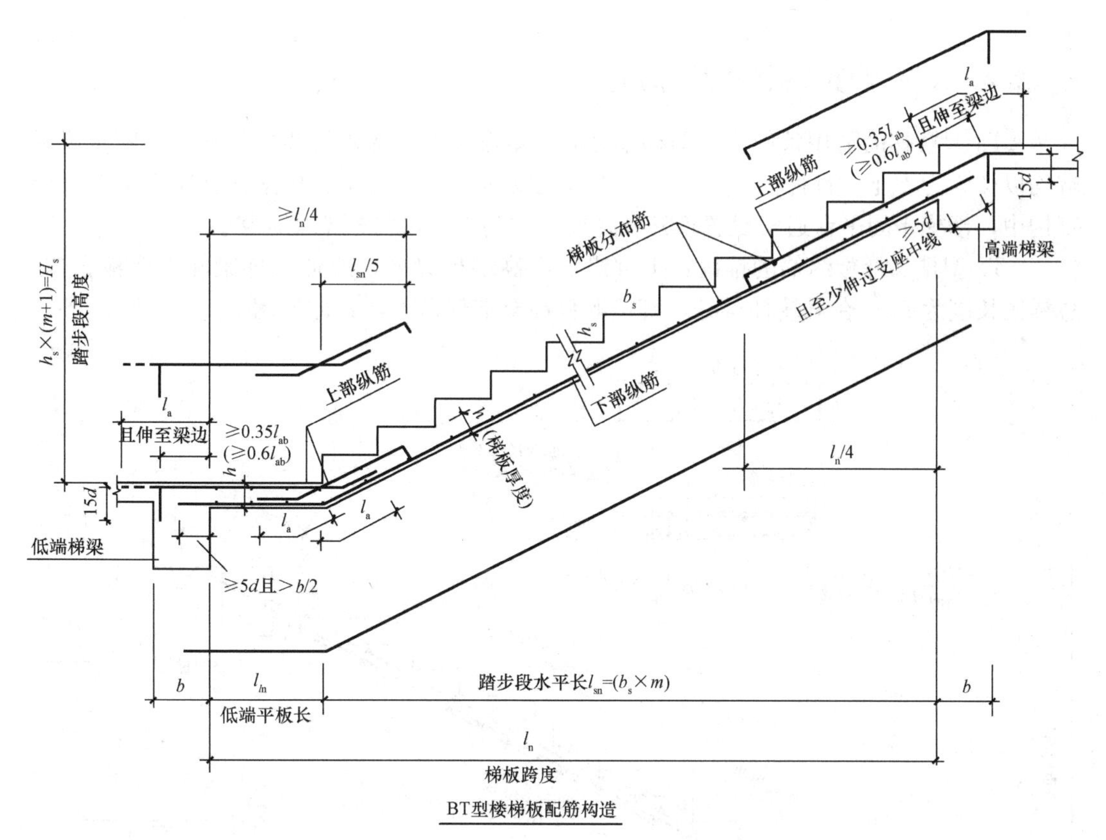

图 7.2-2　BT 型楼梯板的配筋构造

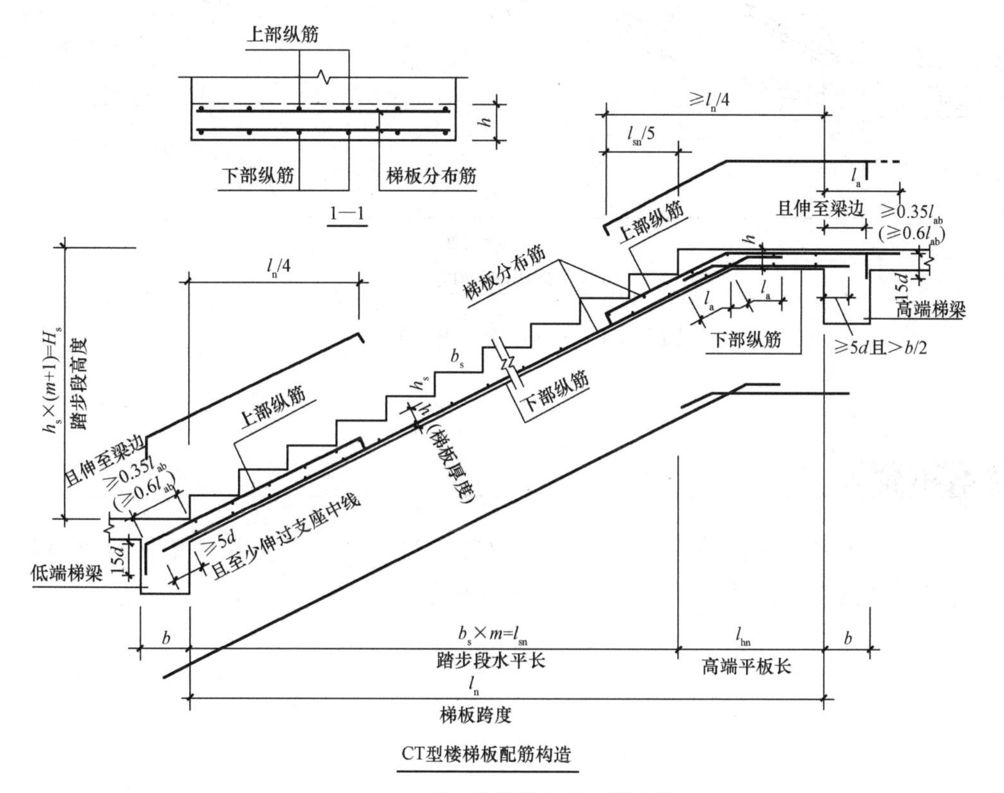

图 7.2-3　CT 型楼梯板的配筋构造

2.4　ATa 型楼梯板的配筋构造

ATa 型楼梯的适用条件为：两梯梁之间的矩形梯板全部由踏步段构成，即踏步段两端均以梯梁为支座，且梯板低端支承处为滑动支座，滑动支座直接落在梯梁上。在框架结构中，楼梯中间平台通常设置梯柱和梯梁，中间平台可与框架柱连接。

ATa 型楼梯梯板纵筋的锚固：上部纵筋在高端梯梁处，应伸入梯梁和平台板直锚，总锚固长度为 l_{aE}；在低端梯梁处，直接顺势锚至端部即可，具体如图 7.2-4 所示。

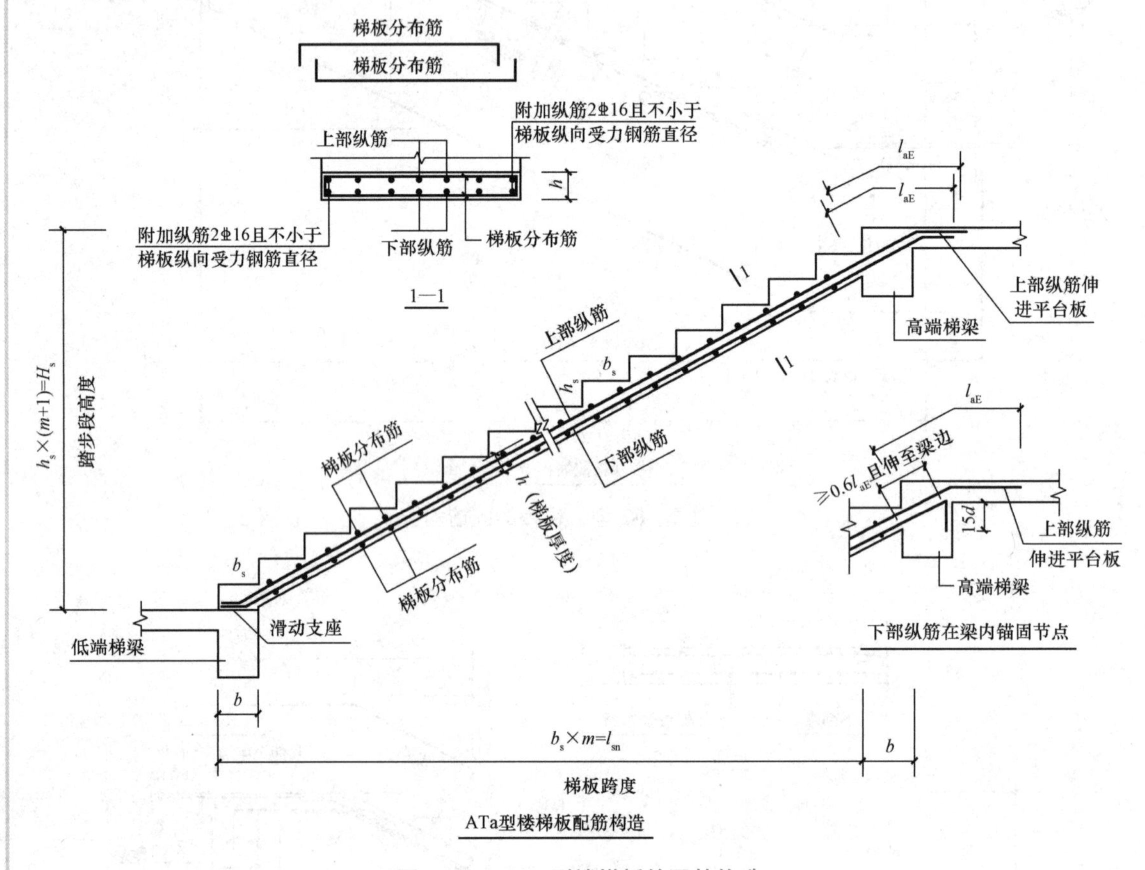

图 7.2-4　ATa 型楼梯板的配筋构造

任务小结

在本任务中，学习了 AT、BT、CT、ATa 型混凝土板式楼梯的配筋构造；掌握和熟悉了梯板上部筋、下部筋等钢筋的锚固和截断要求。

课后任务及评定

单项选择题

(1)关于 AT 型楼梯板的配筋构造，下列说法错误的是(　　)。

A. 上部纵筋在高端梯梁、低端梯梁处，应伸至支座对边再向下弯折 $15d$，且伸入梯梁内的长度应≥$0.35l_{ab}$

B. 在高端梯梁处，上部纵筋有条件时可直接伸入平台板内锚固，从支座内边算起总锚固长度不小于 l_a

C. 下部纵筋在高端梯梁、低端梯梁处，应伸入梯梁直锚，直锚长度≥$15d$ 且至少伸过梯梁中线

D. 梁板上部纵筋伸入跨内的长度，应自梯梁内侧边算起，取为 $l_n/3$，l_n 为梯板跨度

(2)关于 BT 型楼梯板的配筋构造，下列说法错误的是(　　)。

A. 上部纵筋在高端梯梁、低端梯梁处，应伸至支座对边再向下弯折 $15d$，且伸入梯梁内的长度应≥$0.35l_{ab}$

B. 下部纵筋在高端梯梁、低端梯梁处，应伸入梯梁直锚，直锚长度≥$15d$ 且至少伸过梯梁中线。

C. 纵筋有条件时可直接伸入平台板内锚固，从支座内边算起总锚固长度不小于 l_a

D. 梁板上部纵筋伸入跨内的长度，应自梯梁内侧边算起，取为 $l_{sn}/5$，l_{sn}为踏步段水平长

(3)关于 ATa 型楼梯板的构造，下列说法错误的是(　　)。

A. 上部纵筋、下部纵筋，均为通长布置

B. 上部纵筋在高端梯梁处，应伸入梯梁和平台板直锚，总锚固长度为 l_a

C. 梯板的分布筋在梯板受力筋外侧

D. 在低端梯梁处设置滑动支座

课后任务及评定参考答案

任务3　楼梯平法施工图识读实例训练

工作任务

通过实际工程图纸，完成楼梯平法施工图的识读训练，提升楼梯平法施工图绘制规则和构造详图的理解及实际运用能力。

工作途径

(1)《混凝土结构施工图平面整体表示方法制图规则和构造详图(现浇混凝土板式楼梯)》(22G101—2)；

(2)《混凝土结构施工钢筋排布规则与构造详图(现浇混凝土板式楼梯)》(18G901—2)。

成果检验

学习任务单

(1)扫描二维码阅读学习任务单，熟悉学习内容、目标和方法，完成规定学习任务。

(2)本任务采用学生习题自测及教师评价综合打分。

某工程的楼梯平法施工图如图7.3-1所示，请根据所给图纸完成相应的训练题。

1. 单项选择题

(1)对于标高5.370～7.170楼梯平面图，下列说法错误的是(　　)。

A. 该图采用的平面注写方式

B. 踏步数是12

C. 梯板宽度为1 600

D. 踏步段总高度1 800

(2)识读AT型楼梯施工图，下列说法错误的是(　　)。

A. 上部通长纵筋为ф10@200

B. 下部通长纵筋为ф12@150

C. 分布筋为ф8@250

D. 踏步段水平长和梯板跨度均为3 080

(3)对于标高5.170～6.770楼梯平面图，下列说法错误的是(　　)。

A. 该图采用的平面注写方式　　B. 踏步级数是10

C. 高端平板长560　　D. 踏步段总高度1 600

2. 填空题

本工程的BT型楼梯施工图，上部纵筋为__________，下部纵筋为__________，分布筋为__________，踏步段水平长为__________，梯板跨度为__________。

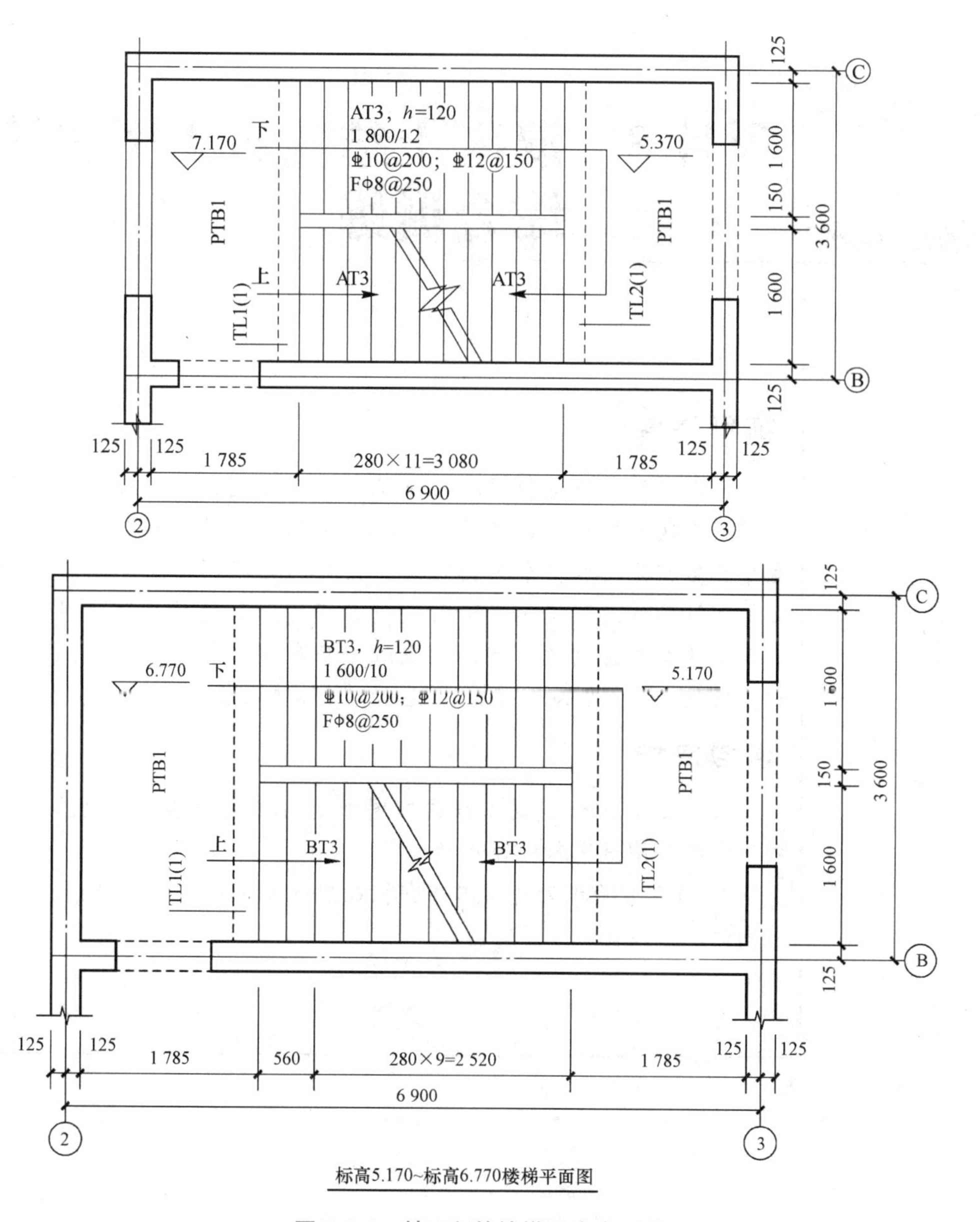

图 7.3-1　某工程的楼梯平法施工图

3. 分析绘图题

假设梯梁宽度为 200 mm、高度为 500 mm，试根据标高 5.370～7.170 楼梯平面图，绘制 AT 型楼梯的配筋构造图。

实例训练参考答案

项目8　混凝土结构施工图识读综合训练

项目导读

在本项目中将进行混凝土结构平法施工图识读综合训练。训练内容将以实际工程图纸为载体，以实际岗位工作过程为序列，以学生毕业后职业岗位要求为标准进行设计。要求利用所学的平法知识分析理解具体工程实例，进行完整工程图纸识读的综合训练。通过若干工程案例的训练，将知识点进一步梳理和巩固，促进知识的消化与吸收，使大家从知识的掌握进入实际工程应用的高级阶段。

学习目标

1. 能正确识读建筑工程施工图纸中的相关信息，并能结合建筑图纸和结构图纸进行综合识读。

2. 培养准确识读建筑工程图纸及熟练使用CAD软件绘制建筑工程图的核心技能。

任务1 框架结构办公楼施工图识读综合训练

工作任务

掌握框架结构办公楼施工图的识读方法。具体任务如下：

(1)熟悉框架结构办公楼施工图的组成；

(2)掌握框架结构办公楼结构构件的平法表达；

(3)熟悉设计说明中的相关内容；

(4)熟悉框架结构办公楼常见构件详图的表达。

工作途径

(1)《混凝土结构施工图平面整体表示方法制图规则和构造详图》(22G101)；

(2)《混凝土结构施工钢筋排布规则与构造详图》(18G901)。

成果检验

图纸文件

(1)根据二维码中给定的工程图纸，完成训练任务。

(2)本任务采用学生练习自测及教师评价综合打分。

1.1 单项选择题

1. 本工程的南立面为(　　)。

A. ①～㉑轴立面　　B. ㉑～①轴立面

C. Ⓐ～Ⓓ轴立面　　D. Ⓓ～Ⓐ轴立面

2. 本工程框架结构抗震等级为(　　)。

A. 一级　　B. 二级　　C. 三级　　D. 四级

3. 本工程的墙体保温材料为(　　)。

A. 聚苯板　　B. 聚合物砂浆Ⅱ型

C. 玻璃棉　　D. 岩棉

4. 本工程中框架柱混凝土强度等级说法正确的是(　　)。

A. 全部采用C25　　B. 全部采用C30

C. 二层以下C30，其余均为C25　　D. 图中未明确

5. ①～㉑轴立面图中，入口处门顶标高应为(　　)m。

A. 2.100　　B. 2.500　　C. 2.700　　D. 3.450

6. 基础平法施工图中轴处JZL7基底标高为(　　)m。

A. −2.150　　B. −0.850

C. −2.050　　D. 以上全不正确

7. 本工程室内外高差为(　　)mm。

A. 150　　B. 750　　C. 15　　D. 600

8. 本工程中 4KZ—5 的柱顶标高说法正确的是(　　)。

A. 2 个 4KZ—5 的柱顶标高均为 3.300 m

B. 4KZ—5 的柱顶标高有两种

C. 2 个 4KZ—5 的柱顶标高均为 13.770 m

D. 2 个 4KZ—5 的柱顶标高均无法判断

9. 本工程关于变形缝的说法不正确的是(　　)。

A. 缺少内墙变形缝做法　　B. 缺少楼面变形缝做法

C. 缺少外墙变形缝做法　　D. 缺少平屋面变形缝做法

10. 上部筋 ⌀8@200 进入 WKL 内锚固时，应做 90°弯钩，弯钩长度不应小于(　　)mm。

A. 50　　B. 100　　C. 120　　D. 150

11. 散水宽度为(　　)mm。

A. 1500　　B. 100　　C. 900　　D. 1 000

12. 上人屋面层梁平法施工图中的 KL9(1)，如采用平法制图规则注写高差，应注写为(　　)。

A. (−1.650)　　B. (0.030)　　C. (3.300)　　D. (3.330)

13. 本工程轴线①/Ⓒ说法正确的是(　　)。

A. ①号轴线后附加的Ⓒ轴线　　B. 详图编号

C. Ⓒ号轴线后附加的第①条轴线　　D. 标注错误

14. 二层梁平法施工图中 KL7(3A)支座通长筋为(　　)。

A. 4⌀18　　B. 2⌀14　　C. 2⌀20　　D. 2⌀18

15. 图中所绘的 FM 乙 1521 的开启方向为(　　)。

A. 单扇内开　　B. 双扇内开　　C. 单扇外开　　D. 双扇外开

16. 本工程吊钩、吊环均采用(　　)制作。

A. HPB300 级钢筋　　B. HRB400 级钢筋

C. 冷加工钢筋　　D. 以上三者均可

17. 楼梯梯井宽度为(　　)mm。

A. 3 500　　B. 3 600　　C. 150　　D. 未注明

18. 基础平面布置图中 JZL1(3)标注的“T4⌀18 ”是基础梁的(　　)。

A. 支座贯通筋　　B. 梁面纵筋　　C. 梁底纵筋　　D. 构造筋

19. 关于本工程平面图、立面图、剖面图中标注的窗尺寸说法正确的是(　　)。

A. 平面图中的尺寸为窗框宽度

B. 立面图中的尺寸为窗框高度

C. 剖面图中的尺寸为窗框高度

D. 一般以抹灰 20 mm 厚作为施工后洞口装修的尺寸依据

20. 本工程基础底板钢筋的保护层厚度不应小于(　　)mm。

A. 15　　B. 20　　C. 25　　D. 40

21. 按本工程要求，下列说法正确的是(　　)。

A. 一层南面主入口上方设置有钢筋混凝土雨篷

B. ±0.000 以下外墙外侧的防水层及保温层需贴至基础顶面

C. 四层淋浴间结构板面比建筑楼面低 30 mm

D. 雨水管从一层板下向外穿出外墙

22. 本工程中基础墙体采用了(　　)。

A. MU15 蒸压灰砂砖

B. 加气混凝土砌块，强度等级 A3.5

C. M10 水泥砂浆

D. M5.0 混合砂浆

23. 本工程中以下说法错误的是(　　)。

A. 建施图中屋面标高为结构面标高

B. 墙体材料采用了加气混凝土砌块

C. 房间阳角均做 2 000 mm 高水泥护角

D. 内门均为实木门

24. 四层板平法施工图中⑧～⑨轴的Ⓐ～Ⓑ轴区域楼板的板底钢筋短边方向为(　　)。

A. ⌀10@200　　B. ⌀10@180　　C. ⌀8@200　　D. ⌀8@150

25. 墙身防潮层做法下列正确的是(　　)。

A. −0.060 处设置 20 mm 厚 1∶2 水泥砂浆加 3%～5%重量防水剂

B. 图中未说明

C. −0.060 处设置 60 mm 厚 C20 细石混凝土防潮层

D. 室内地坪变化处防潮层应重叠

26. 二层梁平法施工图中 KL25(6)标注中出现的“G6⌀12”表示(　　)。

A. 梁侧面构造钢筋　　B. 梁侧面受扭纵筋

C. 架立钢筋　　D. 以上全不正确

27. 本工程建筑高度为(　　)m(算至屋面高度)。

A. 17.100　　B. 17.850　　C. 14.550　　D. 16.050

28. 4⌀20 表示的含义正确的是(　　)。

A. 4 根直径为 20 mm 的 HRB335 级钢筋

B. 4 根直径为 20 mm 的 HPB335 级钢筋

C. 4 根直径为 20 mm 的 HRBF335 级钢筋

D. 4 根直径为 20 mm 的 HRB400 级钢筋

29. 楼梯详图 *a*—*a* 剖面图与其平面图不一致的是(　　)。

A. 踏步尺寸　　B. 材料符号　　C. 门　　D. 窗

30. ⑦～⑧轴间入口雨篷板厚为(　　)mm。

A. 120　　B. 280　　C. 100　　D. 150

31. 楼梯第 1 跑梯段级数为(　　)。

A. 4　　B. 12　　C. 26　　D. 13

32. 一层平面图中尺寸标注说法不正确的是(　　)。

A. M1021 尺寸标注错误　　B. 开间尺寸错误

C. 进深尺寸错误　　D. 总体尺寸错误

33. 对于楼梯的梯板 BT—1，以下说法错误的是(　　)。

A. 梯板上部纵筋为 ⌀10@200　　B. 梯板下部纵筋为 ⌀12@100

C. 梯板分布筋为 ⌀8@200　　D. 梯段宽度为 3 600 mm

34. 建筑施工图中，门窗洞口缺少尺寸标注的是(　　)。

A. ①～㉑轴立面　　B. 卫生间平面详图

C. 2－2 剖面图　　D. 以上说法都不正确

35. 楼梯的梯板 ATb－1 为(　　)。

A. 四边支承单向板　　B. 四边支承双向板

C. 两边支承单向板　　D. 两边支承双向板

36. 关于水落管绘制，下列说法不正确的是(　　)。

A. 绘制在五层平面图上　　B. 绘制在①～㉑轴立面图上

C. 绘制在 2－2 剖面图上　　D. 绘制在屋顶平面图上

37. 轴⑦与轴Ⓒ相交处框架柱 1KZ－14 柱插筋进入筏板内锚固时，筏板内的柱箍筋做法符合平法图集构造要求的是(　　)。

A. Φ8@100 复合箍

B. Φ8@200 矩形封闭箍(非复合箍)

C. Φ8@500 复合箍

D. Φ8@500 矩形封闭箍(非复合箍)

38. C1830 窗户的开启方式说法不正确的是(　　)。

A. 固定窗　　B. 平开窗　　C. 推拉窗　　D. 图中未注明

39. 二层梁平法施工图中，下列说法不正确的是(　　)。

A. 原位标注的 KL 缺少梁截面尺寸　　B. 框架梁长度与平面图不对应

C. 梁的水平加腋厚度同梁截面高度　　D. WGZ 钢筋为 4Φ10

40. 关于剖切位置与剖面图不对应的是(　　)。

A. 一层平面图　　B. *a*－*a* 剖面图　　C. 2－2 剖面图　　D. 五层平面图

41. 二层板平法施工图中 LB5 处标注(－0.100)，下列说法不正确的是(　　)。

A. 卫生间比楼层标高低 100 mm　　B. 板顶标高比楼层标高低 100 mm

C. 板的相对高度　　D. 板的厚度 0.100 m

42. 关于楼梯栏杆扶手，下列说法正确的是(　　)。

A. 缺少标注　　B. 在楼梯详图上有注明

C. 在 *a*－*a* 剖面图有标注　　D. 总说明有注明

43. 关于 TZ－1，下列说法不正确的是(　　)。

A. 生根于基础

B. 生根于各层 KL 顶标高

C. 本工程 TZ－1 截面尺寸均为 200 mm×400 mm

D. 本工程所有 TZ－1 高度相同

44. 窗户 C3018 洞口两侧 GZ 设置说法正确的是(　　)。

A. 不设置　　B. 设置　　D. 设置不设置均可　　C. 图中未注明

1.2　多项选择题

1. 本工程楼梯，下列说法不正确的有(　　)。

A. 为双跑楼梯

B. 13.800 m 标高处扶手高度应为 900 mm

C. 平台处净高应>2 200 mm

D. 梯段处净高应>2 200 mm

2. 本工程构件受拉纵筋锚固长度计算，下列说法正确的有(　　)。

A. JZL 按照三级抗震等级取值　　B. 楼面板按照非抗震取值

C. 框架柱按照四级抗震等级取值　　D. 过梁按照非抗震取值

3. 本工程门窗，下列说法正确的有(　　)。

A. 外门窗除特殊标注外立樘居轴墙中

B. 内窗台板均为面砖窗台板

C. 外墙门窗洞口保温做法见 12YJ3－D

D. 门窗表所注尺寸为洞口尺寸

4. 本工程基础顶面～二层楼面框架柱 2KZ－2 箍筋中的拉筋做法正确的有(　　)。

A. 拉筋为 Φ8@400

B. 拉筋末端做弯钩，弯折角度不应小于 135°

C. 拉筋弯钩弯折后平直段长度不应小于 80 mm

D. 拉筋紧靠箍筋并钩住纵筋

5. 本工程，下列说法正确的有(　　)。

A. 本工程基地范围内应设置非机动车停放场地

B. 建筑为整体四层，所以无须设置电梯

C. 应在每层设置残疾人卫生间

D. 应设无障碍坡道

6. 本工程构造柱，下列说法正确的有(　　)。

A. 构造柱截面尺寸详图

B. 女儿墙内的构造柱至女儿墙压顶

C. 填充墙的自由端头应设置构造柱

D. 轴线、一轴线段墙体应设置构造柱

7. 本工程钢筋设置，下列说法正确的有(　　)。

A. 主梁和次梁交叉处，主梁两侧设置附加箍筋

B. 主梁和次梁交叉处附加吊筋均为 2Φ12

C. 当板面高差>30 mm 时，钢筋应在支座处断开并各自锚固

D. 梁板柱内受力钢筋均采用高强钢筋

8. 本工程构造做法表中，构造正确的有(　　)。

A. 顶 2　　B. 外墙 1　　C. 地 2　　D. 踢 2

9. 建施－13 楼梯平面图，下列说法正确的有(　　)。

A. 剖切位置同建施各层平面图的剖切位置

B. 剖切位置在各层平台处

C. 标注楼层标高和休息平台标高

D. 五层楼梯平面图只标注“下”及箭头

10. 关于本工程屋面板，下列说法正确的有(　　)。

A. 温度收缩筋网片按 Φ6@200 或 Φ6@150 设置

B. 厚度 100 mm、120 mm

C. 板内分布筋图中未注明的均为 ϕ8@200

D. 局部屋面层板平法施工图中虚线错误，应为实线

11. 外立面图中，下列说法正确的有(　　)。

A. Ⓓ～Ⓐ轴立面缺少外立面装饰做法

B. ①～㉑轴立面缺少外立面装饰做法

C. Ⓐ～Ⓓ轴立面缺少外立面装饰做法

D. 以上说法都不正确

12. 关于本工程变形缝，下列说法正确的有(　　)。

A. 变形缝处基础是断开的

B. 变形缝处基础没有断开

C. KL7a(3A)与 KL7(3A)之间缝净宽 100 mm

D. 上人屋面层缝两侧板负筋分别设置

1.3 综合绘图

1. 绘图环境设置

(1)按表 8.1-1 的要求设置图层。

表 8.1-1　图层设置要求

序号	图层名称	颜色	线型	线宽
1	轴线	1	CENTER	0.18
2	墙线	9	CONTINUOUS	0.5
3	门窗	4	CONTINUOUS	0.18
4	混凝土构件	9	CONTINUOUS	0.5
5	面层	6	CONTINUOUS	0.18
6	其余投影线	7	CONTINUOUS	0.18
7	填充图案	8	CONTINUOUS	0.18
8	尺寸标注及标高	3	CONTINUOUS	0.18
9	轴标	3	CONTINUOUS	0.18
10	引注线及折断线	3	CONTINUOUS	0.18
11	地面	9	CONTINUOUS	0.7
12	文字	7	CONTINUOUS	0.18

(2)设置文字样式：

1)汉字：样式名为“汉字”，字体名为“仿宋”，宽高比为 0.7。

2) 非汉字：样式名为“非汉字”，字体名为“Tssdeng. shx”，大字体为“Tssdchn. shx”，宽高比为 0.7。

(3)设置标注样式。设置尺寸标注样式名为“出图比例 10”，文字样式选用“非汉字”，箭头样式为“建筑标记”，箭头大小为 1.2，文字高度为 2.5，全局比例为 10。其余未明确部分按现行制图标准。

2. 绘制构件配筋构造详图

综合训练
参考答案

(1)结构详图绘制要求：标注结构构造尺寸时，按构造标准的限值取值，不作人为放大调整，且小数点后数字进位。例如，计算值为99，标注值为99；计算值为99.2，标注值为100。图层可不作要求。钢筋用多段线命令绘制，并设置线宽，要求出图后粗线线宽为0.5 mm。

(2)绘制KL5(3)纵剖面图，出图比例为1∶50，并对钢筋编号。

(3)绘制KL5(3)每跨支座边缘及跨中的截面图，出图比例为1∶20。

(4)绘制钢筋分离图，按照编号排列，并标注支座及梁底纵筋的长度和锚固长度、箍筋的截面尺寸及弯钩尺寸。

任务2　框架结构综合楼施工图识读综合训练

工作任务

掌握框架结构综合楼施工图的识读方法。具体任务如下：

(1)熟悉框架结构综合楼施工图的组成；

(2)掌握框架结构综合楼构件的平法表达；

(3)熟悉设计说明中的相关内容；

(4)熟悉框架结构综合楼常见构件详图的表达。

工作途径

(1)《混凝土结构施工图平面整体表示方法制图规则和构造详图》(22G101)；

(2)《混凝土结构施工钢筋排布规则与构造详图》(18G901)。

成果检验

(1)根据二维码中给定的工程图纸，完成训练任务。

(2)本任务采用学生练习自测及教师评价综合打分。

图纸文件

2.1　单项选择题

1. 本工程电梯井女儿墙顶的绝对标高为(　　)m。

   A. 97.700　　B. 99.500　　C. 98.900　　D. 99.200

2. 本工程结构形式为(　　)。

   A. 砖混结构　　B. 框架结构

   C. 剪力墙结构　　D. 框架-剪力墙结构

3. 本工程外墙采用的保温材料是(　　)。

   A. 200 mm厚加气混凝土砌块　　B. 30 mm厚保温砂浆

   C. 90 mm厚矿棉板　　D. 50 mm厚挤塑聚苯板

4. 该建筑物的结构抗震等级为(　　)。

   A. 一级　　B. 二级　　C. 三级　　D. 四级

5. 本工程弱电井门的防火级别为(　　)。

   A. 甲级　　B. 乙级　　C. 丙级　　D. 丁级

6. 基础平面布置图中，JL1集中标注中B4⌀25是(　　)。

   A. 下部通长钢筋　　B. 上部通长钢筋

   C. 梁侧构造钢筋　　D. 基础底板钢筋

7. 本建筑南侧坡道的坡度为(　　)。

   A. 1∶8　　B. 1∶10　　C. 1∶12　　D. 1∶15

8. 基础平面布置图中，关于 JL1 与 JL2 相交处柱下区域的箍筋，下列描述正确的是（　　）。

A. JL1 与 JL2 箍筋均贯通设置

B. 仅 JL1 箍筋贯通设置

C. 仅 JL2 箍筋贯通设置

D. JL1 与 JL2 任选其一箍筋贯通设置

9. 以下说法错误的是（　　）。

A. 本工程电梯无机房

B. 所有外窗采用墨绿色铝合金边框

C. 本工程楼梯为无障碍楼梯

D. 所有金属外露管道均做油漆

10. 基础平面布置图中，关于基础底板 TJBP2，下列描述正确的是（　　）。

A. 基础底板钢筋 ⌀8 为受力筋，⌀12 为分布筋

B. 基础底板钢筋 ⌀12 为受力筋，⌀8 为分布筋

C. 基础底板双向均为受力筋

D. 基础底板受力筋不确定

11. 本工程外墙墙厚为（　　）mm。

A. 100　　B. 200　　C. 240　　D. 370

12. 本工程散水宽度为（　　）mm。

A. 600　　B. 800　　C. 900　　D. 1000

13. 本工程墙体防潮层采用的材料为（　　）。

A. 防水砂浆　　B. 防水混凝土　　C. 防水卷材　　D. 防水涂料

14. 本工程中基础墙体采用了（　　）。

A. 蒸压灰砂砖　　B. 加气混凝土砌块

C. 粉煤灰砌块　　D. 混凝土实心砖

15. 型钢 Q235B 级中 B 表示的意思是（　　）。

A. 屈服强度　　B. 抗拉强度　　C. 质量等级　　D. 型号

16. 建施－05 中，⑨轴的“KD1”表示（　　）。

A. 窗洞　　B. 预留管道　　C. 空调板　　D. 预留洞口

17. 本工程耐火等级为（　　）。

A. 一级　　B. 二级　　C. 乙级　　D. 丙级

18. 本工程Ⓗ－Ⓐ立面向窗墙比为（　　）。

A. 0.39　　B. 0.37　　C. 0.04　　D. 0.25

19. 本工程的沉降观测点有（　　）处。

A. 8　　B. 10　　C. 12　　D. 14

20. KZ－7 在基础～4.170 m 标高范围内有（　　）根纵筋。

A. 10　　B. 12　　C. 14　　D. 16

21. 本工程采用的基础形式为（　　）。

A. 独立基础　　B. 柱下条形基础　　C. 筏板基础　　D. 桩基础

22. 本工程水箱间窗台高度为(　　)mm。

A. 600　　B. 900　　C. 1 100　　D. 图纸不明确

23. 以下关于门窗说法正确的是(　　)。

A. 本工程外窗玻璃均采用 6 mm 厚隔热玻璃

B. 本工程储藏间选用防火门

C. 本工程外窗均紧贴室外一边安装

D. 为增强保温性能，本工程外窗采用双层玻璃

24. 卫生间完成面比同层楼地面低(　　)mm。

A. 10　　B. 15　　C. 30　　D. 50

25. 本工程卫生间的排水找坡坡度为(　　)。

A. 0.5%　　B. 1%　　C. 2%　　D. 3%

26. 本工程空调板的净挑出宽度为(　　)mm。

A. 500　　B. 600　　C. 700　　D. 800

27. 本工程楼梯间的净宽为(　　)mm。

A. 1 350　　B. 2 800　　C. 2 900　　D. 3 000

28. 按照结施—03 施工，图中存在问题的是(　　)。

A. 轴线①交轴线Ⓐ处 KZ2　　B. 轴线③交轴线Ⓓ处 KZ6

C. 轴线④交轴线Ⓐ处 KZ9　　D. 轴线⑮交轴线Ⓐ处 KZ1

29. 本工程框架梁柱节点范围，箍筋设置正确的是(　　)。

A. 按梁端箍筋加密区要求设置梁的箍筋

B. 按柱端箍筋加密区要求设置柱的箍筋

C. 按梁端箍筋加密区要求设置梁的箍筋，同时按柱端箍筋加密区要求设置柱的箍筋

D. 梁、柱箍筋均可不设

30. 结施—04 中，①轴 KL1 有(　　)处错误。

A. 1　　B. 2　　C. 3　　D. 4

31. 下列说法不正确的是(　　)。

A. 建筑总平面图中应标注房屋的层数

B. 剖切符号应绘制在首层平面图

C. 剖面图中应标注的标高为绝对标高

D. 首层平面图应绘制指北针

32. 本工程有关屋面做法正确的是(　　)。

A. 材料找坡屋面，排水坡度 1%　　B. 结构找坡，排水坡度 1%

C. 材料找坡屋面，排水坡度 2%　　D. 结构找坡，排水坡度 2%

33. 结施—04 中，KL7 有(　　)处错误。

A. 1　　B. 2　　C. 3　　D. 0

34. 结施—10 梁平法施工图中 L21 梁底相对标高为(　　)。

A. 17.070　　B. 17.670　　C. 17.770　　D. 18.470

35. 本工程楼梯栏杆水平段的高度应为(　　)mm。

A. 800　　B. 900　　C. 1000　　D. 1100

36. 本工程的楼梯设计为(　　)。

A. 防烟楼梯间　　B. 封闭楼梯间

C. 开敞式楼梯间　　D. 与电梯共用的楼梯间

37. 结施—02 中基础平面布置图中，以下说法错误的是(　　)。

A. 基础底板为坡形

B. 双梁条形基础底板设双层钢筋网片

C. 基础梁悬挑端梁顶钢筋向下弯锚 $15d$

D. 基础梁箍筋均为四肢箍

38. 楼梯从一层地面上到三层楼面一共用了(　　)跑。

A. 3　　B. 4　　C. 5　　D. 6

39. 本工程⑯～①立面是(　　)。

A. 东立面　　B. 南立面　　C. 西立面　　D. 北立面

40. 依据 22G101，与普通钢筋混凝土保护层厚度无关的是(　　)。

A. 混凝土强度等级　　B. 构件类型

C. 环境类别　　D. 荷载大小

41. 结施—12 中，LZ1 为(　　)。

A. 楼梯柱　　B. 构造柱　　C. 联系柱　　D. 梁上柱

42. 结施—08 中，L5 的支座为(　　)。

A. 框架柱　　B. 主梁　　C. 构造柱　　D. 剪力墙

43. 本工程电梯基坑的坑底相对标高为(　　)。

A. －1.500　　B. －1.900

C. －1.650　　D. 建施与结施不一致

44. 以下属于本工程钢筋要求的是(　　)。

A. 钢筋强度标准值应具有不小于 95%的保证率

B. 箍筋抗拉强度实测值与屈服强度实测值的比值不应小于 1.25

C. 纵筋屈服强度实测值与屈服强度标准值的比值不应大于 1.50

D. 纵筋宜采用焊接连接

45. 现浇板洞口尺寸小于(　　)mm 时，可以不配置洞口加强筋。

A. 100　　B. 300　　C. 500　　D. 700

46. 结施—06 中，KL21 的梁顶通长钢筋搭接位置应在(　　)。

A. 跨中 1/3 跨度范围内　　B. 支座附近 1/3 跨度范围内

C. 支座附近 1/4 跨度范围内　　D. 支座附近 1.5 倍梁高范围内

47. 电梯井屋顶雨水管采用的是(　　)。

A. ϕ75PVC 雨水管　　B. ϕ100PVC 雨水管

C. ϕ80 钢雨水管　　D. ϕ100 钢雨水管

48. 结施—10 中，L6 顶部钢筋两端(　　)。

A. 伸入主梁并做 $15d$ 弯钩　　B. 伸入主梁并做 $12d$ 弯钩

C. 平直伸入主梁 $15d$　　D. 平直伸入主梁 $12d$

49. 二层办公室卫生间平面净尺寸为(　　)mm。

A. 2 000×2 200　　B. 1 800×2 000

C. 1 850×2 050　　D. 2 150×2 350

50. 结施－10 中，KL7 中钢筋 G4⌀12 两端(　　)

A. 伸入框架柱并做 15d 弯钩　　B. 伸入框架柱并做 12d 弯钩

C. 平直伸入框架柱 180 mm　　D. 平直伸入框架柱 150 mm

51. 在结施－07 中，板的负筋在Ⓐ轴线处梁内锚固方式为(　　)。

A. 伸至梁支座外侧纵筋内侧后弯折 15d

B. 伸至梁支座外侧纵筋内侧后弯折 12d

C. 伸至梁支座外侧纵筋内侧后弯折 80 mm

D. 图纸不全不能确定

52. 六层出屋面外门 M15 处雨篷顶的绝对标高为(　　)。

A. 94. 300　　B. 97. 300　　C. 97. 700　　D. 98. 300

53. 结施－13 中，楼梯的梯板 BT2 为(　　)。

A. 四边支承单向板　　B. 四边支承双向板

C. 两边支承单向板　　D. 两边支承双向板

54. 关于二层楼梯间门正确的说法为(　　)。

A. 平开防火门　　B. 平开防盗门

C. 卷帘防火门　　D. 卷帘防盗门

55. 结施－13 中，楼梯 F⌀8@250 表示的是(　　)。

A. 楼梯板的负筋　　B. 楼梯板的主筋

C. 楼梯板的纵向钢筋　　D. 楼梯板的分布钢筋

56. 为增强保温性能，本工程外窗玻璃采用的是(　　)。

A. 钢化玻璃　　B. 中空玻璃　　C. 安全玻璃　　D. 变色玻璃

57. 门 M31 的开启方式为(　　)。

A. 双扇外开　　B. 双扇内开　　C. 单扇外开　　D. 单扇内开

58. 本工程中最大板厚为(　　)mm。

A. 100　　B. 110　　C. 120　　D. 130

2. 2　多项选择题

1. 东立面图与平面不符的有(　　)。

A. 外门　　B. 雨篷　　C. 室外台阶　　D. 窗

E. 女儿墙

2. 下列说法错误的有(　　)。

A. 玻璃幕墙采用明框式幕墙

B. 外墙每层均设置水平防火隔离带

C. 弱电井门口均应做 200 mm 高门槛

D. 本建筑与其他建筑的间距最小为 6 m

E. 本工程建筑耐火等级为三级

3. 本工程中以下说法错误的有(　　)。

A. 建施图中屋面标高为屋面面层标高

B. 墙体材料采用了加气混凝土砌块

C. 采用预拌砂浆

D. 内墙面阳角采用 1∶3 水泥砂浆做护角

E. 玻璃幕墙由建筑设计单位负责具体设计

4. 结施—06 中，以下表述正确的有(　　)。

A. KL9 集中标注有误

B. KL14 梁底绝对标高为 81.970

C. KL4 与 KL19 相交处，KL19 梁底筋在下、KL4 梁底筋在上

D. KL12 梁侧构造钢筋在 KZ 中锚固长度为 150 mm

E. KL17 与 KL2 相交处在 KL3 上设置附加箍筋

5. 本工程框架柱(KZ)箍筋的形式有(　　)。

A. 3×3　　B. 3×4　　C. 4×4　　D. 4×3

E. 5×5

6. 结施—08 中四层 KL6(3A)，以下叙述错误的有(　　)。

A. Ⓐ～Ⓒ轴跨梁底标高为 10.370

B. Ⓒ～Ⓓ轴跨梁高为 600 mm

C. 附加箍筋直径同梁箍筋，间距为梁箍筋间距一半

D. 全梁均设梁侧构造钢筋

E. 悬挑端为变截面梁

7. 本工程下列说法正确的有(　　)。

A. 屋面为上人屋面　　B. 玻璃幕墙护栏扶手离地 1 050 mm

C. 室内外高差 450 mm　　D. 楼梯扶手高度 900 mm

E. 女儿墙高度有 600 mm、1 500 mm

8. 建筑平面图的绘制原则有(　　)。

A. 应表示出墙厚、房间的分隔情况

B. 应表示房屋平面形状，内部布置及朝向

C. 应表示出墙面装饰材料的种类、色彩和划分

D. 应表示出主要房间的开间和建筑水平方向总尺寸

E. 应表示出主要楼层、门窗等部位的竖向尺寸

9. 关于标高不正确的说法有(　　)。

A. 以我国东海海平面的平均高度为零点测得的标高为绝对标高

B. 标高符号为等边三角形，细实线绘制

C. 总平面图应标注相对标高

D. 标高上的数字以米为单位

E. 正数标高标注“＋”号，负数标高标注“—”号

10. 本工程中，KZ 截面尺寸有(　　)等几种。

A. 400 mm×400 mm　　B. 400 mm×450 mm

C. 450 mm×450 mm　　D. 450 mm×500 mm

E. 500 mm×500 mm

11. 关于本工程，以下说法正确的有(　　)。

A. 对跨度不小于 4 m 的现浇钢筋混凝土梁，其模板应起拱

B. 主次梁相交处，主梁箍筋应贯通设置

C. 当梁的腹板高度 h_w＞450 mm 时，梁侧面应设置纵向构造钢筋或受扭纵筋

D. 女儿墙长度≥4 m 应设置构造柱

E. 地下管沟通过基础墙时，沟管顶部应设钢筋混凝土过梁

12. 结施－11 中，屋顶结构平面图中，下列信息错误的是(　　)。

A. 板厚均为 120 mm　B. 板下部配有 x 向和 y 向钢筋

C. 板上部均配有温度筋D. 板顶标高均为 17.700

E. 现浇板混凝土强度等级为 C30

13. 关于本工程卫生间，以下说法不正确的有(　　)。

A. 卫生间地面面层采用陶瓷地砖地面

B. 卫生间楼面标高均低于室内标高 30 mm

C. 卫生间墙下不设踢脚线

D. 卫生间楼面找 1%坡向地漏

E. 卫生间现浇板四周应做不小于 200 mm 高的混凝土翻边

14. 关于本工程楼梯正确的说法有(　　)。

A. 平面形式为双跑平行楼梯　　B. 结构形式为板式楼梯

C. 本工程共有两个楼梯间　　D. 楼梯踏步踢面高度为 150 mm

E. 每层踏步数为 22 步

15. 本工程的层高有(　　)mm。

A. 3 400　B. 3 600　C. 4 000　D. 4 200

E. 4 500

16. 关于墙身详图的正确说法有(　　)。

A. 要表示出墙体的细部构造

B. 图面可以不标识出材料的图例与符号

C. 当墙身详图为所有外墙通用时，可不必标出轴线编号

D. 应标出楼地面的标高

E. 应绘制出每一层的墙身详图

17. 轴线⑤与轴线Ⓓ轴线处的 KZ6 柱插筋在基础中锚固时，以下说法不正确的有(　　)。

A. 基础内柱箍筋应按照加密区要求设置

B. 基础内柱箍筋应按照非加密区要求设置

C. 基础内柱箍筋为复合箍筋，且不应少于 3 道

D. 基础内柱箍筋间距不大于 500 mm

E. 柱角部纵筋应伸至基础板底部支承在基础垫层上

18. 关于本工程屋面板温度筋不正确的说法有(　　)。

A. 温度筋与板负筋搭接长度为 $15d$

B. 温度筋设置在板的上部

C. 温度筋的作用是防止因温度变化引起屋面板开裂

D. 分布筋不能兼做温度筋

E. 温度筋自身搭接长度为 150 mm

19. 关于本工程的填充墙，以下说法不正确的有(　　)。

A. 填充墙与框架柱应采用马牙槎可靠连接

B. 填充墙纵横墙交接处应设构造柱

C. 填充墙顶部应平砌紧密

D. 填充墙中构造柱的间距不大于 6 m

E. 后砌填充墙长与框架梁的连接按抗震设防烈度 8 度要求设置

20. 对于结施—10 中 KL3 中标注的“N4C12”，以下说法正确的有(　　)。

A. 为受扭纵筋

B. 设置在梁两侧，每侧 4 根

C. 搭接长度不小于 15d

D. 锚固方式同框架梁下部纵筋

E. 需根据受力计算确定

2.3 综合绘图

1. 绘图环境设置

(1)按表 8.2-1 的要求设置图层。

表 8.2-1 图层设置要求

序号	图层名称	颜色	线型	线宽
1	轴线	红色	DASHDOT	0.09
2	墙体	黄色	CONTINUOUS	0.6
3	门窗	青色	CONTINUOUS	0.18
4	其余投影线	蓝色	CONTINUOUS	0.13
5	填充	灰色	CONTINUOUS	0.05
6	尺寸标注	绿色	CONTINUOUS	0.09
7	文字	白色	CONTINUOUS	Default
8	图框	洋红	CONTINUOUS	0.18
9	其他	洋红	CONTINUOUS	0.09

(2)设置文字样式：

1)汉字：样式名为“汉字”，字体名为“仿宋”，宽高比为 0.7。

2)非汉字：样式名为“非汉字”，字体名为“Tssdeng.shx”，大字体为“Tssdchn.shx”，宽高比为 0.7。

(3)设置标注样式。标注样式名为“标注 100”；尺寸数字采用样式名为“文字”的字体；箭头样式为“建筑标记”，箭头大小为 1.5，文字高度为 3，使用全局比例为 100；主单位单位格式为“小数”，精度为“0”。其余未明确部分按现行制图标准。

2. 建筑平面图绘制

根据图纸文件中的施工图文件和设计变更单，在样板文件 1 中绘制变更后的二层平面图，出图比例为 1∶100。

3. 建筑剖面图绘制

根据图纸文件中的施工图文件和设计变更单，在样板文件 2 中绘制 4—4 剖面图(剖切位置详见建筑施工图)，出图比例为 1∶100。

需按制图标准要求标注必要的尺寸及标高；可在样板图已有图层基础上自行设定所需图层；结构构件尺寸不做要求，踢脚线及未剖到的可见柱边线可不绘制；尺寸或构造不详处可依据相关标准自行确定。

4. 建筑详图绘制

根据图纸文件中的施工图文件和设计变更单，在样板文件 2 中绘制③轴～④轴之间楼梯二层、三～五层、六层，共三个楼梯平面详图，楼梯形式为双跑平行楼梯，梯井宽度为 100 mm，出图比例为 1∶50。

需按制图标准要求标注必要的尺寸及标高；可在样板图已有图层基础上自行设定所需图层；结构构件尺寸不做要求，踢脚线及未剖到的可见柱边线可不绘制；尺寸或构造不详处可依据相关标准自行确定。

5. 基础配筋详图绘制

根据图纸文件中的施工图文件，绘制结施－02 中基础 $A-A$ 截面的配筋详图。要求绘制出基础梁、基础底板、基础垫层轮廓线；标注基础梁、基础底板截面尺寸，垫层尺寸，基底标高，相应的轴线；绘制基础梁、基础底板钢筋，并标注配筋信息及基础底板钢筋在基础梁内的锚固长度。

绘图比例为 1∶1，出图比例为 1∶25；钢筋线用多段线命令绘制，要求出图后粗线线宽为 0.5 mm；图层设置可不作要求；尺寸标注根据出图比例要求设置，文字标注采用“仿宋”；结构构造按现行平法图集中最经济的构造标准要求，不得进行放大调整，且小数点后数字进位。

6. 柱配筋详图绘制

根据图纸文件中的施工图文件，绘制⑧轴交Ⓐ轴处 KZ8 的纵剖面图，沿 $B-B$ 剖切方向，绘制标高范围为 2.100～6.000 m，相邻纵筋接头面积百分率为 50%。要求绘制梁柱轮廓及折断线、标注梁柱截面尺寸及相应的轴线、标高；绘制柱纵向钢筋，分别标注不同柱纵筋的直径；绘制出柱纵筋连接位置并标注最小尺寸；标注出箍筋加密区的尺寸范围和箍筋加密区的钢筋信息。

绘图比例为 1∶1，出图比例为 1∶25；钢筋线用多段线命令绘制，要求出图后粗线线宽为 0.5 mm；图层设置可不作要求；尺寸标注根据出图比例要求设置，文字标注采用“仿宋”；结构构造按现行平法图集中最经济的构造标准要求，不得进行放大调整，且小数点后数字进位。

7. 楼梯梯板配筋详图绘制

根据图纸文件中的施工图文件，绘制结施－13 中楼梯梯板 BT2 配筋构造详图。要求绘制梯板和两端梁截面图，并标注梯板和支承梁的尺寸、梯板起止标高；绘制梯板的受力钢筋和分布钢筋，标注配筋信息，并标注梯板纵筋的截断长度及锚固长度。

绘图比例为 1∶1，出图比例为 1∶25；钢筋线用多段线命令绘制，要求出图后粗线线宽为 0.5 mm；图层设置可不作要求；尺寸标注根据出图比例要求设置，文字标注采用“仿宋”；结构构造按现行平法图集中最经济的构造标准要求，不得进行放大调整，且小数点后数字进位。

综合训练
参考答案

任务3　剪力墙结构住宅楼施工图识读综合训练

工作任务

掌握剪力墙结构综合楼施工图的识读方法。具体任务如下：

(1)熟悉剪力墙结构施工图的组成；

(2)掌握剪力墙结构构件的平法表达；

(3)熟悉设计说明中的相关内容；

(4)熟悉剪力墙结构常见构件详图的表达。

工作途径

(1)《混凝土结构施工图平面整体表示方法制图规则和构造详图》(22G101)；

(2)《混凝土结构施工钢筋排布规则与构造详图》(18G901)。

成果检验

图纸文件

(1)根据二维码中给定的工程图纸，完成训练任务。

(2)本任务采用学生练习自测及教师评价综合打分。

3.1　单项选择题

1. 本工程入口处无障碍坡道的坡度为(　　)。

A. 1∶6　　B. 1∶10　　C. 1∶12　　D. 1∶20

2. 1＃楼梯配筋图，BT1的纵向受力筋为(　　)。

A. ⌀10@200　　B. ⌀12@120　　C. ⌀8@200　　D. ⌀6@200

3. 本工程1＃楼梯的类型有(　　)。

A. AT型、CT型 、BT型、DT型　　B. AT型、CT型 、BT型

C. AT型、CT型　　D. AT型

4. 本工程门窗尺寸为(　　)。

A. 含抹灰的尺寸　　B. 墙体洞口尺寸

C. 带门窗框尺寸　　D. 含保温层的尺寸

5. 总平面图尺寸标注的原则是(　　)。

A. 以m为单位，精确到cm

B. 以m为单位，精确到mm

C. 以mm为单位

D. 既可以用m为单位，也可以用mm为单位

6. 结施14—08，图中有(　　)种钢筋混凝土墙。

A. 四　　B. 五　　C. 六　　D. 七

7. 关于结施 14－12，以下错误的是(　　)。

A. 各层层高为 2.900 m

B. 框梁 KL10 顶标高为相应楼面标高增加 0.220 mm

C. 轴⑩－Ⓙ的造型构造拉梁，沿高度方向共设置了 10 道

D. 未注明的板厚均为 100 mm

8. 以下构件传热系数最大的是(　　)。

A. 屋面　　B. 外墙　　C. 屋顶透明部分　　D. 外窗

9. 本工程中内门立樘安装的位置一般为(　　)。

A. 与墙体外边缘平齐　　B. 与墙体内边缘平齐

C. 居墙中　　D. 距墙边 100mm

10. 框柱 KZ2 * 全部纵筋受力钢筋为(　　)。

A. 4Φ22＋2Φ20　　B. 8Φ22＋4Φ20

C. 4Φ22＋2Φ20　　D. 8Φ22＋2Φ20

11. 本工程卫生间墙面采用(　　)。

A. 釉面砖墙面　　B. 水泥砂浆墙面

C. 乳胶漆墙面　　D. 壁纸墙面

12. 本工程外挑檐的做法为(　　)。

A. 向内做 3%排水坡　　B. 向外做 3%排水坡

C. 向内做 1%排水坡　　D. 向外做 1%排水坡

13. 本工程电井门的防火级别为(　　)。

A. 甲级　　B. 乙级　　C. 丙级　　D. 丁级

14. 标高－0.065 层梁平法施工图中，WKL2 中附加吊筋的弯起角度为(　　)。

A. 30°　　B. 45°　　C. 55°　　D. 60°

15. 标高－0.065 层梁平法施工图，若 WKL2 底部纵向受力筋有两根不伸入支座，则底筋的平法表示应为(　　)。

A. 9Φ20 4/5(－2)　　B. 9Φ20 4/3(－2)

C. 9Φ20 4(－2)/5　　D. 9Φ20 2(－2)/5

16. 本工程中商铺的层高为(　　)m。

A. 3.250　　B. 4.200　　C. 4.350　　D. 5.600

17. 关于建筑高度下列说法正确的是(　　)。

A. 建筑高度是指从室外设计地面到女儿墙顶部的垂直距离

B. 建筑高度是指从室外设计地面到屋面面层的垂直距离

C. 建筑高度是指从首层地面到女儿墙顶部的垂直距离

D. 建筑高度是指从首层地面到屋面面层的垂直距离

18. 边缘构件 GBZ2a 起止标高为(　　)。

A. 相应顶板面～3.830　　B. 基顶～0.950

C. 0.950～3.830　　D. 基顶～3.830

19. 根据所提供的施工图，可以确定框柱 KZ1a 的配筋为(　　)。

A. 8Φ16　　B. 8Φ18　　C. 10Φ16　　D. 无法确定

20. 框架柱抗震构造措施按照(   )施工。

A. 二级抗震　　B. 三级抗震　　C. 四级抗震　　D. 非抗震

21. 民用建筑的耐火等级分为(   )。

A. 一个　　B. 三个　　C. 四个　　D. 五个

22. 本工程采用的砌墙材料有(   )。

A. 粉煤灰加气混凝土砌块

B. 混凝土空心砖

C. 蒸压砂加气混凝土砌块

D. 陶粒混凝土砌块

23. 本工程设备间屋面的排水方式是(   )。

A. 自由排水　　B. 有组织外排水

C. 有组织内排水　　D. 檐沟排水

24. 结施 15—07，GBZ7 全部纵向钢筋为(   )。

A. 14⌀14　　B. 16⌀14　　C. 14⌀16　　D. ⌀16@16

25. 标高 3.830 层梁平法施工图中，KL11 右端支座配筋，正确的表达方式为(   )。

A. 一排配筋，角筋 2⌀16，中部筋 4⌀20

B. 两排配筋，外侧配筋为 4⌀20，内侧配筋为 2⌀16

C. 两排配筋，外侧角筋为 2⌀20，外侧中部筋为 2⌀16

D. 两排配筋，外侧角筋为 2⌀16，外侧中部筋为 2⌀20

26. 本工程 1＃楼梯梯段的配筋注写方式是(   )。

A. 传统的绘制详图配筋方式　　B. 平面注写方式

C. 剖面注写方式　　D. 列表注写方式

27. AT2 梯段共有(   )个踏步面，梯段踏步面总长度为(   )。

A. 16、4 160　　B. 17、2 900　　C. 16、2 900　　D. 17、4 160

28. 结施 14—07，DWQ1 厚为 250 mm，墙外侧竖向分布筋为(   )。

A. ⌀22@100　　B. ⌀22@200　　C. ⌀12@100　　D. ⌀12@200

29. 本工程住宅部分的体形系数及其计算方式为(   )。

A. 0.2，外表面积除以体积

B. 0.38，外表面积除以体积

C. 0.2，总建筑面积除以外表面积

D. 0.38，总建筑面积除以外表面积

30. 本工程外墙采用的保温材料是(   )。

A. 膨胀珍珠岩　　B. 无机轻集料保温砂浆

C. 挤塑聚苯板　　D. 岩棉板

31. 关于本工程下列说法正确的是(   )。

A. 卫生间墙下做 300 mm 高 C20 防水混凝土上翻带

B. 上人屋面的防水材料是防水细石混凝土

C. 阳台底部应做鹰嘴

D. 混凝土墙预留洞封堵应用 C20 细石混凝土填实

32. 本工程外立面装饰材料有(　　)种。

A. 4　　B. 5　　C. 6　　D. 7

33. 本工程下列说法正确的是(　　)。

A. 墙体不设防潮层

B. 雨篷采用钢筋混凝土

C. 所有外窗台向外侧做1%的坡

D. 墙体预留洞封堵采用防火封堵材料

34. 独立承台四周设附加钢筋，附加钢筋设置正确的是(　　)。

A. 附加筋同底板钢筋

B. 独立承台四周附加筋为 ⌀8@200

C. 独立承台四周附加筋为 11⌀25

D. 附加筋可以按最小配筋率设置

35. 标高－0.065 层梁平法施工图，WKL8 与 LL3 顶面高差为(　　)m。

A. 0.065　　B. 0.885　　C. 0.950　　D. 1.015

36. 本工程关于无障碍设施设置的说法正确的是(　　)。

A. 本工程消防电梯兼无障碍电梯

B. 本工程共一处无障碍卫生间

C. 无障碍电梯轿厢侧面应设置 0.85～0.9 m 的扶手

D. 本工程每层均考虑无障碍设施

37. 关于本工程，下列说法正确的是(　　)。

A. 门窗采用非隔热金属型材框材

B. 外墙外保温采用燃烧性能 A 级的保温隔热材料

C. 卫生间采用面砖墙面

D. 所有外窗均向内开启

38. 本工程基础垫层为 C15 混凝土，垫层厚度为(　　)。

A. 100 mm　　B. 150 mm　　C. 200 mm　　D. 以上都不对

39. 关于本工程，以下正确的是(　　)。

A. 本工程主体结构设计使用年限为 70 年

B. 悬挑构件根部钢筋位置的锚固要求应严格按图施工，并加设临时支撑，待构件混凝土强度达到至少 90%时，方可拆除

C. 剪力墙及连梁与楼面梁板交接处的混凝土，均应按剪力墙的混凝土浇筑

D. 本工程应进行建筑物沉降观测，观测时间为施工及运维的全过程直到沉降稳定

40. 工程桩施工前应进行试桩，采用慢速维持荷载法，同一条件下的桩不少于总桩数的(　　)，且不少于 3 根。

A. 1%　　B. 10%　　C. 20%　　D. 50%

41. 本工程消防电梯集水坑底板标高为(　　)。

A. －5.500　　B. －5.600　　C. －8.200　　D. －10.100

42. 本工程室外散水宽度为(　　)mm。

A. 600　　B. 800　　C. 1 000　　D. 1 200

43. 按本工程要求，下列说法不正确的是(　　)。

A. 本工程住宅楼梯间为防烟楼梯间

B. 管道井检修门距楼地面 300mm

C. 屋面采用 PPC 防水卷材

D. 内墙均采用 200 mm 厚黏土烧结空心砖

44. 本工程试桩桩头应高出场地标高(　　)mm。

A. 50　　B. 100　　C. 150　　D. 200

45. 扩底 1 400 的桩，其单桩竖向承载力特征值为(　　)kN。

A. 2 500　　B. 3 300　　C. 4 100　　D. 4 800

46. 本工程地下室地面标高为(　　)。

A. −5.600　　B. −5.500　　C. −3.400　　D. −3.250

47. 根据《屋面工程技术规范》(GB 50345—2012)，民用建筑屋面防水等级分为(　　)个等级。

A. 一　　B. 二　　C. 三　　D. 四

48. 本工程砌体施工质量控制等级为 B 级，±0.000 以上墙体材料为(　　)。

A. 加气混凝土砌块　　B. 陶粒混凝土空心砌块

C. 页岩烧结多孔砖　　D. 页岩烧结实心砖

49. 板内埋设管线时，所敷设管线应放在板底钢筋之上，板上部钢筋之下，且管线的混凝土保护层应不小于(　　)mm。

A. 15　　B. 20　　C. 25　　D. 30

50. 关于本工程，下列说法错误的是(　　)。

A. 钢筋混凝土剪力墙应布置水平、竖向各双排分布钢筋，竖向钢筋在内侧，水平钢筋在外侧

B. 对风荷载比较敏感的高层建筑(房屋高度大于 60 m)，承载力设计时应按基本风压的 1.3 倍采用

C. 补偿收缩混凝土采用的外加剂应为 A 级或一级品

D. 屋面、地下室底板、外墙、顶板混凝土抗渗等级≥P6 级

51. 本工程中卫生间及有水房间墙体下部均做(　　)mm 高混凝土翻边。

A. 120　　B. 200　　C. 250　　D. 300

52. TLM2024 的开启方式是(　　)。

A. 平开内开　　B. 平开外开　　C. 双扇推拉　　D. 单扇推拉

53. 按本工程要求，下列说法正确的是(　　)。

A. 本工程栏杆竖向净距不大于 120 mm

B. 本工程屋面采用刚性防水

C. 管道井检修门距楼地面 250 mm

D. 外墙装饰共 4 种

54. 本工程±0.000 对应黄海绝地高程为(　　)。

A. 37.600　　B. 70.850

C. −0.065　　D. 以上都不准确

55. 本工程的结构类型是(　　)。

A. 框架结构　　B. 框架-剪力墙结构

C. 剪力墙结构　　D. 短肢剪力墙结构

56. 桩基施工时，对基岩以上的松散土层应采用钢护筒护壁，护壁埋设应准确、稳定，护筒中心与桩位中心的偏差不得大于(　　)mm。

A. 50　　B. 20　　C. 100　　D. 40

57. 本工程采用的基础形式为(　　)。

A. 静压管桩　　B. 人工挖孔桩

C. 超流态混凝土灌注桩　　D. 旋挖成孔灌注桩

58. 根据本工程结构设计要求，HRB400 级钢筋所用的焊条为(　　)型。

A. E43　　B. E50　　C. E55　　D. E60

59. 本工程住宅楼梯间属于(　　)。

A. 开敞式楼梯间　　B. 封闭式楼梯间

C. 防火楼梯间　　D. 防烟楼梯间

60. 本工程公建部分主入口朝向为(　　)。

A. 东北　　B. 西北　　C. 东南　　D. 西南

3.2　多项选择题

1. 关于本工程基础，下列叙述错误的有(　　)。

A. 桩身混凝土质量检测，对单柱单桩基础应逐根进行检测

B. 桩基持力层为强风化砂岩

C. 桩基施工过程中，应经常复核轴线，保证桩位准确

D. 灌注导管接头必须密封，不得进水和漏浆，灌注导管距孔底不得大于 300～500 mm

E. 桩身纵筋均采用机械连接接头

2. 对于−0.065 层梁平法施工图，下列叙述错误的有(　　)。

A. WKL5 的另一个作用是兼做挡土墙的功能

B. 框架梁 KL13 应该是四跨连续梁

C. 框架梁 KL19 梁顶标高实际应为 1.150 m

D. 本层剪力墙连梁 LL3 的侧向钢筋是 12⌀12

E. 楼面梁 L8 下部纵筋不伸入支座的断点距离支座内皮 580 mm

3. 关于本工程，下列说法不正确的有(　　)。

A. 板面高差≤50 mm 的支座筋可以直接贯通设置

B. 卫生间等降板处需设置暗梁

C. 不扩底 800 mm 径桩，设计单桩竖向承载力标准值为 2 500 kN

D. 板短跨方向钢筋置于外层，长跨方向钢筋置于内层

E. 根据所提供的结构图可知，桩身纵筋钢筋均为 12⌀16

4. 本工程中，属于楼地面构造做法中完成面的有(　　)。

A. 卫生间地砖地面

B. 20 mm 厚木地板

C. 阳台地砖地面

D. 20 mm 厚 1∶2 水泥砂浆面层

E. 10 mm 厚地砖楼梯地面

5. 下列关于本工程门窗的正确描述有(　　)。

A. 木门为一底三度调和漆

B. 门窗尺寸均为墙体洞口尺寸

C. 卫生间门安装时，门扇宜与地面平

D. 消防救援口窗户玻璃为易击碎钢化玻璃

E. 窗台距楼地面低于 900 mm 的，内侧加做贴窗安全栏杆

6. 关于本工程，下列叙述正确的有(　　)。

A. 钢筋强度设计值应具有 95％的保证率

B. 本工程应采用现场搅拌混凝土，混凝土强度等级应不小于 C30

C. 本工程基础形式均为筏板基础

D. 本工程按 6 度要求采取抗震措施

E. 各层楼板内钢筋除注明外，搭接位置下筋在支座范围，上筋在跨中范围

7. 以下各项中描述正确的有(　　)。

A. 外窗框与外墙之间的缝隙采用高效保温材料填充

B. 门窗采用隔热金属型材窗框

C. 外墙保温采用挤塑聚苯板

D. 外墙节能中，传热系数 K 值越小，对工程节能越有利

E. 本工程无外窗遮阳

8. 下列说法正确的有(　　)。

A. 楼梯间的门应具有自行关闭功能

B. 本工程女儿墙顶面向外侧坡 3％

C. 本工程卫生间楼地面低于相邻房间 40 mm

D. 本工程雨篷均为钢筋混凝土雨篷

E. 本工程屋面采用 PPC 卷材防水

9. 以下材料中可以用作保温材料的有(　　)。

A. 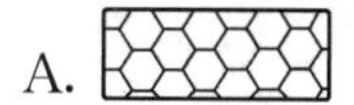

B.

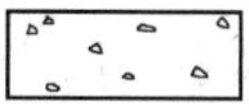

C.

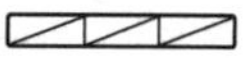

D.

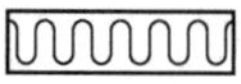

E.

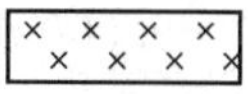

10. 关于 1＃楼梯，下列说法错误的有(　　)。

A. 所有楼梯梯段都是带有折板的梯段

B. 梯板 CT 型共有三种

C. 梯段上部纵向钢筋，按铰接计算时，锚固长度为 $0.35l_{abE}$

D. 标高 0.970～3.870 m 范围内的梯段为 BT 型楼梯

E. 所有梯段分布钢筋均为 ф6@200

3.3　综合绘图

1. 绘图环境设置

(1)按表 8.3-1 的要求设置图层。

表 8.3-1　图层设计要求

序号	图层名称	颜色	线型	线宽
1	轴线	1	CENTER	0.15
2	墙体	7	CONTINUOUS	0.5
3	门窗	4	CONTINUOUS	0.2
4	外墙保温	33	CONTINUOUS	0.35
5	室外地坪线	242	CONTINUOUS	1.0
6	标注	3	CONTINUOUS	0.2
7	台阶、坡道及扶手	2	CONTINUOUS	0.2
8	立面绘制	143	CONTINUOUS	0.2
9	图框	5	CONTINUOUS	0.2
10	剖切到的构件线	2	CONTINUOUS	0.1
11	其他	6	CONTINUOUS	0.2

(2)设置文字样式：

1)汉字：样式名为"汉字"，字体名为"仿宋"，宽高比为 0.7。

2)非汉字：样式名为"非汉字"，字体名为"Tssdeng.shx"，大字体为"Tssdchn.shx"，宽高比为 0.7。

(3)设置标注样式。标注样式名为"标注 100"；尺寸数字采用样式名为"文字"的字体；箭头样式为"建筑标记"，箭头大小为 1.5，文字高度为 3，使用全局比例为 100；主单位单位格式为"小数"，精度为"0"。其余未明确部分按现行制图标准。

2. 建筑平面图绘制

根据图纸文件中的施工图文件，绘制楼梯一层平面图，绘图比例为 1∶1，出图比例为 1∶50。要求为其余未明确部分按现行制图标准绘图。需画出轴线、墙体、楼地面、门窗、井道、电梯、文字、尺寸标注、图名、比例、标高等。

3. 建筑剖面图绘制

根据图纸文件中的施工图文件，绘制 2—2 剖面图，只画标高从－5.500 至 9.700 之间的部分，绘图比例为 1∶1，出图比例为 1∶100。需画出轴线、墙体、楼地面、门窗、栏杆、扶手、文字、尺寸标注、图名、比例、标高等，其余未明确部分应符合现行制图标准绘图。

4. 建筑立面图和建筑详图绘制

根据图纸文件中的施工图文件，绘制(10-01)～(10-K)轴立面图(出图比例为 1∶100)，只画标高从－3.400 至 6F 楼板以下部分，并绘制所绘门窗大样图(出图比例为 1∶50)，绘图比例均为 1∶1。要求选择正确的门窗大样图；需画出地坪、门窗、尺寸标注、图名、比例、标高等，其余未明确部分按现行制图标准绘图。

5. 柱配筋详图绘制

根据图纸文件中的施工图文件，绘制Ⓢⓒ轴与⑩-㉓轴相交处框柱(KZ4 ＊～KZ3)在第一次标高改变处框柱的变截面纵筋构造图，应分别绘制出框柱对应于Ⓢⓒ轴和⑩-㉓轴两个方向变截面的纵向钢筋构造图，柱中部钢筋无需绘制。

具体要求如下：

(1)将结施14—07中的KZ4 ＊截面改为550 mm×550 mm，水平方向定位尺寸为轴线居中设置，垂直方向的原定位尺寸100 mm保持不变；全部纵向钢筋改为12⌀25。

(2)应正确绘制构件轮廓线、尺寸、标高、轴号及图名。

(3)绘图比例为1∶1，出图比例为1∶20。钢筋线用多段线命令绘制，要求出图后粗线线宽为0.5 mm；图层设置可不作要求；尺寸标注根据出图比例要求设置，文字标注采用"仿宋"；结构构造按现行平法图集中最经济的构造标准要求，不得进行放大调整，且小数点后数字进位。

6. 框架梁配筋详图绘制

根据图纸文件中的施工图文件，绘制结施14—14中⑩-㉓轴线上的5—5、6—6、7—7、9—9、11—11梁截面配筋图。要求正确绘制构件轮廓线、尺寸、标高及图名；所有受力筋均应编号以区别。

绘图比例为1∶1，出图比例为1∶20。钢筋线用多段线命令绘制，要求出图后粗线线宽为0.5 mm；图层设置可不作要求；尺寸标注根据出图比例要求设置，文字标注采用"仿宋"；结构构造按现行平法图集中最经济的构造标准要求，不得进行放大调整，且小数点后数字进位。

7. 楼梯梯板配筋详图绘制

综合训练
参考答案

根据图纸文件中的施工图文件，绘制结施14—13中1＃楼梯在标高−1.655～0.970之间的梯板纵向剖切配筋详图和梯板横截面配筋图。

变更要求：将原CT2楼梯板变更为CTa2，高端平板长为780 mm，梯板抗震等级为四级，板边两侧附加纵筋均为2⌀16，梯板上部纵筋⌀12@200，下部纵筋⌀12@150，分布筋Φ8@200。要求所有钢筋均应编号以示区别，应绘制构件轮廓线、尺寸、标高、钢筋编号；梯段两端平台板可用折断线折断绘制。

绘图比例为1∶1，出图比例为1∶20。钢筋线用多段线命令绘制，要求出图后粗线线宽为0.5 mm；图层设置可不作要求；尺寸标注根据出图比例要求设置，文字标注采用"仿宋"；结构构造按现行平法图集中最经济的构造标准要求，不得进行放大调整，且小数点后数字进位。

任务4　框架-剪力墙结构住宅楼施工图识读综合训练

工作任务

掌握框架-剪力墙结构住宅楼施工图的识读方法。具体任务如下：

(1)熟悉框架-剪力墙结构施工图的组成；

(2)掌握框架-剪力墙结构构件的平法表达；

(3)熟悉设计说明中的相关内容；

(4)熟悉框架-剪力墙常见构件详图的表达。

工作途径

(1)《混凝土结构施工图平面整体表示方法制图规则和构造详图》(22G101)；

(2)《混凝土结构施工钢筋排布规则与构造详图》(18G901)。

成果检验

图纸文件

(1)根据二维码中给定的工程图纸，完成训练任务。

(2)本任务采用学生练习自测及教师评价综合打分。

4.1　单项选择题

1. 本工程所采用的屋面形式是(　　)。

A. 平屋顶　　B. 坡屋顶
C. 平屋顶和坡屋顶结合　　D. 曲面屋顶

2. 本工程卫生间采用(　　)防水。

A. 防水涂膜　　B. 卷材
C. 防水砂浆　　D. 卷材和防水砂浆

3. 本工程楼梯间窗户的朝向为(　　)。

A. 东北　　B. 东南　　C. 西北　　D. 北

4. 本工程汽车库的层高为(　　)mm。

A. 2 800　　B. 2 900　　C. 3 000　　D. 2 700

5. 本工程建筑西立面图中可见窗户的开启方式为(　　)。

A. 推拉窗　　B. 平开窗　　C. 上悬窗　　D. 固定窗

6. 本工程上部结构的嵌固部位是(　　)。

A. ±0.000　　B. 基础顶面
C. 基础底面　　D. 图纸未注明

7. 本工程中采用的楼梯形式是(　　)。

A. 抗震楼梯，滑动支座位于低端梯梁上
B. 抗震楼梯，未设置滑动支座

C. 非抗震楼梯，滑动支座位于低端梯梁上

D. 非抗震楼梯，未设置滑动支座

8. 本工程屋顶层平面图最高部位的标高是(　　)。

A. 18.800　　B. 20.128　　C. 20.600　　D. 21.000

9. 本工程屋面泛水的高度为(　　)。

A. 250 mm　　B. 300 mm　　C. 350 mm　　D. 前后矛盾

10. 本工程卫生间的门采用的是(　　)。

A. 平开塑料门　　B. 平开木夹板门

C. 平开木镶板门　　D. 图纸未表达清楚

11. 本工程楼梯详图中的错误是(　　)。

A. 尺寸　　B. 标高　　C. 轴线　　D. 剖切符号

12. 现浇栏板每隔(　　)m 设置一条伸缩缝。

A. 10　　B. 12　　C. 15　　D. 20

13. 在楼梯结构图中，PTB1 X 向上部贯通筋为(　　)。

A. ⌀6@150　　B. ⌀8@200

C. ⌀6@125　　D. 未设置上部贯通筋

14. 本工程的屋面保温材料为(　　)。

A. 70 mm 厚复合发泡水泥板　　B. 75 mm 厚挤塑聚苯板

C. 75 mm 厚玻璃棉　　D. 70 mm 厚岩棉

15. 本工程窗户采用(　　)。

A. 双层窗　　B. 单层窗　　C. 白色塑料窗　　D. 推拉窗

16. 本工程剪力墙水平分布筋采用(　　)方式。

A. 机械连接　　B. 绑扎连接　　C. 焊接连接　　D. 未注明

17. 本工程剪力墙抗震等级为(　　)。

A. 一级　　B. 二级　　C. 三级　　D. 四级

18. 建筑总平面图中建筑红线采用(　　)线型绘制。

A. 粗实线　　B. 粗虚线

C. 粗双点长画线　　D. 中双点长画线

19. 本工程变形缝的宽度为(　　)mm。

A. 100　　B. 150　　C. 200　　D. 300

20. 本工程基础梁 JLy1 所用的箍筋为(　　)。

A. 双肢箍　　B. 三肢箍　　C. 四肢箍　　D. 未注明

21. 本工程梯板 AT1 的分布筋为(　　)。

A. ⌀8@180　　B. ⌀8@160　　C. ⌀8@200　　D. ⌀8@75

22. 本工程汽车库坡道的坡度是(　　)。

A. 0.047　　B. 0.067　　C. 0.625　　D. 0.056

23. 屋面构造做法中隔汽层是(　　)。

A. 3 厚 SBS 防水卷材　　B. 50 mm 厚 C20 细石混凝土

C. 15 mm 厚 1∶3 水泥砂浆　　D. 不设隔汽层

24. 2.850 梁平法施工图中存在错误或矛盾的是（　　）。

A. LLx1　　B. KLx7　　C. KLn10　　D. KLx20

25. 在建筑总平面图中新建建筑轮廓线为（　　）。

A. 新建建筑屋面处外墙的外轮廓线

B. 新建建筑与室外地坪相交的轮廓线

C. 新建建筑室外散水的轮廓线

D. 新建建筑与室外地坪相交±0.000 处的外墙轮廓线

26. 三层㊵～㊷轴线间 YTC3 的窗台标高为（　　）。

A. 600 mm　　B. 1 050 mm　　C. 5.800 m　　D. 6.400 m

27. 本工程 DYM 所在墙体的基础类型为（　　）。

A. 钢筋混凝土梁板式条形基础　　B. 钢筋混凝土板式条形基础

C. 素混凝土条形基础　　D. 地坪垫层加厚作为基础

28. 按图纸要求，本工程梁跨度大于（　　）m 时需要起拱。

A. 3　　B. 3.6　　C. 4　　D. 4.5

29. 本工程 TJBp9 底板分布筋为（　　）。

A. ⌀6@130　　B. ⌀10@160　　C. ⌀10@170　　D. ⌀8@300

30. 本工程中纵向受力筋应采用（　　）。

A. 普通热轧钢筋　　B. 符合抗震性能指标的钢筋

C. 冷拉钢筋　　D. 普通带肋钢筋

31. 下面对 KZ7 在基础顶面～2.850 范围内箍筋的设置正确的是（　　）。

A. 基础顶 $H_n/3$ 范围内加密，一层框架梁底 $H_n/3$ 范围内加密，其余为非加密区

B. 基础顶 $H_n/3$ 范围内加密，一层框架梁底 $H_n/6$ 范围内加密，其余为非加密区

C. 基础顶 $H_n/6$ 范围内加密，一层框架梁底 $H_n/3$ 范围内加密，其余为非加密区

D. 全柱加密

32. 本工程中卫生间墙体的现浇混凝土翻沿的高度为（　　）。

A. 200 mm　　B. 250 mm　　C. 300 mm　　D. 前后矛盾

33. 本工程屋面泛水的高度为（　　）。

A. 200 mm　　B. 250 mm　　C. 300 mm　　D. 前后矛盾

34. 本工程南立面图与平面图不一致的是（　　）。

A. 窗　　B. 门　　C. 挑檐　　D. 轴线

35. 下面关于本工程保温系统的说法错误的是（　　）。

A. 外墙保温材料的燃烧性能等级为 A 级

B. 外墙上应设置防火隔离带

C. 屋面保温材料的燃烧性能等级为 B1 级

D. 屋面上应设置防火隔离带

36. 本工程二层楼板钢筋保护层厚度为（　　）。

A. ≥15 mm

B. ≥20 mm

C. ≥25 mm

D. 不小于受力筋最小保护层厚度且≥15 mm

37. 屋面现浇板板上预留的屋面上人孔，x 方向的补强钢筋为(　　)。

A. 2⏀12 贯通布置伸至墙边　　B. 2⏀14 贯通布置伸至墙边

C. 2⏀12 贯通布置锚入墙内　　D. 2⏀14 贯通布置锚入墙内

38. 本工程楼梯间的开间为(　　)mm。

A. 5 200　　B. 2 600　　C. 1 800　　D. 2 080

39. 本工程从一层上至二层需上(　　)跑楼梯段。

A. 1　　B. 2　　C. 9　　D. 18

40. 三层楼面板配筋图中，②、③轴线间与Ⓖ、Ⓗ轴线间板的受力钢筋为(　　)。

A. ⏀6@150　　B. ⏀8@200　　C. ⏀6@125　　D. 图中漏绘

41. 下面有关本工程中卧室的 M1 上部所设置的过梁的说法错误的是(　　)。

A. 高度为 100 mm　　B. 上部纵筋为 2⏀6

C. 下部纵筋为 2⏀8　　D. 箍筋为 ⏀6@200(2)

42. 对本工程来说，下列有关散水说法正确的是(　　)。

A. 散水每隔 6 m 设置一道 20 mm 宽伸缩缝

B. 散水与墙体应断开

C. 散水宽度 800 mm

D. 散水坡度为 5%

43. 本工程屋面排水图中，在⑩、⑪轴线间，Ⓕ轴线附近的矩形(如下图)是指(　　)。

A. 屋面检修孔　　B. 排气道风帽

C. 排烟道风帽　　D. 屋面造型

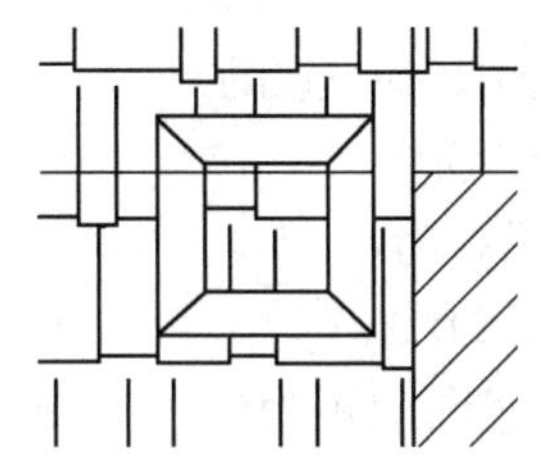

44. 三层楼面梁 KLy12，共布置箍筋的根数为(　　)。

A. 23　　B. 34　　C. 35　　D. 46

45. 本工程 AT1 的上部纵筋的锚固长度为(　　)。

A. $\geqslant l_{a}$　　B. $\geqslant l_{aE}$　　C. $\geqslant 15d$　　D. $0.35l_{ab}$

46. 本工程南立面图中，1 处所指的轮廓线是(　　)。

A. 钢筋混凝土装饰线条　　B. 铝板装饰线条

C. GRC 装饰线条　　D. 石材装饰线条

47. 本工程采用的 JLx7 的顶面相对标高为(　　)。

A. −0.350　　B. −1.550　　C. 23.650　　D. 23.350

48. 本工程起居室的空调洞中心距本层楼地面为(　　)mm。

A. 210　　B. 2 100　　C. 75　　D. 200

49. 本工程楼梯井的宽度为(　　)mm。

A. 100　　B. 60　　C. 200　　D. 150

50. 三层楼面梁配筋图中，LLx3 的梁顶标高为(　　)。

A. 5.750　　B. 5.550　　C. 5.800　　D. 5.950

51. 基础平法施工图中关于"TJBp1(3A)200/100"说法正确的是(　　)。

A. 为阶形条形基础底板，3 跨，3 端悬挑，端部高度 100、根部高度 200

B. 为阶形条形基础底板，3 跨，1 端悬挑，端部高度 200、根部高度 200

C. 为坡形条形基础底板，3 跨，1 端悬挑，端部高度 100、根部高度 300

D. 为坡形条形基础底板，3 跨，1 端悬挑，端部高度 100、根部高度 200

52. 本工程二层 C9 内窗台的宽度为(　　)mm。

A. 100　　B. 500　　C. 600　　D. 700

53. 本工程楼梯每一级踏步的高度为(　　)mm，踏步的宽度为(　　)mm。

A. 260、161.11　　B. 270、161.11

C. 260、171.11　　D. 270、171.11

54. 三层楼面梁配筋图中，KLx5 上的附加箍筋，以下说法不正确的是(　　)。

A. 箍筋直径为 8 mm

B. 每边设置 3 根

C. 附加箍筋范围内框架梁的箍筋可不设

D. 第一根箍筋距次梁边 50 mm

55. 下面有关一层 Q1 的说法错误的是(　　)。

A. 设置双排筋

B. 水平分布筋为构造钢筋，按照 ⌀10@300 配置

C. 拉结筋必须钩住外层钢筋

D. 墙体水平钢筋不得代替暗柱箍筋的设置

56. 本工程 2—2 剖面图与平面图不一致的是(　　)。

A. 门　　B. 窗　　C. 台阶　　D. 屋顶

57. 本工程 DL1 底面的绝对标高为(　　)。

A. 23.050　　B. 24.050　　C. 23.550　　D. —1.050

58. 本工程一层 Q3 拉结钢筋竖向间距为(　　)mm。

A. 425　　B. 450　　C. 480　　D. 600

59. Ⓐ轴线与②轴线相交处，与基础相连的 KZ16 的净高为(　　)mm。

A. 2 850　　B. 3 800　　C. 3 500　　D. 3 150

60. 轴线Ⓐ交轴线③处 J—1，在基础顶面以下的第一道箍筋的起步距离为(　　)mm。

A. 50　　B. 100　　C. 120　　D. 150

4.2　多项选择题

1. 二层梁配筋图中，关于 KLy20 的说法正确的有(　　)。

A. 梁上部纵筋通长筋为 2⌀14

B. 跨数标注有误，应为 4 跨

C. 梁的截面高度为 400 mm

D. 梁下部纵筋在端部支座的锚固长度为 $12d$

2. 下列有关本工程 TDL1 的说法正确的有(　　)。

A. 箍筋配置为二肢箍

B. TDL1 的底面位于两端基础梁顶面下部 100 mm

C. TDL1 的顶面与两端基础梁顶面齐平

D. 所采用的混凝土强度等级为 C30

3. 本工程所采用的混凝土强度等级有(　　)。

A. C15　　B. C25　　C. C30　　D. C35

4. 本工程采用的墙体材料有(　　)。

A. 烧结煤矸石砖　　B. 加气混凝土砌块

C. 实心粘土砖　　D. 钢筋混凝土

5. 关于本工程框架柱 KZ7 的说法正确的有(　　)。

A. 柱纵筋在基础底板处水平段的长度为 150 mm

B. 其嵌固部为标高为－0.300

C. 箍筋类型为 3×3

D. 在节点核心区不布置箍筋

6. 下列关于本工程屋面排水的阐述正确的有(　　)。

A. 屋面采用了女儿墙内排水

B. 屋面采用了挑檐沟外排水

C. 屋面采用了直式雨水口

D. 屋面采用了横式雨水口

7. 按照图纸要求，以下说法正确的有(　　)。

A. 板面钢筋短跨在上，长跨在下

B. 板角负筋，纵横两向必须重叠设置成网格状

C. 当钢筋长度不够时，板上部钢筋应在跨中搭接

D. 板支座非贯通筋的长度是自从支座中心线伸入板内的长度

8. 下列关于本工程图纸的说法正确的有(　　)。

A. 是按照中心投影法绘制的

B. 是多面正投影图

C. 是单面正投影图

D. 图纸上标注的尺寸是实际尺寸，与比例无关

9. 本工程变形缝起到了(　　)的作用。

A. 伸缩缝　　B. 沉降缝　　C. 防震缝　　D. 分隔缝

10. 本工程中以下说法错误的有(　　)。

A. 建施图中屋面标高为结构面标高

B. 屋面雨水流经变形缝

C. 房间内阳角采用 2 m 高 1∶2 水泥砂浆做护角

D. 采用了 150 mm 高水泥砂浆踢脚

4.3 综合绘图

1. 绘图环境设置

(1)按表 8.4-1 的要求设置图层。

表 8.4-1 图层设置要求

序号	图层名称	颜色	线型	线宽
1	轴线	1	CENTER	0.13
2	墙体楼板	9	CONTINUOUS	0.5
3	门窗	4	CONTINUOUS	0.13
4	填充	16	CONTINUOUS	0.05
5	符号及尺寸标注	3	CONTINUOUS	0.13
6	文字	7	CONTINUOUS	DEFAULT
7	立面构件	7	CONTINUOUS	0.13
8	立面轮廓	2	CONTINUOUS	0.5
9	地坪线	5	CONTINUOUS	0.7
10	图框	254	CONTINUOUS	0.5
11	图幅	254	CONTINUOUS	0.13
12	其他	6	CONTINUOUS	0.13

(2)设置文字样式：

1)汉字：样式名为“汉字”，字体名为“仿宋”，宽高比为 0.7。

2)非汉字：样式名为“非汉字”，字体名为“Tssdeng.shx”，大字体为“Tssdchn.shx”，宽高比为 0.7。

(3)设置标注样式。标注样式名为“标注 100”；尺寸数字采用样式名为“文字”的字体；箭头样式为“建筑标记”，箭头大小为 1.5，文字高度为 3，使用全局比例为 100；主单位单位格式为“小数”，精度为“0”。其余未明确部分按现行制图标准。

2. 建筑剖面图绘制

根据图纸文件中的施工图文件，绘制本工程的建筑剖面图(3—3)，剖切位置见一层平面图，绘图比例为 1∶1，出图比例为 1∶100。

剖切到的构件中，楼板和梯段板的厚度均为 100 mm 厚，过梁高度为 300 mm；其他的结构构件尺寸可参照结构施工图相应位置。需要绘制出轴线、墙体、女儿墙、楼板、屋顶、楼梯、栏杆、地坪、门窗、尺寸、图名、比例、标高等内容，无须绘制楼面面层和踢脚线。

3. 建筑立面图绘制

根据图纸文件中的施工图文件，修改并重新绘制已有的建筑东立面图，绘图比例为 1∶1，出图比例为 1∶100。

要求绘制立面轮廓、门窗、屋顶、檐沟、雨篷、栏杆等，标注尺寸、标高及外墙面装饰装修等。

4. 建筑详图绘制

根据图纸文件中的施工图文件，绘制六层平面图轴线②、④间轴线Ⓒ上的 T 详图。绘图比例为 1∶1，出图比例为 1∶20。

要求绘制出构件造型、窗台、栏杆、保温层、装修层等，对图形进行图案填充；标注相应位置的尺寸和标高。结构构件尺寸可参照结构施工图相应位置。

5. 基础配筋详图绘制

根据图纸文件中的施工图文件，绘制Ⓗ轴线上的基础的断面图，各断面的位置如图纸文件中所示。要求绘制出基础和垫层的轮廓、钢筋，标注基础的钢筋、尺寸和基底标高，标注图名和比例。

绘图比例为 1∶1，出图比例为 1∶20；钢筋线用多段线命令绘制，要求出图后线宽为 0.5 mm；图层设置可不作要求；尺寸标注根据出图比例要求设置，文字标注采用“仿宋”；结构构造按现行平法图集中最经济的构造标准要求，不得进行放大调整，且小数点后数字进位。

6. 梁配筋详图绘制

根据图纸文件中的施工图文件，绘制六层 KLy1 梁的纵剖面图和断面图。

(1)纵剖面图绘制要求：绘制标高、轴线号、尺寸、梁柱轮廓等；绘制所有纵筋及钢筋不可见截断点的位置，并标注钢筋级别、根数、直径及必要的构造尺寸；绘制箍筋加密区与非加密区的分界线并标注分界线尺寸和各箍筋级别、直径、间距；绘制附加箍筋，并标注附加箍筋的位置、间距，并标注其数量和配置。不考虑纵筋太长引起的搭接问题。绘图比例为 1∶1，柱纵剖面图出图比例为 1∶50。

(2)断面图绘制要求：绘制 KLy1 的 6 个断面图，各断面的位置如图纸文件中所示。断面必须绘制梁截面轮廓、梁钢筋(纵筋、箍筋、构造钢筋等)，板翼缘应绘制示意图；标注梁截面尺寸、标高；梁筋注明数量和规格。绘图比例为 1∶1，柱纵剖面图出图比例为 1∶25。

(3)梁纵剖面图、断面图，应放在同一图框内，图框大小根据实际情况绘制。

7. 柱配筋详图绘制

根据图纸文件中的施工图文件，绘制轴线②和轴线Ⓒ相交处 KZ1 的配筋纵剖面图，并绘制其断面图。柱纵剖面绘制高度范围为：基础底部～标高 6.800；柱纵筋均伸至基础底板筋上。要求绘制出构件的轮廓，柱纵筋及其锚固、连接点的位置；标出各结构构件的标高，加密区、非加密区的范围及箍筋的配置，基础内箍筋的配置。

绘图比例为 1∶1，柱纵剖面图出图比例为 1∶50，断面图出图比例为 1∶25。钢筋线用多段线命令绘制，要求出图后线宽为 0.5 mm；图层设置可不作要求；尺寸标注根据出图比例要求设置，文字标注采用“仿宋”；结构构造按现行平法图集中最经济的构造标准要求，不得进行放大调整，且小数点后数字进位。

8. 板配筋详图绘制

根据图纸文件中的施工图文件，绘制二层 PTB2 的配筋断面图，断面的位置如图纸文件中所示。

要求绘制结构构件的轮廓，定位轴线及其尺寸；绘制出板钢筋并标注配置信息、锚固长度、布置位置等。绘图比例为 1∶1，柱纵剖面图出图比例为 1∶20。

综合训练
参考答案

参考文献

[1]中华人民共和国住房和城乡建设部.22G101—1 混凝土结构施工图平面整体表示方法制图规则和构造详图(现浇混凝土框架、剪力墙、梁、板)[S].北京:中国计划出版社,2022.

[2]中华人民共和国住房和城乡建设部.22G101—2 混凝土结构施工图平面整体表示方法制图规则和构造详图(现浇混凝土板式楼梯)[S].北京:中国计划出版社,2022.

[3]中华人民共和国住房和城乡建设部.22G101—3 混凝土结构施工图平面整体表示方法制图规则和构造详图(独立基础、条形基础、筏形基础、桩基础)[S].北京:中国计划出版社,2022.

[4]中华人民共和国住房和城乡建设部.18G901—1 混凝土结构施工钢筋排布规则与构造详图(现浇混凝土框架、剪力墙、梁、板)[S].北京:中国计划出版社,2018.

[5]中华人民共和国住房和城乡建设部.18G901—2 混凝土结构施工钢筋排布规则与构造详图(现浇混凝土板式楼梯)[S].北京:中国计划出版社,2018.

[6]中华人民共和国住房和城乡建设部.18G901—3 混凝土结构施工钢筋排布规则与构造详图(独立基础、条形基础、筏形基础、桩基础)[S].北京:中国计划出版社,2018.

[7]中华人民共和国住房和城乡建设部.GB 55008—2021 混凝土结构通用规范[S].北京:中国建筑工业出版社,2021.

[8]中华人民共和国住房和城乡建设部.GB 55002—2021 建筑与市政工程抗震通用规范[S].北京:中国建筑工业出版社,2021.

[9]中华人民共和国住房和城乡建设部.GB 50010—2010 混凝土结构设计规范(2015 年版)[S].北京:中国建筑工业出版社,2015.

[10]中华人民共和国住房和城乡建设部,中华人民共和国国家质量监督检验检疫总局.GB 50011—2010 建筑抗震设计规范(2016 年版)[S].北京:中国建筑工业出版社,2016.

[11]陈青来.钢筋混凝土结构平法设计与施工规则[M].2 版.北京:中国建筑工业出版社,2018.